Word/Excel/ PPT 2016

李彤 张立波 贾婷婷
编著

商务办公从入门到精通

U0254320

电子工业出版社·
Publishing House of Electronics Industry
北京·BEIJING

内 容 简 介

本书是指导初学者学习 Word/Excel/PowerPoint 2016 的入门书籍。书中详细地介绍了初学者学习 Word、Excel、PPT 时应该掌握的基础知识和使用方法，并对初学者在学习过程中经常会遇到的问题进行了专家级的解答。全书分 3 篇，共 19 章，第 1 篇介绍 Word 2016 的基本操作、文档中的表格应用、Word 高级排版；第 2 篇介绍 Excel 2016 的基本操作、美化工作表、图表与数据透视表，排序、筛选与汇总数据，数据处理与分析、公式与函数的应用、条件格式等内容；第 3 篇介绍 PowerPoint 2016 基本操作及演示文稿的动画效果与放映。

本书知识点全面，案例丰富，讲解细致，实用性强，能够满足不同层次读者的学习需求。本书适用于需要学习使用 Word、Excel 和 PowerPoint 的初级用户及希望提高办公软件应用能力的中高级用户，是文秘办公、财务会计、市场营销、文化出版等各行业办公人员快速学习和掌握相关技能的有力助手。

图书在版编目（CIP）数据

Word/Excel/PPT 2016 商务办公从入门到精通 / 李彤，张立波，贾婷婷编著. —北京：电子工业出版社，2016.9
ISBN 978-7-121-29628-4

Ⅰ. ①W… Ⅱ. ①李… ②张… ③贾… Ⅲ. ①办公自动化－应用软件 Ⅳ. ①TP317.1

中国版本图书馆 CIP 数据核字（2016）第 184449 号

策划编辑：牛　勇
责任编辑：徐津平
印　　刷：三河市双峰印刷装订有限公司
装　　订：三河市双峰印刷装订有限公司
出版发行：电子工业出版社
　　　　　北京市海淀区万寿路 173 信箱　邮编：100036
开　　本：787×1092　1/16　印张：22　字数：513 千字
版　　次：2016 年 9 月第 1 版
印　　次：2017 年 7 月第 2 次印刷
定　　价：59.00 元

前 言

　　Microsoft Office 是目前主流的办公软件，因其功能强大，操作简便以及安全稳定等特点，已经成为广大电脑用户必备的应用软件之一。Office 2016 是 Microsoft 公司继 Office 2013 后推出的新一代办公套件，其组件涵盖了办公自动化应用的绝大部分领域，其中 Word 2016、Excel 2016 和 PowerPoint 2016 是应用最为广泛的三大组件，分别应用于文档制作与排版、表格制作与数据分析，以及幻灯片设计与制作。如今，熟练操作 Word、Excel 和 PowerPoint 软件已经成为职场人士必备的技能。

　　由于 Word、Excel 和 PowerPoint 的功能十分强大，要想熟练掌握它们非一日之功，因此对于初学者来说，选择一本合适的参考书尤为重要。本书从初学者的实际需求和学习习惯出发，系统地介绍了 Office 这三大主要组件的使用方法和技巧，并通过大量实用案例引导读者将所学知识应用到实际工作中。本书具有知识点全面、讲解细致、图文并茂和案例丰富等特点，适合不同层次的 Office 用户学习和参考。

丛书特点

知识全面、由浅入深

　　本书以需要使用 Office 的职场办公人士为读者对象，与常规的入门类图书相比，本书知识点更加深入和细化，能够满足不同层次读者的学习需求。基础知识部分以由浅入深的方式，全面、系统地讲解软件的相关功能及使用方法，写作方式上注重以实际案例来引导学习软件功能。本书全面覆盖 Word、Excel 和 PowerPoint 的主要知识点，包含大量源自实际工作的典型案例，通过细致的剖析，生动地展示各种应用技巧。本书既可作为初学者的入门指南，又可作为中、高级用户的进阶手册。

案例实用、强调实践

　　为了让读者快速掌握软件的操作方法和技巧，并能应用到具体工作中，本书列举了大量实例，在各个重要知识点后均会安排一个小型案例，既是对该知识点的巩固，同时达到课堂练习的目的。此外，每章安排了一个"综合实战"版块，以一个中大型案例对本章所学知识进行总结和演练。通过这些实例，读者可更加深入地理解相关的理论知识和应用技巧，从而达到灵活使用 Word、Excel 和 PowerPoint 解决各种实际问题的目的。

图文并茂、讲解细致

　　为了使读者能够快速掌握各种操作，获得实用技巧，书中对涉及的知识讲解力求准确，以简练而平实的语言对操作技巧进行了总结；而对于不易理解的知识，本书采用实例的形式进行讲解。在实际的讲解过程中，操作步骤均配有清晰易懂的插图和重点内容图示，使读者看得明白、操作容易、直观明了。

循序渐进、注重提高

为了使读者快速实现从入门到精通，本书对 Word、Excel 和 PowerPoint 的讲解都从最基本的操作开始，层层推进，步步深入。全书内容学习难度适中，学习梯度设置科学，读者能够很容易地掌握这三个软件的精髓。此外，书中包含了众多专家多年应用 Word、Excel 和 PowerPoint 的心得体会，在介绍理论知识的同时，以"技巧"、"提示"等形式穿插介绍了大量的实用性经验和技巧。同时，本书在每章安排了"高手支招"板块，将需要特别关注的技巧性操作单独列出，以帮助读者快速提高。

赠品丰富、超值实用

本书配套提供与知识点和案例同步的教学视频（支持 PC 与手机在线播放），方便读者结合图书进行学习。在本书专属网络平台上，还可以查看和下载书中所涉及的素材文件，并能与众多专家或读者进行交流。另外，为方便读者全面掌握电脑应用技能，本书还超值赠送丰富赠品，包括 Office 办公应用、电脑入门、操作系统安装等教学视频，以及众多精彩实用的电子书等。

本书作者

本书由多年从事办公软件研究及培训的专业人员编写，他们拥有非常丰富的实践及教育经验，并已编写和出版过多本相关书籍。参与本书编写工作的有：罗亮、孙晓南、谭有彬、贾婷婷、刘霞、黄波、朱维、李彤、宋建军、范羽林、韩继业、易翔、鲍志刚、郭今、张立波等。由于水平有限，书中疏漏和不足之处在所难免，恳请广大读者和专家不吝赐教，我们将认真听取您的宝贵意见。

目　录

第 1 篇　Word 篇

第 1 章

Word 2016 的基础操作

>> **本章导读**

Word 2016 是 Microsoft Office 2016 中最常用的组件之一，它主要用于编辑和处理文档。本章将从 Word 2016 的基础知识讲起，为后面的学习打下基础。

>> **知识要点**

- ✓ 启动与退出 Word
- ✓ 新建 Word 文档
- ✓ 保存文档
- ✓ 打开与关闭文档
- ✓ Word 2016 的基本设置

本章配套资源

素材文件：访问 http://www.broadview.com.cn/29628 下载本书配套资源包，在"结果文件\第 1 章\"文件夹中可查看本章配套文件。

教学视频：访问 http://res.broadview.com.cn/v.php?id=29628 &vid=1，或用手机扫描右侧二维码，可查阅本章各案例配套教学视频。

1.1 启动与退出 Word

在学习使用 Word 2016 编辑文档前，需要先对其进行一个简单的认识，如启动与退出方式、操作界面等。

1.1.1 启动 Word 2016

要使用 Word 2016 编辑文档，首先需要启动该程序，其方法主要有以下两种。

- 单击桌面左下角的"开始"按钮，在弹出的"开始"菜单中依次单击"所有应用"→"Microsoft Office 2016"→"Word 2016"命令。
- 如果操作系统桌面上创建有 Word 2016 的程序图标，双击图标即可启动该程序。

> 😊 **提示**
>
> Windows 系统提供了应用程序与相关文档的关联关系，安装了 Word 2016 以后，双击任何一个 Word 文档图标，即可启动 Word 2016 程序并同时打开相应的文档。

1.1.2 认识 Word 2016 的操作界面

启动 Word 2016 后，首先显示的是软件启动画面，接下来打开的窗口便是操作界面。该操作界面主要由标题栏、功能区、文档编辑区和状态栏等部分组成。

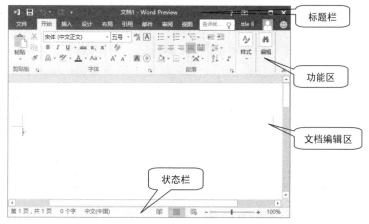

1. 标题栏

标题栏位于窗口的最上方，从左到右依次为控制菜单图标 、快速访问工具栏、正在操作的文档的名称、程序的名称和窗口控制按钮 ▬ ▢ ✕ 。

- 控制菜单图标：单击该图标，将会弹出一个窗口控制菜单通过该菜单可对窗口执行还原、最小化和关闭等操作。
- 快速访问工具栏：用于显示常用的工具按钮，默认显示的按钮有"保存" 🖫、"撤销" 🔄 和"恢复" 🔄 3 个按钮，单击这些按钮可执行相应的操作。
- 窗口控制按钮：从左到右依次为"最小化"按钮 ▬、"最大化"按钮/ "向下还原"按钮 ▢ 和"关闭"按钮 ✕，单击它们可执行相应的操作。

2．功能区

功能区位于标题栏的下方，默认情况下包含"文件"、"开始"、"插入"、"页面布局"、"引用"、"邮件"、"审阅"和"视图" 8 个选项卡，单击某个选项卡可将它展开。

此外，当在文档中选中图片、艺术字或文本框等对象时，功能区中会显示与所选对象设置相关的选项卡。例如，在文档中选中图片后，功能区中会显示"图片工具/格式"选项卡。

每个选项卡由多个组组成，例如"开始"选项卡由"剪贴板"、"字体"、"段落"、"样式"和"编辑" 5 个组组成。

有些组的右下角有一个小图标 ↘，我们将其称为"功能扩展"按钮，将鼠标指针指向该按钮时，可预览对应的对话框或窗格，单击该按钮，可弹出对应的对话框或窗格。

> 😊 **提示**
> 在 Word 2016 中，功能区中的各个组会自动适应窗口的大小，有时还会根据当前操作对象自动调整显示的按钮与选项。

此外，在功能区的右侧有一个"Microsoft Office Word 帮助"按钮 ❓，对其单击可打开 Word 2016 的帮助窗口，用户在其中可查找需要的帮助信息。

3．文档编辑区

文档编辑区位于窗口中央，默认以白色显示，是输入文字、编辑文本和处理图片的工作区域，该区域中会显示文档的当前效果。

当文档内容超出窗口的显示范围时，编辑区右侧和底端会分别显示垂直与水平滚动条，拖动滚动条中的滚动块，或单击滚动条两端的小三角按钮，编辑区中显示的内容会随之滚动，从而可查看其他未显示出来的内容。

4．状态栏

状态栏位于窗口底端，用于显示当前文档的页数/总页数、字数、输入语言，以及输入状态等信息。状态栏的右端有两栏功能按钮，其中视图切换按钮用于选择文档的视图方式，显示比例调节工具 ─ ─┼─ + 100% 用于调整文档的显示比例。

1.1.3 退出 Word 2016

当不再使用 Word 2016 时，可退出该应用程序，以减少对系统内存的占用。退出 Word 2016 可通过以下几种方法实现。

- 在 Word 窗口中，单击左上角的控制菜单图标，在弹出的窗口控制菜单中选择"关闭"命令关闭当前文档，重复这样的操作，直到关闭所有打开的 Word 文档，可退出 Word 2016 程序。
- 在 Word 窗口中，切换到"文件"选项卡，然后选择"关闭"命令，可快速关闭所有打开的 Word 文档，从而退出 Word 2016 程序。

- 在 Word 窗口中，单击右上角的"关闭"按钮关闭当前文档，重复这样的操作，直到关闭所有打开的 Word 文档，方可退出 Word 2016 程序。
- 在 Word 窗口中，切换到"文件"选项卡，然后选择左侧窗格的"关闭"命令关闭当前文档，重复这样的操作，直到关闭所有打开的 Word 文档，方可退出 Word 2016 程序。
- 在 Word 操作环境下，按下"Alt+F4"组合键，可关闭当前的 Word 文档，重复这样的操作，直到关闭所有打开的 Word 文档。

1.2 新建 Word 文档

文本的输入和编辑操作都是在文档中进行的，所以要进行各种文本操作必须先新建一个 Word 文档。新建的文档可以是一个空白文档，也可以根据 Word 中的模板创建带有一些固定内容和格式的文档。

1.2.1 新建空白文档

启动 Word 2016 程序后，系统会自动创建一个名为"文档1"的空白文档。再次启动该程序，系统会以"文档2"、"文档3"……这样的形式对新文档进行命名。

除此之外，还可以通过"新建"命令新建空白文档，具体操作为：在 Word 窗口中切换到"文件"选项卡，在左侧窗格单击"新建"命令，在右侧窗格选择"空白文档"选项即可。

1.2.2　根据模板新建文档

　　Word 2016 为用户提供了多种模板类型，利用这些模板，用户可以快速创建各种专业的文档。根据模板创建文档的具体操作步骤如下。

01 启动 Word 2016，在打开窗口的右侧可看到程序自带的模板缩略图预览，单击需要的模板选项。

02 打开的窗口中可放大显示该模板，若符合需要，直接单击"创建"按钮，

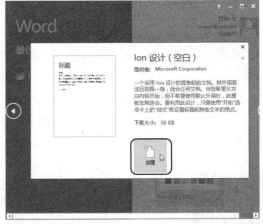

03 此时，Word 会自动新建一篇基于模板的新文档。

☺ 提示

　　根据模板创建的文档中已含有和主题相关的格式和示例文本内容，用户只需根据实际需要稍加修改即可。

1.3　保存文档

　　对文档进行相应的编辑后，可通过 Word 的保存功能将其存储到电脑中，以便之后查看和使用。如果不保存，编辑的文档内容就会丢失。

1.3.1　保存新建文档

　　无论是新建的文档，还是已有的文档，对其进行相应的编辑后，都应进行保存，以便日后查找。例如要保存新建文档，可按下面的操作步骤实现。

01 在新建的文档中，单击快速访问工具栏中的"保存"按钮。

02 在弹出的"另存为"窗格中单击"浏览"按钮。

03 在打开的对话框中设置文档的保存路径、文件名及保存类型，然后单击"保存"按钮，即可将文档保存到指定位置。

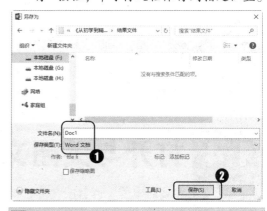

> 🙂 **提示**
>
> 　　在"另存为"对话框的"保存类型"下拉列表框中若选择"Word 97-2003 文档"选项，可将Word 2016 制作的文档另存为 Word 97-2003 兼容模式，从而可通过早期版本软件打开并编辑文档。

　　除了上述操作方法之外，还可以通过以下两种方式保存文档。

- 切换到"文件"选项卡，然后单击左侧窗格的"保存"命令。
- 按下"Ctrl+S"（或"Shift+F12"）组合键。

　　对于已有的文档，在编辑过程中也需要及时保存，以防止因断电、死机或系统自动关闭等情况造成信息丢失。已有文档与新建文档的保存方法相同，只是对它进行保存时，仅是将对文档的更改保存到原文档中，因而不会弹出"另存为"对话框，但会在状态栏中显示"Word 正在保存……"的提示，保存完成后提示立即消失。

1.3.2　另存文档

　　对于已有的文档，为了防止文档的意外丢失，用户可对其执行另存为操作，即对文档进行备份。

另外，对原文档进行了各种编辑后，如果不希望改变原文档的内容，可将修改后的文档另存为一个新文档。

将文档另存的操作方法为：在要进行另存的文档中切换到"文件"选项卡，然后单击"另存为"命令，在展开的右侧窗格中单击"浏览"按钮，在打开的"另存为"对话框中设置与当前文档不同的保存位置、不同的保存名称或不同的保存类型，设置完成后

单击"保存"按钮即可。

> 😊 **提示**
>
> 对文档进行另存时，一定要设置与原文档不同的保存位置、不同的名称或不同的类型，否则原文档将被另存的新文档所覆盖。

 1.4 打开与关闭文档

若要对电脑中已有的文档进行编辑，首先需要将其打开，编辑完并保存后则可以关闭文档，下面将对文档的打开和关闭进行详细讲解。

1.4.1 打开文档

一般来说，先进入该文档的存放路径，再双击文档图标即可将其打开。此外，还可以通过"打开"命令打开文档，具体操作步骤如下。

01 在 Word 窗口中切换到"文件"选项卡，然后在左侧窗格中单击"打开"命令，单击右侧窗格的"浏览"按钮。

> 😊 **提示**
>
> 在 Word 环境下，按下"Ctrl+O"（或"Ctrl+F12"）组合键可快速打开"打开"对话框。

02 弹出"打开"对话框，找到并选中要打开的文档，单击"打开"按钮即可。

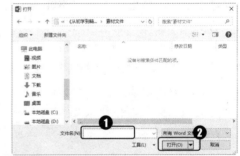

> 😊 **提示**
>
> 在"打开"对话框中选中需要打开的文档，然后单击"打开"按钮右侧的三角按钮，在弹出的菜单中可选择文档的打开方式，如只读方式、副本方式等。

1.4.2 关闭文档

对文档进行了各种编辑操作并保存后，如果确认不再对文档进行任何操作，可将其关闭，以减少所占用的系统内存。关闭文档的方法有以下几种。

- 在要关闭的文档中，单击左上角的控制菜单图标，在弹出的窗口控制菜单中单击"关闭"命令。
- 在要关闭的文档中，单击程序窗口右上角的"关闭"按钮。
- 在要关闭的文档中，切换到"文件"选项卡，然后单击左侧窗格中的"关闭"命令。

> **提示**
> 关闭文档与退出 Word 2016 有一定区别，若当前打开了多个 Word 文档，关闭文档只是关闭当前文档，Word 程序仍然在运行，而退出 Word 程序会关闭所有打开的 Word 文档。

在关闭 Word 文档时，若还没有对已执行的编辑操作进行保存，则执行关闭操作后，系统会弹出提示框询问用户是否对文档所做的修改进行保存，此时可进行如下操作。

- 单击"保存"按钮，可保存当前文档，同时关闭该文档。
- 单击"不保存"按钮，将直接关闭文档，且不会对当前文档进行保存，即文档中所做的未保存更改都会被放弃。
- 单击"取消"按钮，将关闭该提示框并返回文档，此时用户可根据实际需要进行相应的操作。

1.5 Word 2016 的基本设置

使用 Word 2016 编辑和处理文档前，还可以对其工作环境进行设置，以便符合自己的使用习惯。

1.5.1 更改 Word 的默认保存路径

默认情况下，Word 文档的保存路径是 "C:\Users\yy\Documents\"（其中，"yy"为当前登录系统的用户名），而在实际操作中，用户经常会选择其他保存路径。因此，根据操作需要，用户可将常用存储路径设置为默认保存位置，具体操作方法如下。

01 在 Word 2016 工作环境中切换到"文件"选项卡，在左侧窗格中单击"选项"命令。

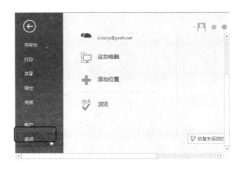

02 弹出"Word 选项"对话框，切换到"保存"选项卡，在右侧"保存文档"栏可看到 Word 的默认文件保存位置，单击"浏览"按钮。

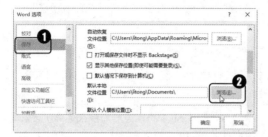

03 弹出"修改位置"对话框，重新设置 Word 的默认保存位置，单击"确定"按钮，然后在返回的"Word 选项"对话框中单击"确定"按钮即可。

提示

若无法通过"浏览"按钮打开"修改位置"对话框来更改默认的文档位置，可以直接在文本框中输入完整路径来进行设置。

1.5.2 自定义快速访问工具栏

在编辑文档的过程中，为了提高文档编辑速度，可以将常用的一些操作按钮添加到快速访问工具栏中。下面以添加"另存为"按钮为例，讲解具体操作步骤。

01 在 Word 窗口中切换到"文件"选项卡，然后单击左侧窗格中的"选项"命令。

到右侧的列表框中，设置完成后单击"确定"按钮。

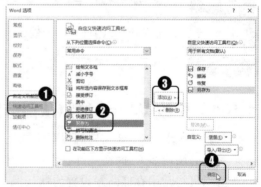

提示

在 Word 窗口中使用鼠标右键单击快速访问工具栏，在弹出的快捷菜单中单击"自定义快速访问工具栏"命令，也可打开"Word 选项"对话框。

02 弹出"Word 选项"对话框，切换到"快速访问工具栏"选项卡，在"从下列位置选择命令"下拉列表框中选择命令类型，在下面的列表框中选择需要添加的按钮，然后单击"添加"按钮将其添加

03 返回 Word 窗口，可以看见快速访问工具栏中添加了新添加的按钮。

😊 提示

　　单击快速访问工具栏右侧的下拉按钮，在弹出的下拉列表中选择需要在快速访问工具栏显示的按钮，如"新建"、"打印预览"等。此外，若要将快速访问工具栏中的某个按钮删除，可使用鼠标右键单击，在弹出的快捷菜单中单击"从快速访问工具栏删除"命令即可。

1.5.3　更改默认的最近打开文档数目

　　默认情况下，最近使用过的文档会自动记录在"文件"选项卡的"最近使用的文件"界面中，以便用户能快速打开。

　　"最近使用的文件"界面中显示了最近使用过的 20 个文档，如果需要更改显示的个数，可通过下面的方法实现。

01 在 Word 2016 工作环境中切换到"文件"选项卡，在左侧窗格中单击"选项"命令，打开"Word 选项"对话框。

用的文档'"微调框设置文档显示数目，然后连续单击"确定"按钮保存设置即可。

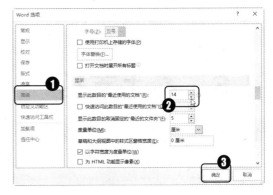

02 切换到"高级"选项卡，在"显示"选项组中，通过"显示此数目的'最近使

1.5.4　更改 Word 窗口的默认颜色

　　Word 2016 默认的外观颜色为银色，如果用户对银色外观不满意，可将其更改为彩色或者灰色，更改 Word 2016 窗口默认颜色的具体操作如下。

01 在 Word 2016 工作环境中切换到"文件"选项卡，在左侧窗格中单击"选项"命令，打开"Word 选项"对话框。

02 默认打开"常规"选项卡，在"对 Microsoft Office 进行个性化设置"选项组中，单击"Office"下拉列表框，在弹出的下拉列表中选择需要的选项，然后连续单击"确定"按钮保存设置。

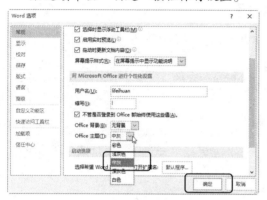

03 返回 Word 窗口，即可看到外观颜色更改后的效果了。

1.6 高手支招

1.6.1 如何在保存时压缩图片

问题描述：某用户在编辑 Word 文档时插入了多张图片，以至于保存文档和打开文档时速度很慢，若保存时对图片进行压缩，则可解决这一问题。

解决方法：在 Word 窗口中切换到"文件"选项卡，单击"另存为"命令，在弹出的"另存为"对话框中单击"工具"按钮，在弹出的下拉列表中单击"压缩图片"命令。弹出"压缩图片"对话框，在其中设置压缩选项和目标输出选项，单击"确定"按钮，然后在返回的"另存为"对话框中单击"保存"按钮保存文档即可。

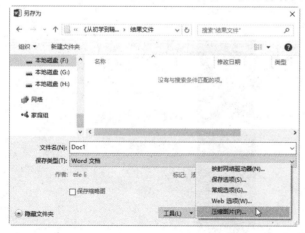

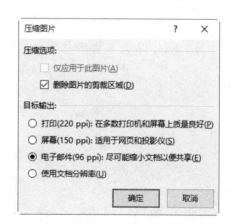

1.6.2　如何设置文档自动保存时间间隔

问题描述：某用户在编辑 Word 文档时，突然电脑死机，重启电脑后发现当前编辑的文档内容已丢失，为了避免再次出现因意外情况导致的损失，需要设置文档的自动保存。

解决方法：Word 默认每隔 10 分钟自动保存一次文档，如果希望缩短间隔时间，可在"Word 选项"对话框中进行更改。具体操作方法为，在"Word 选项"对话框中切换到"保存"选项卡，在"保存文档"栏中，"保存自动恢复信息时间间隔"复选框默认为勾选状态，此时只需在右侧的微调框中设置自动保存的时间间隔，例如设置为"5"，然后单击"确定"按钮即可。

1.6.3　如何将文档转换为网页

问题描述：某用户需要将编辑后的文档在互联网上和单位内部的局域网上发布，此时需要将文档另存为网页文件。

解决方法：在 Word 窗口中切换到"文件"选项卡，单击"另存为"命令，打开"另存为"对话框，在"保存位置"下拉列表中选择文档保存位置，在"文件名"文本框中设置文档名称，在"保存类型"下拉列表中选择文档保存类型为"网页"。单击"更改标题"按钮，在打开的"输入文字"对话框中输入标题并单击"确定"按钮，返回"另存为"对话框，单击"保存"按钮即可。

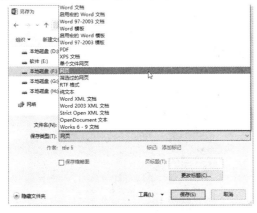
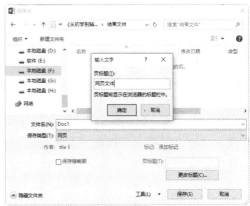

1.7 综合案例——新建文档并保存

文档的新建、打开、关闭、保存等是 Word 最基本的操作，是必须要掌握的，下面练习基于模板新建一个文档，并将其保存为兼容模式。

01 单击电脑屏幕左下角的"开始"按钮，在弹出的"开始"菜单中单击"Word 2016 Preview"命令。

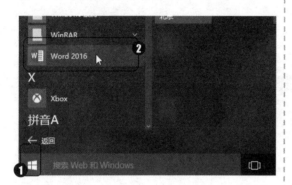

02 在新建的空白文档中切换到"文件"选项卡，单击"新建"命令，在窗口中间选择模板类型，本例单击"书法字帖"选项。

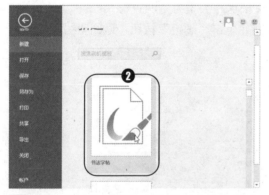

03 弹出"增减字符"对话框，在其中选中要添加到字帖中的字符，单击"添加"按钮将其添加到右侧"已用字符"栏中，完成后单击"关闭"按钮。

04 在 Word 文档中可看到刚添加的字符，单击快速访问工具栏中的"保存"按钮。

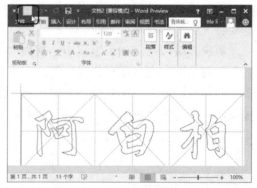

05 在展开的"另存为"窗格中单击"浏览"按钮。

06 弹出"另存为"对话框,在"文件名"文本框中输入文档名称,单击"保存类型"下拉列表框,选择"Word 97-2003文档"选项,完成后单击"保存"按钮。

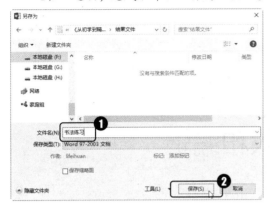

07 弹出"Microsoft Word 兼容性检查器"对话框,勾选"保存文档时检查兼容性"复选框,单击"继续"按钮即可。

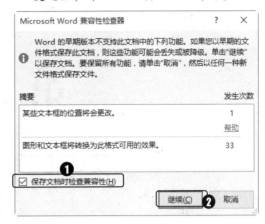

第 2 章

文本的输入和编辑

》》 **本章导读**

    Word 是一款功能强大的文字处理和排版工具，因此文本的输入和编辑也是最基本的。本章将详细介绍文本输入、选择、删除、复制与移动、查找与替换，以及撤销与恢复等知识，为以后的学习打下坚实的基础。

》》 **知识要点**

- ✓ 输入与删除文本
- ✓ 选择文本
- ✓ 移动和复制文本
- ✓ 查找和替换文本
- ✓ 撤销与恢复操作

本章配套资源

素材文件：访问 http://www.broadview.com.cn/29628 下载本书配套资源包，在"素材文件\第 2 章\"与"结果文件\第 2 章\"文件夹中可查看本章配套文件。

教学视频：访问 http://res.broadview.com.cn/v.php?id=29628&vid=2，或用手机扫描右侧二维码，可查阅本章各案例配套教学视频。

2.1 输入与删除文本

掌握了文档的基本操作后，就可以在其中输入文档内容了，如输入文本内容、在文档中插入符号等。

2.1.1 定位光标

启动 Word 后，在编辑区中不停闪动的光标"|"便为光标插入点，光标插入点所在位置便是输入文本的位置。在文档中输入文本前，需要先定位好光标插入点，其方法有以下几种。

1．通过鼠标定位

- 在空白文档中定位光标插入点：在空白文档中，光标插入点就在文档的开始处，此时可直接输入文本。
- 在已有文本的文档中定位光标插入点：若文档已有部分文本，当需要在某一具体位置输入文本时，可将鼠标指针指向该处，当鼠标光标呈"I"形状时，单击鼠标左键即可。

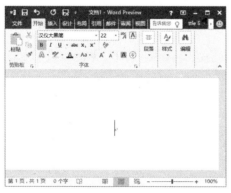 

2．通过键盘定位

- 按下光标移动键（↑、↓、→或←），光标插入点将向相应的方向移动。
- 按下"End"键，光标插入点向右移动至当前行行末；按下"Home"键，光标插入点向左移动至当前行行首。
- 按下"Ctrl+Home"组合键，光标插入点可移至文档开头；按下"Ctrl+End"组合键，光标插入点可移至文档末尾。
- 按下"Page Up"键，光标插入点向上移动一页；按下"Page Down"键，光标插入点向下移动一页。

2.1.2 输入文本内容

定位好光标插入点后，切换到自己惯用的输入法，然后输入相应的文本内容即可。在输入文本的过程中,光标插入点会自动向右移动。当一行的文本输入完毕后,插入点会自动转到下一行。

在没有输满一行文字的情况下,若需要开始新的段落,可按下"Enter"键进行换行,同时上一段的段末会出现段落标记。完成文本输入后的效果如下所示。

> 阳光幼儿园是全国先进托幼园所,是本市首批一级一类幼儿园,管理科学,玎
> 师资力量雄厚。幼儿园始终坚持"一切为了孩子,精诚服务于家长"的办园宗旨和
> 出精品"的办园目标,以提高幼儿保教质量为中心,注重幼儿素质培养及潜能开发
> 创建于 2002 年,座落在高等学府之中,具有良好的人文环境和独特的教育模式。
> 幼儿园根据总体规划,现面向校内外公开招收 2012 年 9 月 1 日入园新生。
>
> 一、招生范围及概况:
> (一)招生范围:面向全社会生源招生。
> (二)班级设置:阳光幼儿园分设三个教学部

如果要在文档的任意位置输入文本,可通过"即点即输"功能实现,具体操作方法为:将鼠标指针指向需要输入文本的位置,当鼠标指针呈"$I^{\equiv}$"形状时双击鼠标左键,即可在当前位置定位光标插入点,此时便可输入相应的文本内容了。

2.1.3　在文档中插入符号

在文档中输入文本时,经常遇到需要插入符号的情况,在 Word 2016 中不仅可以插入",""★""○"等常见的符号,还可以插入"♂""≌"等特殊符号。

1. 插入普通符号

在 Word 2016 中编辑文档时,可以通过键盘快速输入普通符号,例如在中文输入法状态下按下键盘上对应的键可直接输入",""。"";""【"等符号,按住"Shift"键的同时按下键盘上对应的键可输入"<"">""?"":""{"等符号。

如果想要输入其他符号,可将光标定位在需要插入符号的位置,然后切换到"插入"选项卡,单击"符号"组中的"符号"下拉按钮,然后在弹出的下拉菜单中单击需要的符号即可将其插入到文档中。

2. 插入特殊符号

在编辑文档过程中不仅可以插入普通符号,还可以插入"♂""μ""Σ""⊥"等特殊符号。下面以插入⑦为例进行说明。

原始文件	文本操作.docx
结果文件	文本操作.docx
视频教程	插入特殊符号.avi

01 打开"文本操作.docx"文档,将鼠标光标定位在需要插入特殊符号的位置,切换到"插入"选项卡,单击"符号"组中的"符号"按钮,在弹出的下拉列表中单击"其他符号"命令。

02 弹出"符号"对话框，单击"字体"下
拉列表框，在弹出的下拉列表中选择需
要的符号类型，在下方的列表框中选中
要插入到文档中的特殊符号，单击"插
入"按钮。

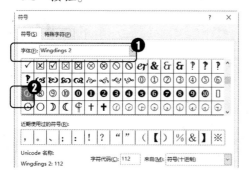

03 此时"符号"对话框中的"取消"按钮
将会变为"关闭"按钮，单击该按钮，
然后在返回的文档中即可看到插入的
特殊符号了。

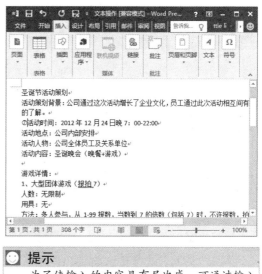

☺ **提示**
为了使输入的内容具有层次感，可通过输入
空格的方式来调整文本的显示位置。

2.1.4　删除文本

在 Word 2016 中编辑文档内容时，如果不小心输入了错误或多余的内容，可通过以下
几种方法将其删除。

- 按下"Backspace"键，可删除光标插入点前一个字符。
- 按下"Delete"键，可删除光标插入点后一个字符。
- 按下"Ctrl+Backspace"组合键，可删除光标插入点前一个单词或短语。
- 按下"Ctrl+Delete"组合键，可删除光标插入点后一个单词或短语。

☺ **提示**
选中某文本对象（例如字词、句子、行或段落等）后，按下"Delete"或"Backspace"键可快速将其
删除。

2.1.5　【案例】编排劳动合同首页

本例将练习编排劳动合同首页，需要涉及的操作有输入文本及插入特殊符号，具体操
作方法如下。

原始文件	无
结果文件	劳动合同.docx
视频教程	编排劳动合同首页.avi

01 新建一个空白文档，将鼠标指针定位在空白处，输入劳动合同首页内容，

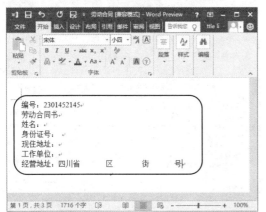

02 将鼠标光标置于"身份证号"文字后，单击"插入"选项卡，单击"符号"按钮，在弹出的列表中单击"其他符号"。

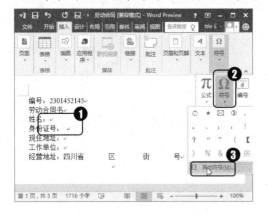

03 弹出"符号"对话框，在"字体"下拉列表框中选择"普通文本"，在下方的列表框中选中要插入到文档中的特殊符号，单击"插入"按钮。

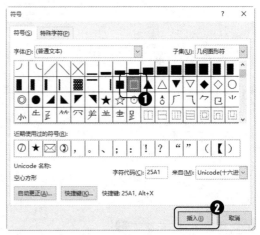

04 此时"符号"对话框中的"取消"按钮将会变为"关闭"按钮，单击该按钮，然后在返回的文档中即可看到插入的特殊符号了。

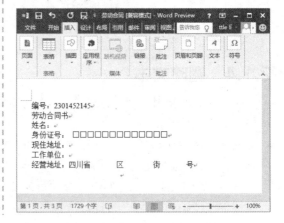

2.2 选择文本

对文本进行复制、移动或设置格式等操作时，要先将其选中，从而确定编辑的对象。根据选中文本内容的多少，可将选择文本操作分为选择部分文本和选择整篇文档两种情况。

2.2.1 拖动鼠标选择文本

使用鼠标选择文本的操作主要分以下几种。

- 选择任意文本：将光标插入点定位到需要选择的文本起始处，然后按住鼠标左键不放并拖动，直至需要选择的文本结尾处释放鼠标键即可选中文本，选中的文本将以灰蓝色背景显示，如下面左图所示。

> **注意**
> 若要取消文本的选择，使用鼠标单击所选对象以外的任何位置即可。

- 选择词组：双击要选择的词组。
- 选择一行：将鼠标指针指向某行左边的空白处，当指针呈"⇗"形状时，单击鼠标左键即可选中该行全部文本，如下面右图所示。

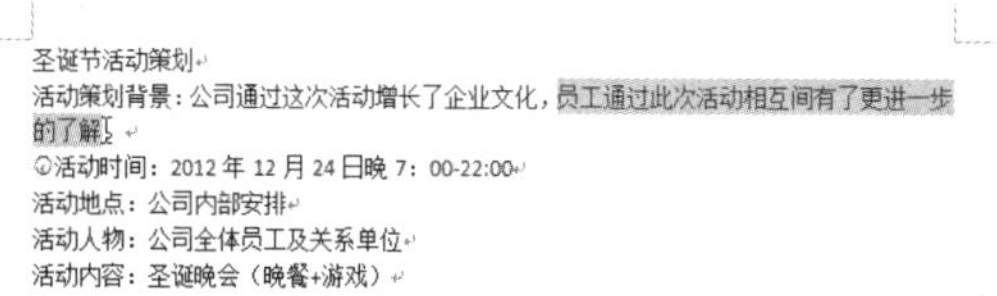

圣诞节活动策划
活动策划背景：公司通过这次活动增长了企业文化，员工通过此次活动相互间有了更进一步的了解。
☺活动时间：2012 年 12 月 24 日晚 7：00-22:00
活动地点：公司内部安排
活动人物：公司全体员工及关系单位
活动内容：圣诞晚会（晚餐+游戏）

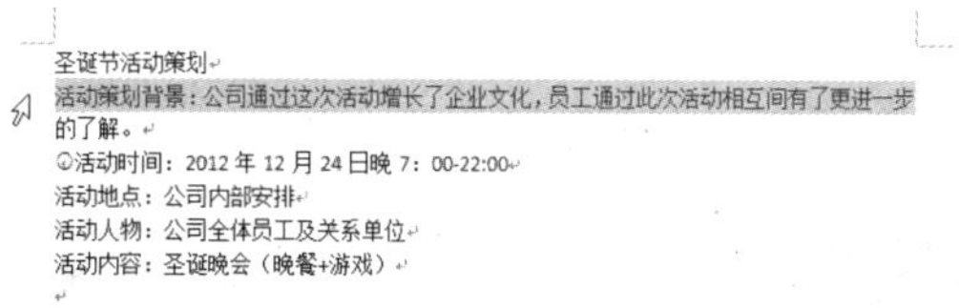

圣诞节活动策划
活动策划背景：公司通过这次活动增长了企业文化，员工通过此次活动相互间有了更进一步的了解。
☺活动时间：2012 年 12 月 24 日晚 7：00-22:00
活动地点：公司内部安排
活动人物：公司全体员工及关系单位
活动内容：圣诞晚会（晚餐+游戏）

> **注意**
> 如果要选择多行文本，先将鼠标指针指向左边的空白处，当指针呈"⇗"形状时，按住鼠标左键不放，并向下或向上拖动鼠标，到目标文本处释放鼠标键即可。

- 选择一句话：按住"Ctrl"键不放，同时使用鼠标单击需要选中的一句话任意位置即可。
- 选择一个段落：将鼠标指针指向某段落左边的空白处，当指针呈"⇗"时，双击鼠标左键即可选中当前段落。

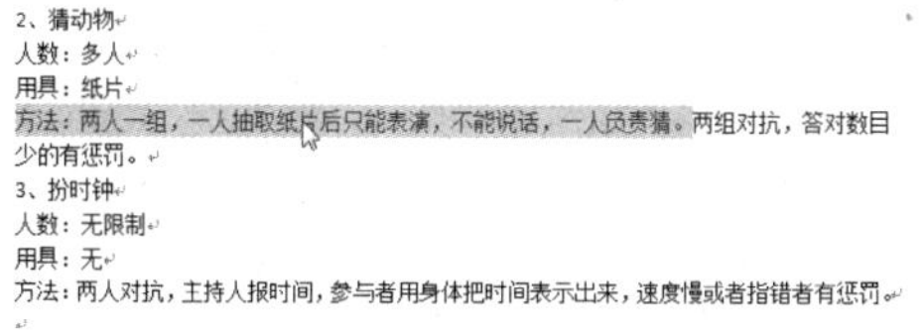

2、猜动物
人数：多人
用具：纸片
方法：两人一组，一人抽取纸片后只能表演，不能说话，一人负责猜。两组对抗，答对数目少的有惩罚。
3、扮时钟
人数：无
方法：两人对抗，主持人报时间，参与者用身体把时间表示出来，速度慢或者指错者有惩罚

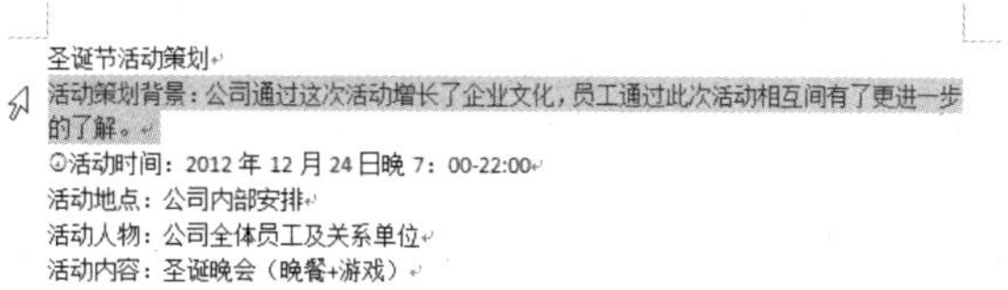

圣诞节活动策划
活动策划背景：公司通过这次活动增长了企业文化，员工通过此次活动相互间有了更进一步的了解。
☺活动时间：2012 年 12 月 24 日晚 7：00-22:00
活动地点：公司内部安排
活动人物：公司全体员工及关系单位
活动内容：圣诞晚会（晚餐+游戏）

- 选择分散文本：先拖动鼠标选中第一个文本区域，再按住"Ctrl"键不放，然后拖动鼠标选择其他不相邻的文本，选择完成后释放"Ctrl"键即可。
- 选择垂直文本：按住"Alt"键不放，然后按住鼠标左键拖动出一块矩形区域，选择完成后释放"Alt"键即可。

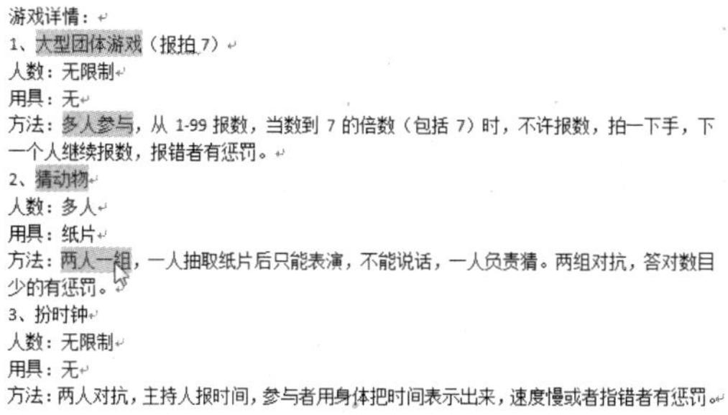

游戏详情
1、大型团体游戏（报拍 7）
人数：无限制
用具：无
方法：多人参与，从 1-99 报数，当数到 7 的倍数（包括 7）时，不许报数，拍一下手，下一个人继续报数，报错者有惩罚。
2、猜动物
人数：多人
用具：纸片
方法：两人一组，一人抽取纸片后只能表演，不能说话，一人负责猜。两组对抗，答对数目少的有惩罚。
3、扮时钟
人数：无限制
用具：无
方法：两人对抗，主持人报时间，参与者用身体把时间表示出来，速度慢或者指错者有惩罚

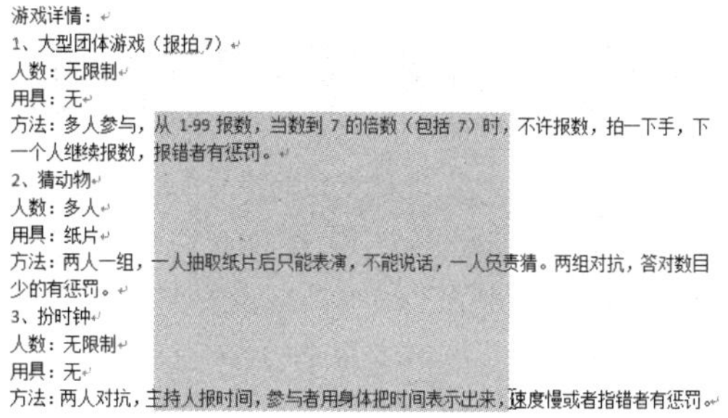

游戏详情
1、大型团体游戏（报拍 7）
人数：无限制
用具：无
方法：多人参与，从 1-99 报数，当数到 7 的倍数（包括 7）时，不许报数，拍一下手，下一个人继续报数，报错者有惩罚。
2、猜动物
人数：多人
用具：纸片
方法：两人一组，一人抽取纸片后只能表演，不能说话，一人负责猜。两组对抗，答对数目少的有惩罚。
3、扮时钟
人数：无限制
用具：无
方法：两人对抗，主持人报时间，参与者用身体把时间表示出来，速度慢或者指错者有惩罚

> **⚙ 注意**
>
> 将光标插入点定位到某段落的任意位置，然后连续单击鼠标左键 3 次也可选中该段落。

2.2.2　选择整篇文档

如果需要在 Word 2016 中选择整篇文档，可通过下面几种方法实现。

- 将鼠标指针指向编辑区左边的空白处，当指针呈"⌐"时，连续单击鼠标左键 3 次。
- 将鼠标指针指向编辑区左边的空白处，当指针呈"⌐"时，按住"Ctrl"键不放，同时单击鼠标左键即可。

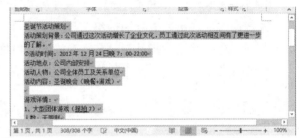

- 在"开始"选项卡的"编辑"组中单击"选择"按钮，在弹出的下拉列表中单击"全选"选项。
- 按下"Ctrl+A"（或"Ctrl+小键盘数字键 5"）组合键。

2.3 移动和复制文本

在编辑文档的过程中，经常会遇到需要重复输入部分内容，或者将某个词语或段落移动到其他位置的情况，此时通过复制或移动操作可以大大提高文档的编辑效率。

2.3.1　移动文本

在编辑文档的过程中，如果需要将某个词语或段落移动到其他位置，可通过剪切与粘贴操作来完成，具体操作步骤如下。

原始文件	文本操作.docx
结果文件	文本操作 2.docx
视频教程	移动文本.avi

01 打开"文本操作.docx"文档，选中要移动的文本内容，在"开始"选项卡的"剪贴板"组中单击"剪切"按钮。

02 将光标插入点定位在要移动的目标位置，然后单击"剪贴板"组中的"粘贴"按钮即可。

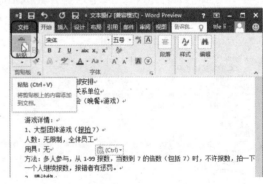

😊 提示

　　选中文本后按住鼠标左键不放并拖动，当拖动至目标位置后释放鼠标键，可快速实现文本的移动操作。在拖动过程中，若同时按住"Ctrl"键，可实现文本的复制操作。

2.3.2 复制文本

　　对于文档中内容重复部分的输入，可通过复制与粘贴操作来完成，从而提高文档编辑效率。复制文本的具体操作步骤如下。

原始文件	文本操作 2.docx
结果文件	文本操作 3.docx
视频教程	复制文本.avi

01 打开"文本操作.docx"文档，选中要复制的文本内容，在"开始"选项卡的"剪贴板"组中单击"复制"按钮。

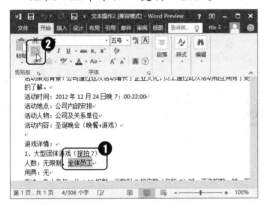

02 将光标插入点定位在要输入相同内容的位置，然后单击"剪贴板"组中的"粘贴"按钮即可。

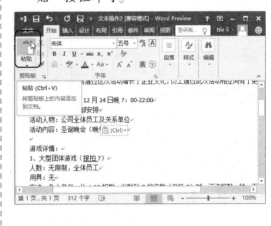

😊 提示

　　选中文本后按下"Ctrl+C"组合键，或者使用鼠标右键对其单击，在弹出的快捷菜单中单击"复制"命令，都可执行复制操作。复制文本后，按下"Ctrl+V"（或"Shift+Insert"）组合键，或者使用鼠标右键单击光标插入点所在位置，在弹出的快捷菜单中单击"粘贴"命令，都可执行粘贴操作。

　　在 Word 中完成粘贴操作后，当前位置的右下角会出现一个"粘贴选项"按钮，对其单击，可在弹出的下拉菜单中选择粘贴方式。当执行其他操作时，该按钮会自动消失。

　　此外，通过单击"剪贴板"组中的"粘贴"按钮执行粘贴操作时，若单击"粘贴"按钮下方的下拉按钮，在弹出的下拉列表中可选择粘贴方式，且将鼠标指针指向某个粘贴方式时，可在文档中预览粘贴后的效果。若在下拉列表中单击"选择性粘贴"选项，可在弹出的"选择性粘贴"对话框中选择其他粘贴方式。

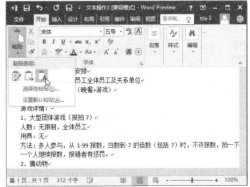

2.3.3 使用剪贴板

剪贴板是操作系统中暂时存放内容的区域，在 Office 2016 中为方便使用系统剪贴板，提供了剪贴板工具，下面介绍其使用方法。

01 在"开始"选项卡"剪贴板"组中单击"功能扩展"按钮，打开"剪贴板"窗格。

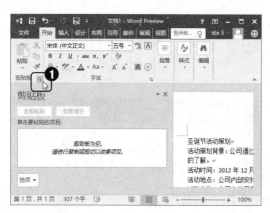

02 在文档中选择需要剪切的文本，然后按下"Ctrl+X"组合键执行剪切操作。此时剪切的对象将根据操作的先后顺序被放置于"剪切板"窗格中。

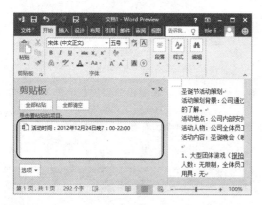

03 将插入点光标置于需要粘贴对象的位置，在"剪贴板"窗格中单击需要粘贴的对象，即可将其粘贴到所选位置。

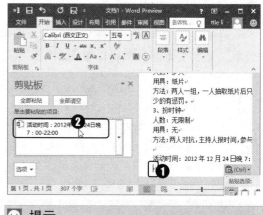

提示

在"剪贴板"窗格中单击"全部清空"按钮，可以删除剪贴板中所有内容，单击"全部粘贴"按钮，会将剪贴板中所有对象同时粘贴到文档中光标插入点所在位置。

04 完成对象粘贴后，如果该对象不再需要使用，可单击粘贴对象右侧的下三角按钮，在弹出的菜单中单击"删除"命令即可。

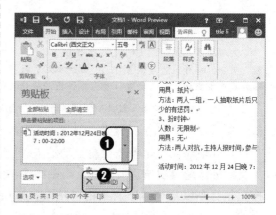

2.3.4 使用"粘贴选项"标记

在对文字进行粘贴操作后，粘贴内容的后面会自动出现"粘贴选项"标记，通过该标记可以设置对象的自定义粘贴，具体操作方法如下。

原始文件	文本操作 3.docx
结果文件	文本操作 4.docx
视频教程	使用"粘贴选项"标记.avi

01 打开"文本操作 3.docx"文档，在当前文档中选中需要复制的文本，按下"Ctrl+C"组合键复制文本。

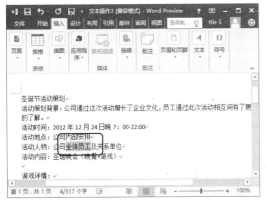

02 将光标定位到合适的位置，按下"Ctrl+V"组合键粘贴复制的文本。

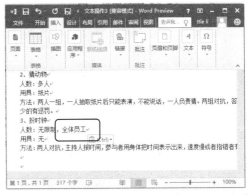

03 单击"粘贴选项"标记，在展开的菜单中单击"保留原格式"按钮，此时文本将按照原有格式进行粘贴。

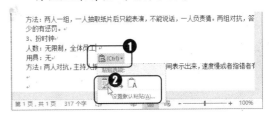

2.4 查找和替换文本

如果想要知道某个字、词或一句话是否出现在文档中及出现的位置，可使用 Word 的"查找"功能进行查找。当发现某个字或词全部输入错了，可通过 Word 的"替换"功能进行替换，以避免逐一修改的烦琐麻烦，达到事半功倍的效果。

2.4.1 查找文本

若要查找某文本在文档中出现的位置，或要对某个特定的对象进行修改操作，可通过 Word 的"查找"功能将其找到。

1. 通过"导航"窗格查找

Word 2016 提供了"导航"窗格，该窗格替代了以往版本 Word 中的"文档结构图"窗格，通过"导航"窗格，可实现文本的查找。

使用"导航"窗格查找文本的具体操作方法如下。

01 在要查找内容的文档中切换到"视图"选项卡，然后勾选"显示"组中的"导航窗格"复选框。

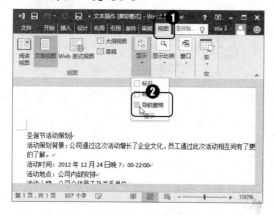

02 打开"导航"窗格，在搜索框中输入要查找的文本内容，此时文档中将突出显示要查找的全部内容。

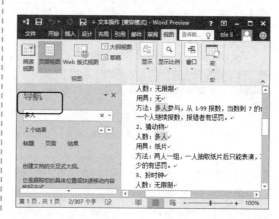

😊 **提示**

如果要取消突出显示，可在"导航"窗格的搜索框中删除输入的内容，或者直接关闭"导航"窗格即可。

在"导航"窗格中，若单击搜索框右侧的下拉按钮，在弹出的下拉菜单中单击"选项"命令，可在弹出的"'查找'选项"对话框中为英文对象设置查找条件，如区分大小写、全字匹配等。

2．通过对话框查找

除了通过"导航"窗格查找文本，还可以通过"查找和替换"对话框进行查找，具体操作如下。

01 在 Word 文档的"开始"选项卡中，单击"编辑"组中的"查找"下拉按钮，在弹出的下拉列表中单击"高级查找"命令。

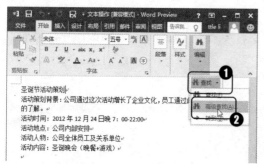

02 弹出"查找和替换"对话框，输入要查找的文本内容，单击"查找下一处"按钮，此时 Word 会自动从光标插入点所在位置开始查找，当找到第一个位置时，以选中的形式显示。

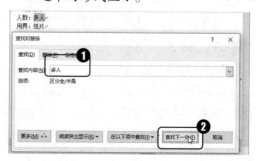

03 若继续单击"查找下一处"按钮，Word
会继续查找，当查找完成后会弹出提示
框提示完成搜索，单击"确定"按钮将
其关闭。返回"查找和替换"对话框中，
单击"关闭"按钮关闭该对话框即可。

2.4.2 替换文本

当发现某个字或词全部输错了，可通过 Word 的"替换"功能进行替换，具体操作步
骤如下。

原始文件	文本操作.docx
结果文件	文本操作 4.docx
视频教程	替换文本.avi

01 打开"文本操作.docx"文档，将光标
插入点定位在文档的起始处，在"开
始"选项卡的"编辑"组中单击"替
换"按钮。

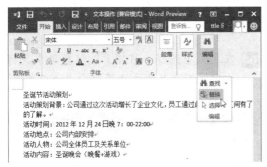

02 弹出"查找和替换"对话框，并自动定
位在"替换"选项卡，在"查找内容"
文本框中输入查找内容，在"替换"文
本框中输入替换后的内容，单击"全部
替换"按钮。

03 Word 将自动进行替换操作，替换完成
后，在弹出的提示框中单击"确定"
按钮。

04 返回"查找和替换"对话框，单击"关
闭"按钮关闭该对话框，然后在返回的
文档中即可查看替换后的效果。

😊 **提示**

在"查找和替换"对话框的"替换"选项卡中设置相应的内容,若单击"查找下一处"按钮,Word先进行查找,当找到查找内容出现的第一个位置时,此时可进行两种操作:若单击"替换"按钮可替换当前内容,同时自动查找指定内容的下一个位置;如果单击"查找下一处"按钮,Word 会忽略当前位置,并继续查找指定内容的下一个位置。

2.4.3 使用搜索代码

在 Word 2016 中,除了查找文本和特殊格式,还可以通过使用搜索代码查找文档中的特殊对象,具体操作方法如下。

原始文件	文本操作 3.docx
结果文件	文本操作 3-搜索代码.docx
视频教程	使用搜索代码.avi

01 打开"文本操作 3.docx"文档,将光标插入点定位在文档的起始处,在"开始"选项卡"编辑"组中单击"查找"按钮,在弹出的菜单中单击"高级查找"选项。

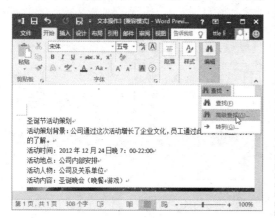

02 打开"查找和替换"对话框,在"查找内容"文本框中输入搜索代码"^g",该代码表示搜索图片,然后单击"查找下一处"按钮。

03 在"查找内容"文本框中输入"^#、",然后单击"查找下一处"按钮。则可以在文档中找到格式与内容一致的数字。

04 在文档中选择一张图片,然后单击鼠标右键,在弹出的快捷菜单中单击"复制"命令。

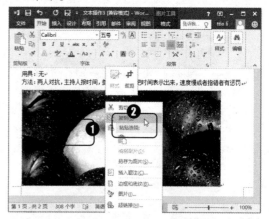

05 在"查找和替换"对话框中切换到"替换"选项卡,在"查找内容"文本框中输入搜索代码"^g",将查找对象指定为图片,在"替换为"文本框中输入代码"^c",代表刚复制到剪贴板中的对象,然后单击"替换"按钮。

😊 提示

在 Word 中，代码"^#"表示匹配 0 到 9 的数字，代码"^?"表示匹配任意字符。

06 完成后关闭"查找和替换"文本框，返回文档中即可查看替换后效果。

2.5 撤销与恢复操作

在编辑文档的过程中，Word 会自动记录执行过的操作，当执行了错误操作时，可通过"撤销"功能来撤销前一操作；当误撤销了某些操作时，可通过"恢复"功能取消之前的撤销操作，使文档恢复到撤销操作前的状态。

2.5.1 撤销操作

在编辑文档的过程中，当出现一些误操作时，例如误删了一段文本、替换了不该替换的内容等，都可利用 Word 提供的"撤销"功能来执行撤销操作，其方法有以下几种。

- 单击快速访问工具栏上的"撤销"按钮，可撤销上一步操作，继续单击该按钮，可撤销多步操作，直到"无路可退"。
- 单击"撤销"按钮右侧的下拉按钮，在弹出的下拉列表中可选择撤销到某一指定的操作。
- 按下"Ctrl+Z"（或"Alt+ Backspace"）组合键，可撤销上一步操作，继续按下该组合键可撤销多步操作。

2.5.2 恢复操作

撤销某一操作后，可通过"恢复"功能取消之前的撤销操作，其方法有以下几种。

- 单击快速访问工具栏中的"恢复"按钮，可恢复被撤销的上一步操作，继续单击该按钮，可恢复被撤销的多步操作。
- 按下"Ctrl+Y"组合键可恢复被撤销的上一步操作，继续按下该组合键可恢复被撤销的多步操作。

2.5.3 重复操作

在没有进行任何撤销操作的情况下，"恢复"按钮会显示为"重复"按钮，对其单击可重复上一步操作。

例如，输入"通知"一词后，单击"重复"按钮可重复输入该词。

再如，对某文本设置字号后，再选中其他文本，单击"重复"按钮，可对所选文本设置同样的字号。

😊 提示

输入词组或者设置格式后按下"Ctrl+Y"组合键，或者按下"F4"键，即可快速重复上一步操作。

2.6 高手支招

2.6.1 快速替换多余空行

问题描述：某用户在制作 Word 文档时，发现录入完成后的文档中有许多多余的空行，如果手工删除不仅效率低，而且相当烦琐，为了简单且快速地解决该问题，可使用 Word 自带的替换功能来进行处理。

解决方法：打开"查找和替换"对话框，切换到"替换"选项卡，然后单击"更多"按钮展开该对话框，再将光标插入点定位在"查找内容"文本框，然后单击"特殊格式"按钮，在弹出的菜单中单击"段落标记"命令。此时，"查找内容"文本框中将出现"^P"字样，用同样的方法再在"查找内容"文本框中输入一个"^P"，在"替换为"文本框中输入"^P"，设置完成后单击"全部替换"按钮即可。

2.6.2　在文档中录入当前日期

问题描述：某用户在制作信函文档时，需要在结尾处输入日期，如果手工输入当前日期只能得到固定格式的日期，如需输入日期并选择合适的日期格式，可通过"日期和时间"对话框实现。

解决方法：将鼠标光标定位在需要插入当前日期的位置，切换到"插入"选项卡，单击"文本"组中的"日期和时间"按钮。在弹出的"日期和时间"对话框中的"可用格式"列表框中选择需要的格式选项，单击"确定"按钮即可。

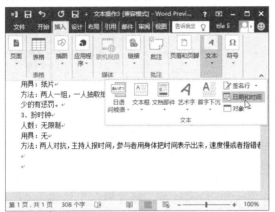 

2.6.3　禁止"Insert"键的改写模式

问题描述：办公人员在 Word 中录入文字时，多次由于手误按下键盘上的"Insert"键，以至 Word 切换到改写模式，变成打字覆盖，导致文档中有用的信息被覆盖，此时需要关闭"用 Insert 控制改写模式"功能。

解决方法：可切换到"文件"选项卡，单击"选项"命令，在打开的"Word 选项"对话框中切换到"高级"选项卡，在右侧找到"用 Insert 键控制改写模式"，取消勾选，设置完成后单击"确定"按钮保存并退出选项设置。

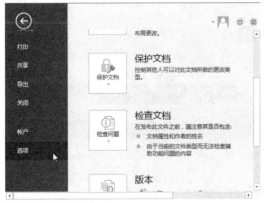 

2.7 综合案例——制作会议通知文件

下面将结合文档的基本操作、输入文档内容等相关知识点，练习制作"会议通知"文档。

01 新建一篇空白文档，并以"会议通知"为名进行保存，然后参考前面所学知识输入内容。

02 将光标定位在合适的位置，然后在"插入"选项卡内单击"符号"下拉按钮，在弹出的菜单中单击"符号"选项，在展开的列表中选择合适的符号。

03 将鼠标光标定位在需要插入当前日期的位置，切换到"插入"选项卡，单击"文本"组中的"日期和时间"按钮。

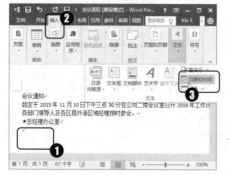

04 弹出"日期和时间"对话框，在"可用格式"列表框中选择需要的格式选项，单击"确定"按钮。

05 将光标插入点定位在"会"字前面，然后通过按空格键输入空格的方式，将标题文本显示在中间位置。

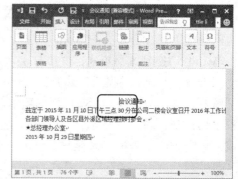

06 通过输入空格的方式，对其他需要调整显示位置的文本进行设置，最终效果如下图所示。

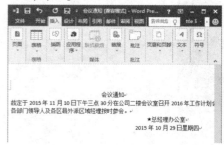

第 3 章

文字和段落格式

》》 **本章导读**

如果希望制作出的文档更加规范，在完成内容的输入后，还需要对其进行必要的格式设置，如设置文本格式、设置段落格式，以及通过项目符号与编号来使文档的结构、条理更加清晰。

》》 **知识要点**

✓ 设置文字格式
✓ 特殊的中文版式
✓ 设置段落格式

本章配套资源

素材文件： 访问 http://www.broadview.com.cn/29628 下载本书配套资源包，在"素材文件\第 3 章\"与"结果文件\第 3 章\"文件夹中可查看本章配套文件。

教学视频： 访问 http://res.broadview.com.cn/v.php?id=29628&vid=3，或用手机扫描右侧二维码，可查阅本章各案例配套教学视频。

3.1 设置文字格式

在 Word 文档中输入文本后，默认应用的字体为"宋体（中文正文）"，字号为"五号"，文字颜色为黑色。如果用户对 Word 默认的字体格式不满意，可以根据自己的需要自定义设置字体格式。

3.1.1 设置字体和字号

　　Word 2016 默认应用的字体为"宋体"，我们可以自定义设置需要的字体，具体操作步骤如下。

原始文件	放假通知.docx
结果文件	放假通知 1.docx
视频教程	设置字体和字号.avi

01 打开"放假通知.docx"文档，选中要设置字体的文本，在"开始"选项卡的"字体"组中，单击字体文本框右侧的下拉按钮。

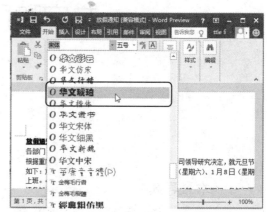

03 保持当前文本的选中状态，单击字号文本框右侧的下拉按钮，在弹出的下拉列表中选择需要的字号。

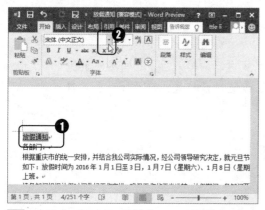

02 在弹出的下拉列表中可以看到多种可选择的字体，单击需要的字体即可。

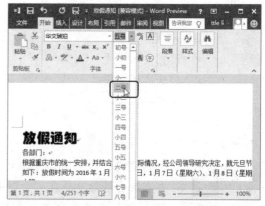

　　除了通过"开始"选项卡设置字体、字号之外，我们还可以通过浮动工具栏和右键菜单进行设置。

- 通过浮动工具栏设置：选中需要设置格式的文本后，会自动显示浮动工具栏，单击字体或字号下拉按钮，在弹出的下拉菜单中可选择需要的字体、字号。

- 通过右键菜单设置：使用鼠标右键单击选中的字符，在弹出的快捷菜单中单击"字体"命令，然后在弹出的"字体"对话框中设置需要的中文字体格式或西文字体格式，选择文字字号，然后单击"确定"按钮即可。

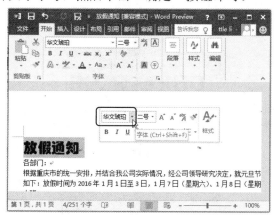 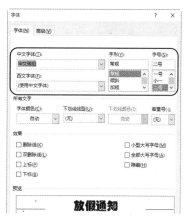

3.1.2 设置字形

字形是文字的字符格式，在 Word 2016 中，在"开始"选项卡的"字体"组内提供了多个命令按钮用于对文字的字形效果进行设置。

01 在文档中选中需要设置字形的文字，在"开始"选项卡的"字体"组内单击"加粗"按钮。

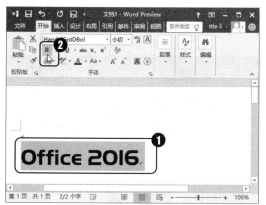

02 保持当前文本的选中状态，单击字体颜色右侧的下拉按钮，在弹出的下拉列表中选择需要的字体颜色。

03 选中需要设置下画线的文本。单击下画线按钮上的下三角按钮，在打开的列表中根据需要选择下画线类型。

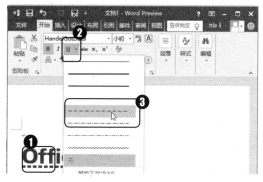

04 选中需要添加"带圈字符"的对话框，在"字体"选项卡中单击"带圈字符"按钮。

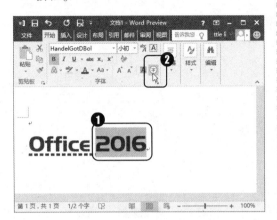

05 打开"带圈字符"对话框，在对话框中选中"增大圈号"选项，在圈号中选中"圆圈"，完成设置后单击"确定"按钮。

😊 **提示**

如果想要取消文字的带圈效果，可在打开的"带圈字符"对话框中单击"无"选项即可。

06 选中需要设置底纹的文本，在"字体"组中单击"字符底纹"按钮。

07 选中需要设置字符边框的文本，在"字体"组中单击"字符边框"按钮。

08 设置完成后，取消选中状态即可查看最终效果。

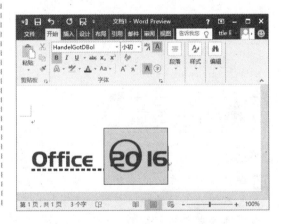

😊 **提示**

添加字形效果后，对应的命令按钮在功能区中将一直处于深色或按下的状态，若需要取消某种效果，只需要再次单击该按钮即可。

3.1.3 使用"字体"对话框

在制作 Word 文档时，有时候为了使文档看起来更具美感，需要对文字的格式进行更为复杂的设置，此时可使用"字体"对话框，具体操作方法如下。

原始文件	贺词.docx
结果文件	贺词 1.docx
视频教程	使用"字体"对话框.avi

01 打开"贺词.docx"文档，在文档中输入文字，选中需要设置格式的文字，在"开始"选项卡"字体"组中单击"功能扩展"按钮。

02 在"字体"对话框中单击左下角的"文字效果"按钮。

03 在打开的"设置文本效果格式"对话框中单击"文本效果"按钮切换到"文本效果"选项卡，然后在对话框中展开"阴影"选项，在右边的"预设"下拉列表中选择合适的样式。

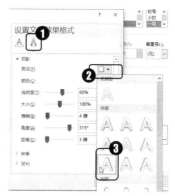

04 展开下方的"三维格式"选项，在右侧的"顶部棱台"中选中需要使用的棱台样式，调整棱台的"宽度"值和"高度"值。完成后单击"确定"按钮，在返回的"字体"对话框中再次单击"确定"按钮关闭对话框。

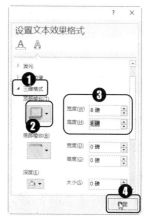

05 返回文档页面即可查看完成后的效果。

3.1.4　设置字符间距

为了让文档的版面更加协调，有时还需要设置字符间距。字符间距是指各字符间的距离，通过调整字符间距可使文字排列得更紧凑或者更疏散。设置字符间距的具体操作步骤如下。

原始文件	放假通知 2.docx
结果文件	放假通知 3.docx
视频教程	设置字符间距.avi

01 打开"放假通知 2.docx"文档，选中要设置字符间距的文本，然后单击"字体"组中的"功能扩展"按钮。

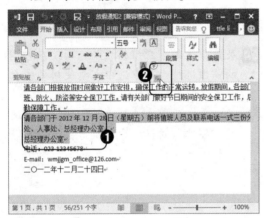

02 弹出"字体"对话框后切换到"高级"选项卡，在"间距"下拉列表中选择间距类型，如"加宽"，然后在右侧的"磅值"微调框中设置间距大小，设置完成后单击"确定"按钮。

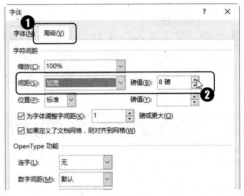

03 返回文档即可查看设置后的效果，将文档另存即可。

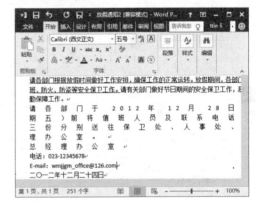

3.1.5　【案例】制作请示文档

请示是办公应用中的一种常见文档，是一种请求性公文，请示就是下级单位就某一问题或者事项向上级单位请求作出指示。下面介绍请示文档的具体制作方法。

原始文件	关于增加费用的请示.docx
结果文件	关于增加费用的请示 1.docx
视频教程	制作请示文档.avi

01 打开"关于增加费用的请示.docx"文档，选中标题行，然后单击鼠标右键，在弹出的快捷菜单中单击"字体"命令。

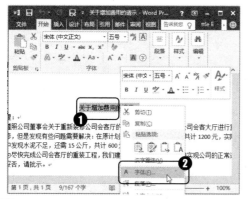

02 弹出"字体"对话框，在其中根据需要设置字体、字形、字号和字体颜色等选项。

03 切换到"高级"选项卡，在其中设置字符间距和磅值等，设置完成后单击"确定"按钮。

04 返回 Word 文档，选中要添加下画线的文本，单击"字体"组中"下画线"按钮右侧的下拉按钮，在弹出的下拉列表中选择需要的下画线样式。

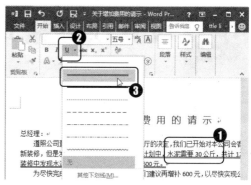

05 再次单击"下画线"按钮右侧的下拉按钮，在弹出的下拉列表中单击"下画线颜色"选项，在展开的颜色面板中选择需要的颜色。

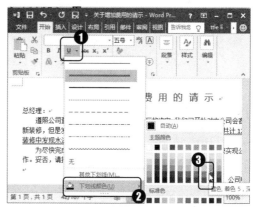

06 返回 Word 文档，选择要突出显示的文本内容，单击"字体"组中的"字符底纹"按钮。

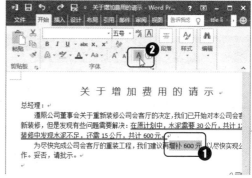

07 文档编辑好以后，单击快速访问工具栏中的"保存"按钮保存即可。

3.2 设置段落格式

对文档进行排版时，通常会以段落为基本单位进行操作。段落的格式设置主要包括对齐方式、缩进、间距、行距、边框和底纹等，合理设置这些格式，可使文档结构清晰、层次分明。

3.2.1 设置段落对齐方式

对齐方式是指段落在文档中的相对位置，段落的对齐方式有左对齐、居中、右对齐、两端对齐和分散对齐 5 种。

从表面上看，"左对齐"与"两端对齐"两种对齐方式没有什么区别，但当行尾输入较长的英文单词而被迫换行时，若使用"左对齐"方式，文字会按照不满页宽的方式进行排列；若使用"两端对齐"方式，文字间的距离将被拉开，从而自动填满页面。

默认情况下，段落的对齐方式为两端对齐，若要更改为其他对齐方式，可按下面的操作步骤实现。

原始文件	公司管理规范.docx
结果文件	公司管理规范 1.docx
视频教程	设置段落对齐方式.avi

01 打开"公司管理规范.docx"文档，选中要设置对齐方式的段落，在"开始"选项卡的"段落"组中单击"居中"按钮。

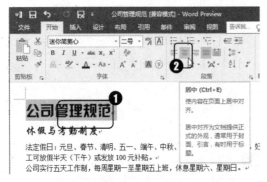

02 所选段落将以"居中"对齐方式进行显示。

☺ **提示**

选中段落后，按下"Ctrl+E"组合键也可设置"居中"对齐方式。

除了上述操作方法之外，还可通过以下两种方法设置段落的对齐方式。

- 选中段落后，按下"Ctrl+L"组合键可设置"左对齐"对齐方式，按下"Ctrl+R"组合键可设置"右对齐"对齐方式，按下"Ctrl+J"组合键可设置"两端对齐"方式，按下"Ctrl+Shift+J"组合键可设置"分散对齐"方式。

- 选中段落后单击"段落"组中的"功能扩展"按钮，弹出"段落"对话框，在"常规"栏的"对齐方式"下拉列表中选择需要的对齐方式，然后单击"确定"按钮即可。

3.2.2 设置段落缩进

为了增强文档的层次感，提高可阅读性，可对段落设置合适的缩进。段落的缩进方式有左缩进、右缩进、首行缩进和悬挂缩进4种。

- 左缩进：指整个段落左边界距离左侧页面边框的距量。

- 右缩进：指整个段落右边界距离右侧页面边框的距量。

- 首行缩进：指段落首行第1个字符的起始位置距离段落左边界的缩进量。大多文档都采用首行缩进方式，缩进量为两个字符。

左缩进：根据重庆市的统一安排，经公司领导研究决定，就中秋节放假安排如下：放假时间为9月22日至24日，9月19日、25日照常上班。

右缩进：根据重庆市的统一安排，经公司领导研究决定，就中秋节放假安排如下：放假时间为9月22日至24日，9月19日、25日照常上班。

首行缩进：根据重庆市的统一安排，经公司领导研究决定，就中秋节放假安排如下：放假时间为9月22日至24日，9月19日、25日照常上班。

悬挂缩进：根据重庆市的统一安排，经公司领导研究决定，就中秋节放假安排如下：放假时间为9月22日至24日，9月19日、25日照常上班。

- 悬挂缩进：指段落中除首行以外的其他行距离段落左边界的缩进量。悬挂缩进方式一般用于一些较特殊的场合，如杂志、报刊等。

下面练习对"公司管理规范1"文档中的段落设置"首行缩进：2字符"，具体操作方法如下。

原始文件	公司管理规范1.docx
结果文件	公司管理规范2.docx
视频教程	设置段落缩进.avi

01 打开"公司管理规范1"文档，选中需要设置缩进的段落，在"开始"选项卡的"段落"组中单击"功能扩展"按钮。

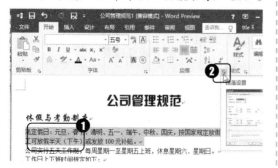

02 弹出"段落"对话框，在"特殊格式"栏选择"首行缩进"选项，在右侧的"缩进值"微调框设置缩进量，然后单击"确定"按钮保存设置。

03 返回当前文档，用同样的方法，对后面的段落设置"首行缩进：2 字符"，设置后的效果如下图所示。

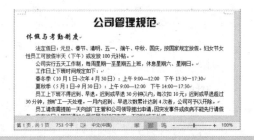

3.2.3　设置段间距和行间距

为了使整个文档看起来疏密有致，可对段落设置合适的间距或行距。间距是指相邻两个段落之间的距离，行距是指段落中行与行之间的距离。

原始文件	公司管理规范 2.docx
结果文件	公司管理规范 3.docx
视频教程	设置段间距和行间距.avi

01 打开"公司管理规范 2.docx"文档，选中需要设置间距的段落，在"开始"选项卡的"段落"组中单击"功能扩展"按钮。

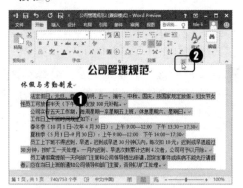

02 弹出"段落"对话框，在"间距"栏设置段前和段后的间距。

03 单击"行距"下拉列表框，在弹出的下拉列表中选择需要的行距，单击"确定"按钮。

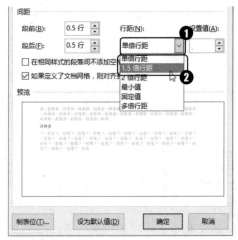

04 返回 Word 文档，即可看到设置段落间距和行距后的效果。

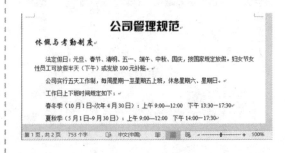

除了前面介绍的在"段落"对话框中设置段落间距和行距，我们还可以直接在"开始"选项卡中进行设置。

具体操作方法为：选中要设置行距的段落，单击"段落"组中的"行和段落间距"按钮，在弹出的下拉列表中选择需要的行距大小选项即可。

3.2.4 设置项目符号

项目符号是指添加在段落前的符号，一般用于并列关系的段落。为段落添加项目符号，可以更加直观、清晰地查看文本。下面练习在文档中插入项目符号，具体操作步骤如下。

原始文件	公司管理规范 3.docx
结果文件	公司管理规范 4.docx
视频教程	设置项目符号.avi

01 打开"公司管理规范 3.docx"文档，选中需要添加项目符号的段落，在"开始"选项卡的"段落"组中，单击"项目符号"按钮右侧的下拉按钮。在弹出的下拉列表中，单击需要的项目符号样式。

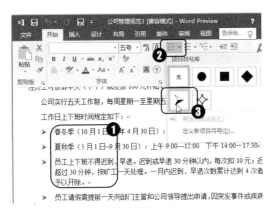

提示

在含有项目符号的段落中，按下"Enter"键换行时，Word 会在下一段自动添加相同样式的项目符号，此时若直接按下"Backspace"键或再次按下"Enter"键，可取消自动添加的项目符号。

02 如果在弹出的列表中没有合适的项目符号，可单击"定义新项目符号"选项。

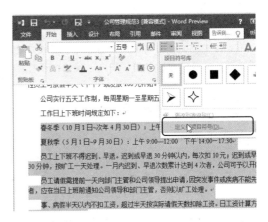

03 弹出"定义新项目符号"对话框，单击"符号"按钮。

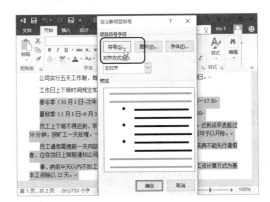

04 在弹出的"符号"对话框中选择需要作为项目符号的字符，然后单击"确定"按钮。

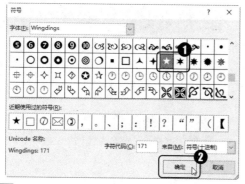

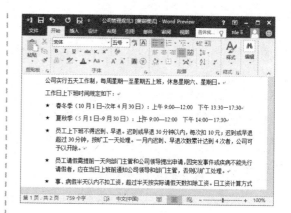

05 返回"定义新项目符号"对话框，单击"确定"按钮。返回文档即可查看设置项目符号后的效果。

😊 提示

在"定义新项目符号"对话框中，单击"图片"按钮，可在弹出的"图片项目符号"对话框中选择图片作为项目符号；单击"字体"按钮，可对符号形式的项目符号设置字体格式。

3.2.5 使用编号

为了更加清晰地显示文本之间的结构与关系，用户可在文档中的各个要点前添加编号，以便增加文档的条理性。

默认情况下，在以"一、"、"1."或"A."等编号开始的段落中，按下"Enter"键换到下一段时，下一段会自动产生连续的编号。

若要对已经输入好的段落添加编号，可通过"段落"组中的"编号"按钮实现，具体操作步骤如下。

原始文件	公司管理规范 4.docx
结果文件	公司管理规范 5.docx
视频教程	使用编号.avi

01 打开"公司管理规范 4.docx"文档，选中需要添加编号的段落，然后在"段落"组中单击"编号"按钮右侧的下拉按钮，在弹出的下拉列表中选择"定义新编号格式"命令。

😊 提示

在刚出现下一个编号时，按下"Ctrl+Z"组合键或再次按下"Enter"键，可取消自动产生的编号。

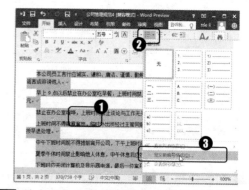

02 弹出"定义新编号格式"对话框，在"编号样式"下拉列表框中选择编号样式，本例选择"1,2,3…"，此时"编号格式"

文本框中将出现 "1." 字样，且以灰色显示，将 "1" 后面的 "." 删除，在 "1" 前输入 "第" 字，在后面输入 "条" 字，单击 "确定" 按钮。

03 返回文档，保持段落选中状态，再次单击 "编号" 按钮右侧的下拉按钮，在弹出的下拉列表中单击之前设置的编号

样式，即可看见所选段落应用了刚才自定义的编号样式。

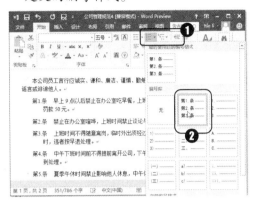

3.2.6 【案例】制作员工考核制度文档

下面将结合本章所学的设置段落缩进、间距，以及项目符号等知识，练习制作一篇 "员工考核制度" 文档。

原始文件	员工考核制度.docx
结果文件	员工考核制度 2.docx
视频教程	制作员工考核制度文档.avi

01 打开 "员工考核制度.docx" 文档，选中标题行，在 "段落" 组中设置文本居中对齐。

02 选中第一行，在 "段落" 组中单击 "编号" 按钮右侧的下拉按钮，在弹出的下拉列表中单击需要的编号样式，本例选择 "一、二、三、…" 样式，然后按照同样的方法设置其他同等级别的编号样式。

03 选中需要设置段落格式的段落，在 "开始" 菜单的 "段落" 组中单击右下角的 "功能扩展" 按钮。

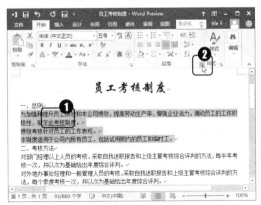

04 弹出"段落"对话框，在"缩进"栏中设置"首行缩进：2字符"，在"间距"栏中设置段前段后各"0.5行"，且行距为"单倍行距"，设置完成后单击"确定"按钮。

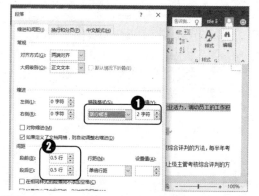

05 将插入点定位到需要设置编号的段落中，单击"编号"按钮右侧的下拉按钮，在弹出的下拉列表中单击需要的编号样式，本例选择"1.2.3.…"样式。

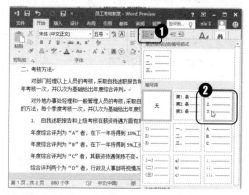

06 选中要添加项目符号的段落，单击"项目符号"按钮右侧的下拉按钮，在弹出的下拉列表中选择需要的样式。

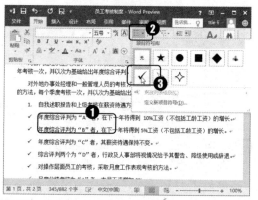

07 按照同样的方法为其他段落添加项目符号，完成设置后，单击快速访问工具栏中的"保存"按钮保存文档。

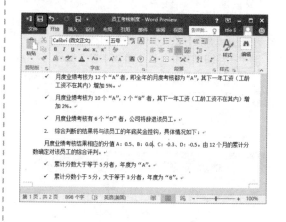

3.3 特殊的中文版式

如果需要制作带有特殊效果的文档，可以应用一些特殊的排版方式，如首字下沉、竖排文档等，从而使文档更加生动。

3.3.1 文字竖排

通常情况下，文档的排版方式为水平排版，不过有时也需要对文档进行竖排排版，以追求更完美的效果。设置竖排排版的具体操作步骤如下。

01 打开"公司概况.docx"文档，切换到"页面布局"选项卡，然后单击"页面设置"组中的"文字方向"按钮，在弹出的下拉列表中单击"文字方向选项"命令。

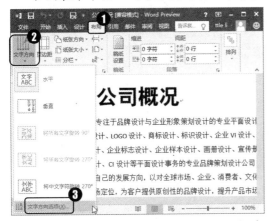

02 在弹出的"文字方向-主文档"对话框中提供五种文字方向，选择需要的文字方向，然后在"应用于"下拉列表中选择应用范围，设置后单击"确定"按钮。

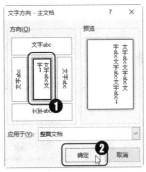

03 此时，文档中的文字将呈竖排显示，其效果如下图所示。

3.3.2 纵横混排

在某些时候为了制作出特殊的段落效果，需要在横排的段落中插入竖排文本，此时要使用系统自带的纵横混排功能。

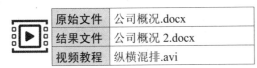

01 打开"公司概况.docx"文档，选中需要设置纵向放置的文字，在"开始"选项卡的"段落"组中单击中文版式下拉按钮，在弹出的列表中选择"纵横混排"选项。

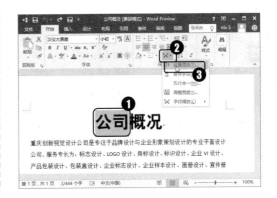

02 在打开的"纵横混排"对话框中勾选"适应行宽"复选框，单击"确定"按钮。

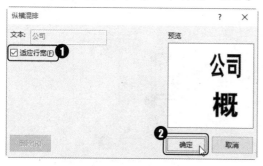

03 返回文档页面即可查看文本设置纵横混排后的效果。

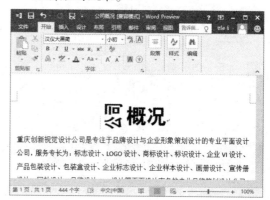

3.3.3　双行合一

双行合一是指可以将两行文字显示在同一行文字的空间中，在制作一些特殊格式的标题或注释时非常实用，具体操作方法如下。

01 选中需要进行双行合并的文字，在"开始"选项卡的"段落"组中单击中文版式按钮，在弹出的列表中单击"双行合一"命令。

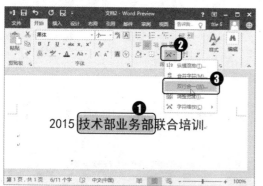

02 打开"双行合一"对话框，勾选"带括号"复选框，在"括号样式"下拉列表中根据需要选择合适的括号样式，然后单击"确定"按钮。

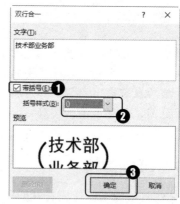

03 返回文档页面，即可查看文本设置双行合一后的效果。

3.3.4　首字下沉

首字下沉是一种段落修饰，是将段落中的第一个字或开头几个字设置不同的字体、字号，该类格式在报刊、杂志中比较常见。设置首字下沉的具体操作步骤如下。

原始文件	公司概况.docx
结果文件	公司概况 3.docx
视频教程	首字下沉.avi

01 打开"公司概况.docx"文档，选中第一段中开头的几个字，如"重庆"，然后切换到"插入"选项卡，单击"文本"组中的"首字下沉"按钮，在下拉列表中单击"首字下沉选项"命令。

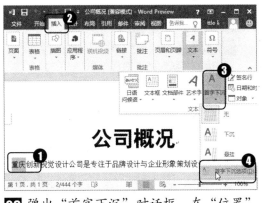

02 弹出"首字下沉"对话框，在"位置"栏中选择"下沉"选项，然后设置所选文字的字体、下沉行数等参数，设置完成后单击"确定"按钮.

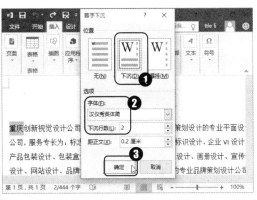

03 返回文档，可查看设置后的效果。

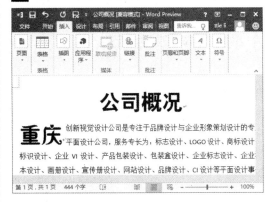

3.4　高手支招

3.4.1　让英文在单词中间换行

问题描述：某用户在编辑文档的过程中，输入一段英文，当前行不能完全显示时会自动跳转到下一行，而当前行中文字的间距很宽，从而影响了文档的美观。为了美观可通过设置让英文在单词中间进行换行。

解决方法：选中需要设置的段落，单击"段落"组中的"功能扩展"按钮，弹出"段落"对话框，切换到"中文版式"选项卡，在"换行"选项组中勾选"允许西文在中间换行"复选框，然后单击"确定"按钮。返回文档即可看见英文自动在单词中间断开后的效果。

3.4.2 设置特大号字体

问题描述：某用户在打印海报时需要特大号字符，而 Word 的字号下拉列表中的字号为八号到初号，或 52 到 72 磅，无法满足需求，此时可以手动设置特大号字体。

解决方法：选中需要设置特大字号的文本，在"开始"选项卡的"字体"组中的"字号"文本框中手动输入需要的字号数值，例如"100"，完成输入后按下"Enter"键进行确认，选中的文本即可按输入的字号进行显示。

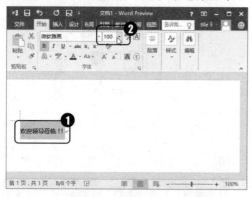 

3.4.3 使用格式刷

问题描述：某用户在为文档设置字体格式时，因文档内容较多且有些文字的格式一致，如果通过"字体"选项卡一个一个地为文字设置格式就比较烦琐，此时可以使用格式刷工具，将某一文本对象的格式快速地复制到另一对象上。

解决方法：选中需要复制的格式所属文本，然后单击"剪贴板"组中的"格式刷"按钮，此时鼠标指针呈刷子形状，按住鼠标左键不放，然后拖动鼠标选择需要设置相同格式的文本。完成文本的选择后释放鼠标键，被选中的文本即可应用最开始所选文本的格式。

> 😊 **提示**
>
> 当需要把一种格式复制到多个文本对象时，就需要连续使用格式刷，此时可双击"格式刷"按钮，使鼠标指针一直呈刷子状态。当不再需要复制格式时，可再次单击"格式刷"按钮或按下"Esc"键退出复制格式状态。

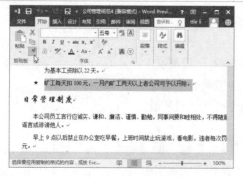 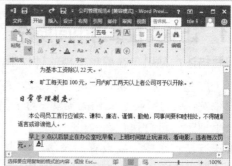

3.5 综合案例——编排劳动合同

劳动合同是用人单位与劳动者之间所签订的合同，用于用人单位和受雇人员间明确规定双方的权利及义务。本案例将以劳动合同的编排为例，整体复习本章知识点。

01 打开"劳动合同.docx"文档，选中首页中所有文本内容，在"开始"选项卡的"字体"组中单击"功能扩展"按钮。

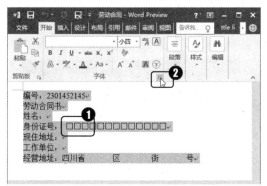

02 在打开的"字体"对话框中设置合适的字体、字形及字号，设置完成后单击"确定"按钮。

03 设置标题字体格式为"黑体、初号"，设置标题文字下方的文字格式为"宋体、四号"，选中标题文字，单击"开始"选项卡"段落"组的"功能扩展"按钮。

04 在打开的"段落"对话框中设置段前间距为"6.5 行"，段后间距为"17 行"，设置完后单击"确定"按钮。

05 选中标题下方的段落，单击"段落"组中的"增加缩进量"按钮，使段落向右侧缩进，多次单击调整至合适位置。

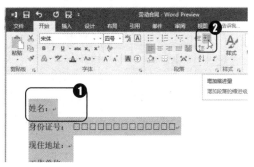

06 选中第 2 页开始到文档末尾的内容，打开"段落"对话框，设置行距为"多倍行距"，设置"设置值"为"1.5"，单击"确定"按钮。

07 将光标定位于正文开始位置，按下"Tab"键使该段落首行缩进两个字符。

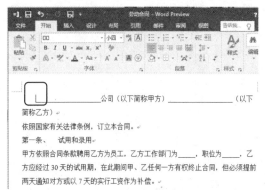

08 选中第一条的内容，单击增加缩进量按钮为该段落添加左缩进。

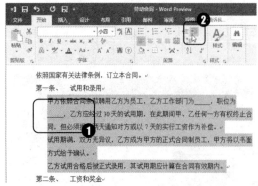

09 选中第一条内容，单击"开始"选项卡"段落"组中的"项目符号"按钮，在弹出的列表中选择项目符号样式。

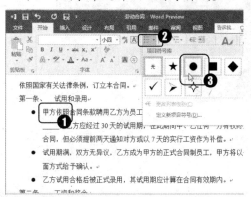

10 选中第一条内容，单击"开始"选项卡"剪贴板"组中的"格式刷"按钮。

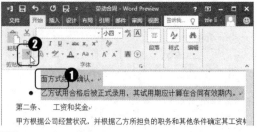

11 拖动鼠标选择文档中其他需要应用相同格式的文本内容，即可复制第一条内容所用的文本格式。

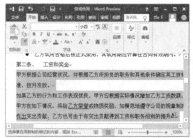

12 根据需要使用格式刷复制更多格式，设置完成后单击"保存"按钮保存文档。

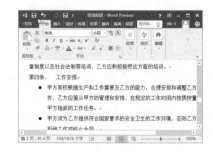

第 4 章

页面格式和版式设计

》》 **本章导读**

为了制作一篇外表精美的文档，除了对字符和段落设置格式之外，还有美观的视觉效果，此时就需要对文档的整个版面进行设计了，譬如设置页面大小、页边距及页眉页脚等。

》》 **知识要点**

- ✓ 页面设置
- ✓ 分栏
- ✓ 设置文档背景
- ✓ 设计页眉和页脚
- ✓ 边框和底纹

本章配套资源

素材文件：访问 http://www.broadview.com.cn/29628 下载本书配套资源包，在"素材文件\第 4 章\"与"结果文件\第 4 章\"文件夹中可查看本章配套文件。

教学视频：访问 http://res.broadview.com.cn/v.php?id=29628&vid=4，或用手机扫描右侧二维码，可查阅本章各案例配套教学视频。

4.1 页面设置

将 Word 文档制作好后，用户可以根据实际需要对页面格式进行设置，主要包括设置页边距、纸张大小和纸张方向等。

4.1.1 设置页面方向和大小

Word 中纸张的默认方向为纵向，当需要打印的文档为奖状、图表等文档时，则需要将纸张设置为横向。此外，为了使打印后文档有不同的显示效果，还需要根据实际情况对纸张的大小进行设置。

原始文件	公司概况 1.docx
结果文件	公司概况 2.docx
视频教程	设置页面方向和大小.avi

01 打开"公司概况 1.docx"文档，然后在"布局"选项卡中单击"纸张方向"按钮，在弹出的下拉列表中选择"横向"选项。

02 在"视图"选项卡中单击"单页"按钮，即可查看文档设置后效果。

03 切换到"布局"选项卡，然后单击"页面设置"组中的"纸张大小"按钮，在弹出的下拉列表中提供多种不同的纸张大小，选择需要的纸张大小即可快速应用到文档中。

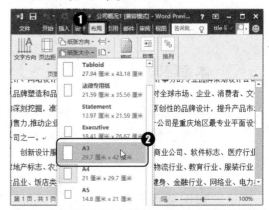

☺ 提示

在打开的"纸张大小"下拉列表中，若用户需要自定义纸张大小，只需要单击下拉列表底部的"其他页面大小"选项，在弹出的对话框中根据需要设置相关数据，然后保存即可。

4.1.2 设置页边距

文档的版心主要是指文档的正文部分，用户在设置页面属性过程中可以通过在对话框中对页面边距进行设置以达到控制版心大小的目的，具体操作方法如下。

原始文件	公司概况.docx
结果文件	公司概况 1.docx
视频教程	设置页边距.avi

01 打开"公司概况.docx"文档，单击"布局"选项卡中的"页边距"按钮，此时在弹出的下拉列表中可选择页边距样式，拖动右侧的滚动条可进行查看，若需要输入精确的数值，则需要在弹出的下拉列表中单击"自定义边距"选项。

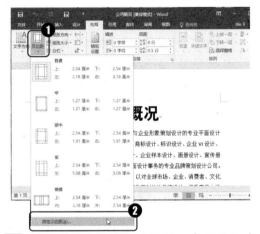

02 弹出"页面设置"对话框，在页面组中分别显示了"上"、"下"、"左"、"右"四个边距的数值，可直接输入数值进行更改，然后单击"页码范围"组中"多

页"右侧的下拉按钮，在打开的下拉列表中可根据需要对页边距进行设置，设置完后单击"确定"按钮即可。

03 返回文档即可查看自定义边距后效果。

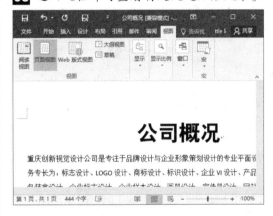

> 💬 **提示**
> 在"多页"下拉列表中提供了多个选项，若选择"对称页边距"选项，可完成打印册子的功能；若选择"拼页"选项，可实现在一页内打印两个不连续的页码的功能；若选择"书籍折页"选项，可实现书籍的对折功能。

4.1.3　设置文档网格

在页面设置对话框中的文档网格选项卡中，用户还可以通过设置页面网格线调整字与字或者行与行之间的间距，具体操作方法如下。

原始文件	值班室管理制度.docx
结果文件	值班室管理制度 1.docx
视频教程	设置文档网格.avi

01 打开"值班室管理制度.docx"文档，在"布局"选项卡中单击"页面设置"组中的功能扩展按钮。

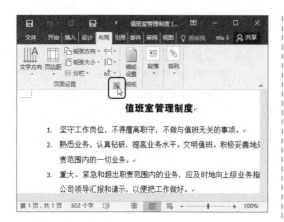

02 打开"页面设置"对话框,切换到"文档网格"选项卡中,在"字符数"组合框中的"每行"和"跨度"微调框中输入"34"和"12磅",然后单击下方的"绘图网格"按钮。

03 打开"绘图网格"对话框,在对话框中即可设置页面网格线和参考线的对齐方式、网格设置及网格起点等,设置后单击"确定"按钮。

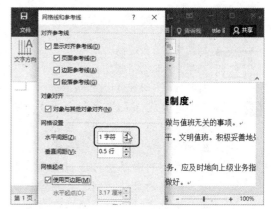

04 返回"页面设置"对话框,然后单击对话框右下角的"字体设置"按钮,打开"字体"对话框,根据需要设置系统默认的字形、字号等,设置后单击"确定"按钮。

05 返回"页面设置"对话框,然后单击"确定"按钮,即可完成文档网格设置,返回文档编辑区,即可查看设置文档网格后的最终效果。

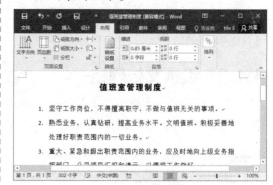

4.2 设计页眉和页脚

页眉是每个页面页边距的顶部区域，通常显示书名、章节等信息。页脚是每个页面页边距的底部区域，通常显示文档的页码等信息。对页眉和页脚进行编辑，可起到美化文档的作用。

4.2.1 添加页眉和页脚

在 Word 2016 中系统内置了一部分实用的页眉页脚样式，用户可以从这些样式中选择需要的内置页眉页脚，以此让文档更专业。

原始文件	公司财务管理制度.docx
结果文件	公司财务管理制度 1.docx
视频教程	添加页眉和页脚.avi

01 打开"公司财务管理制度.docx"文档，切换到"插入"选项卡，然后单击"页眉和页脚"组中的"页眉"按钮，在弹出的下拉列表中选择页眉样式。

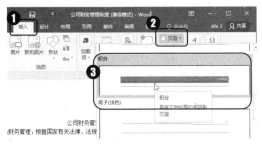

02 所选样式的页眉将添加到页面顶端，同时文档自动进入到页眉编辑区，单击占位符可输入页眉内容，完成页眉内容的编辑后，在页眉和页脚工具/设计选项卡的"导航"组中单击"转至页脚"按钮，以转至当前页的页脚。

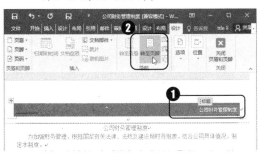

03 此时，页脚为空白样式，如果要更改其样式，可在页眉和页脚工具/设计选项卡的页眉和页脚组中单击页脚按钮，在弹出的下拉列表中选择需要的样式。

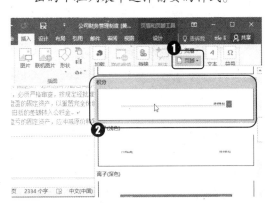

04 确定页脚样式后，单击占位符可输入页脚内容。

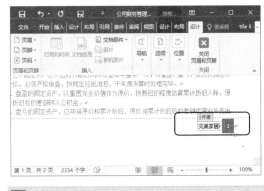

😊 提示

直接双击页眉/页脚处，可直接插入空白样式的页眉/页脚，并进入页眉/页脚编辑状态。

05 完成页眉/页脚内容的编辑后，双击文档编辑区的任意位置，或在页眉和页脚工具/设计选项卡的关闭组中单击关闭页眉和页脚按钮，可退出页眉/页脚编辑状态，此时可查看设置页眉/页脚后的效果。

4.2.2 添加页码

如果一篇文档含有很多页，为了打印后便于排列和阅读，应对文档添加页码。在使用 Word 提供的页眉/页脚样式中，部分样式提供了添加页码的功能，即插入某些样式的页眉/页脚后，会自动添加页码。若使用的样式没有自动添加页码，就需要手动添加，具体操作步骤如下。

原始文件	公司财务管理制度 1.docx
结果文件	公司财务管理制度 2.docx
视频教程	添加页码.avi

01 打开"公司财务管理制度 1.docx"文档，切换到"插入"选项卡，单击页眉和页脚组中的"页码"按钮，在弹出的下拉列表中选择页码位置，如"页边距"，在弹出的级联列表中选择需要的页码样式，如"圆（左侧）"。

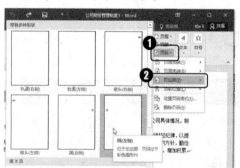

02 此时，页面的左侧将插入所选样式的页码，如图所示。

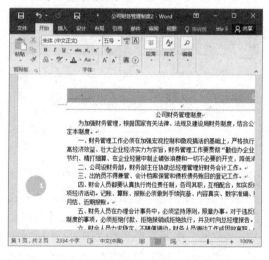

4.2.3 【案例】布局员工考核文档

下面将结合本节设置页眉页脚等相关知识点，练习制作一篇"放假通知"文档。

原始文件	员工考核制度.docx
结果文件	员工考核制度 1.docx
视频教程	布局员工考核文档.avi

01 打开"员工考核制度.docx"文档，在"插入"选项卡中单击页眉和页脚组中"页眉"按钮，在弹出的下拉列表中选择页

眉样式。

02 所选样式的页眉将添加到页面顶端，同时文档自动进入到页眉编辑区，单击占位符可输入页眉内容。

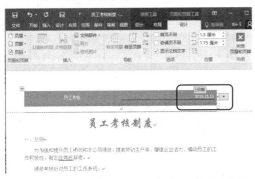

03 在页眉和页脚工具/设计选项卡的页眉

和页脚组中单击"页脚"按钮，在弹出的下拉列表中选择需要的样式。

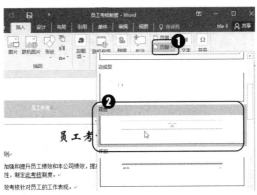

04 确定页脚样式后，单击占位符可输入页脚内容。

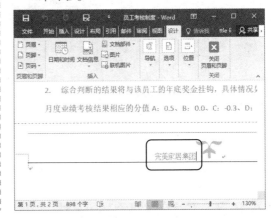

4.3 分栏

当文档中文字较长且不便阅读时，可以使用分栏排版的方式使版面分成多个版块，使整个页面更具观赏性。

4.3.1 创建分栏

Word 2016"布局"选项卡中提供了用于创建分栏版式按钮命令，使用相关按钮即可将选择的段落进行分栏操作，具体操作步骤如下。

原始文件	公司概况 2.docx
结果文件	公司概况 3.docx
视频教程	创建分栏.avi

01 打开"公司概况 2.docx"文档，选中要设置分栏排版的部分内容，切换到"布局"选项卡，然后单击"页面设置"组

中的"分栏"按钮，然后在弹出的下拉列表中选择需要的分栏形式。

02 若需要设置更多分栏形式，则需要在弹出的下拉列表中选择"更多分栏"选项。

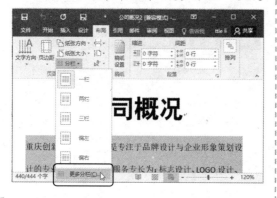

03 弹出"分栏"对话框，在"栏数"微调框中设置分栏栏数，然后单击"确定"按钮。

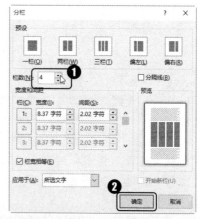

04 设置完成后即可查看最终效果。

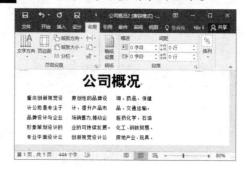

4.3.2 设置栏宽和分隔线

设置分栏后，如果对栏宽不满意，可以重新设置，如果栏宽间隔较小还可以添加栏分割线，具体操作方法如下。

原始文件	公司概况 3.docx
结果文件	公司概况 4.docx
视频教程	设置栏宽和分隔线.avi

01 打开"公司概况 3.docx"文档，打开"分栏"对话框，在"宽度"微调框中输入数值设置栏宽，并勾选"分隔线"复选框，然后单击"确定"按钮。

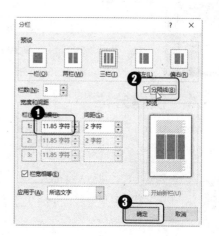

02 设置完成后即可查看完成后效果。

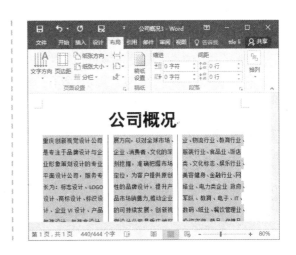

4.3.3 【案例】编排劳动合同

下面将结合本节设置文档的分栏等相关知识点，练习在"劳动合同"文档内为文本设置双栏显示。

原始文件	劳动合同 1.docx
结果文件	劳动合同 2.docx
视频教程	编排劳动合同.avi

01 打开"劳动合同 1.docx"文档，选中需要设置分栏的文本，切换到"布局"选项卡，单击"分栏"按钮，在弹出的菜单中单击"更多分栏"选项。

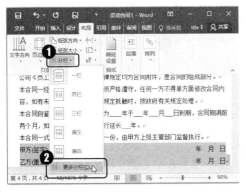

02 弹出"分栏"对话框，在"预设"组中单击"两栏"选项，并勾选"分隔线"复选框，然后单击"确定"按钮。

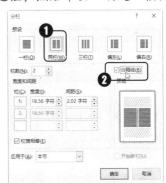

03 返回页面即可查看最终效果。

4.4 边框和底纹

在制作文档时，为了修饰或突出文档中的内容，可对标题或者一些重点段落添加边框或底纹效果。

4.4.1 设置段落边框

段落边框的设置与设置字符边框类似，但更为复杂，设置段落边框可以自定义设置内部边框、外部边框、上下边框或者所有边框，并选择边框的颜色。在 Word 2016 中设置段落边框最简单的方法如下。

原始文件	公司管理规范 1.docx
结果文件	公司管理规范 2.docx
视频教程	设置段落边框.avi

01 打开"公司管理规范 1.docx"文档，在文档中选中要设置边框的段落，在"开始"选项卡的"段落"组中单击边框下拉按钮，在弹出的下拉列表中选择需要的边框样式。

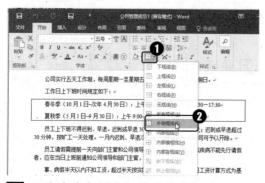

02 如果需要定制更加灵活的边框外观，选中需要添加边框的段落，在"开始"选项卡的"段落"组中单击边框下拉按钮，在弹出的下拉列表中选择"边框和底纹"命令。

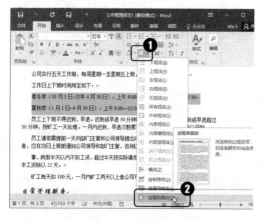

😊 **提示**

在"边框和底纹"对话框右侧的"预览"栏中，可通过单击边界线自定义段落四周和内部的边框。例如设置好边框样式和颜色等选项后，单击"预览"栏中的"上框线"按钮和"下框线"按钮，可将上下边框删除。

03 弹出"边框和底纹"对话框，默认切换到"边框"选项卡，在其中设置边框的线条样式、颜色和宽度等选项，然后单击"确定"按钮。

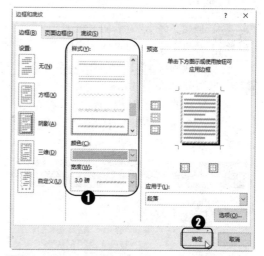

04 返回 Word 文档，即可看到自定义段落边框后的效果了。

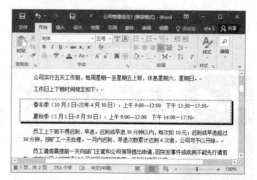

4.4.2 设置段落底纹

在 Word 中不仅可以为文本设置底纹，还可以为整个段落设置底纹，添加段落底纹后，不仅文字有了底纹，段落标记也会被底纹覆盖。在 Word 2016 中，不仅可以设置纯色底纹，还可以设置有图案的底纹，具体操作如下。

原始文件	公司管理规范 1.docx
结果文件	公司管理规范 2.docx
视频教程	设置段落底纹.avi

01 打开"公司管理规范 1.docx"文档，选中需要添加底纹的段落，在"开始"选项卡的"段落"组中单击"边框"下拉按钮，在弹出的下拉列表中选择"边框和底纹"命令。

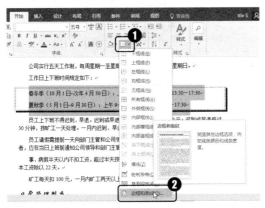

02 弹出"边框和底纹"对话框，切换到"底纹"选项卡，单击"填充"下拉列表框，在弹出的下拉列表中选择喜欢的底纹颜色，然后单击"确定"按钮。

03 如果不喜欢纯色底纹，还可以设置图案。方法是设置填充颜色后，在"图案"栏中设置样式和颜色，然后单击"确定"按钮。

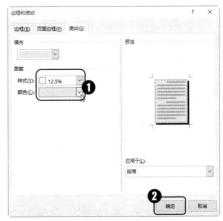

04 返回 Word 文档，即可看到添加图案底纹后的效果了。

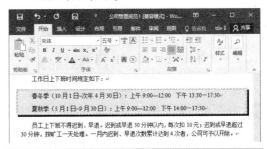

☺ 提示

选中段落后设置边框和底纹时，在"边框"和"底纹"对话框右侧的"预览"栏下方，默认选择为"段落"选项，若单击"应用于"下拉按钮，在下拉列表中选择"文字"选项，设置的边框和底纹样式将应用于文字。

4.5 设置文档背景

在制作一些有特殊用途的文档时，为了增加文档的生动感和实用性，常常需要对文档的页面进行设置，如设置颜色、底纹及添加水印等。

4.5.1 设置页面颜色

为了使文档更加美观，可对文档设置页面颜色。页面颜色是指文档背景的颜色，用于渲染文档。下面练习对文档设置页面颜色，具体操作步骤如下。

原始文件	公司宣传册.docx
结果文件	公司宣传册 1.docx
视频教程	设置页面颜色.avi

01 打开"公司宣传册.docx"文档，切换到"设计"选项卡，然后单击"设计"组中的"页面颜色"按钮，在弹出的下拉列表中指向任意颜色，在页面中将显示预览效果，单击色块即可应用至文档页面。

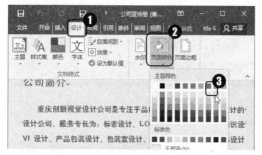

02 如果主题颜色中没有所需颜色，此时可在打开的下拉列表中单击"填充效果"选项。

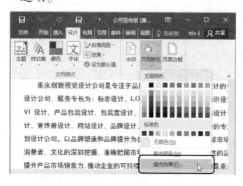

03 打开"填充效果"对话框，切换到"纹理"选项卡，选择"白色大理石"纹理，然后单击"确定"按钮。

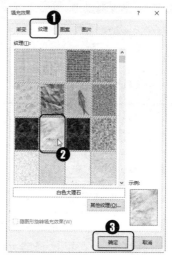

04 返回编辑文档，即可查看应用"白色大理石"纹理后效果。

4.5.2 使用渐变色填充背景

设置页面背景时，除了设置纯色、图案等作为页面背景之外，还可以对页面设置渐变效果，以增加页面的美观程度，具体操作步骤如下。

原始文件	公司宣传册 1.docx
结果文件	公司宣传册 1-渐变.docx
视频教程	使用渐变色填充背景.avi

01 打开"公司宣传册.docx"文档，切换到"设计"选项卡，然后单击"页面背景"组中的"页面颜色"按钮，在弹出的下拉列表中选择"填充效果"选项。

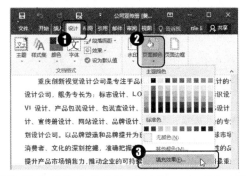

02 弹出"填充效果"对话框，在"渐变"选项卡中单击"颜色"栏中的"双色"单选项，然后在"颜色 1"和"颜色 2"下拉列表中选择不同的颜色，然后在"底纹样式"栏中选择渐变方向，如"垂直"单选项，然后单击"确定"按钮即可。

03 返回文档页面即可查看设置填充后效果。

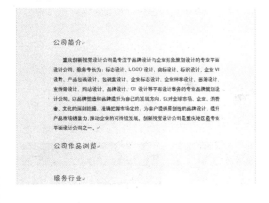

4.5.3 添加水印

水印是指将文本或图片以水印的方式设置为页面背景。文字水印多用于说明文件的属性，如一些重要文档中都带有"机密文件"字样的水印。图片水印大多用于修饰文档，如一些杂志的页面背景通常为一些淡化后的图片。对文档添加水印的具体操作步骤如下。

原始文件	值班室管理制度 1.docx
结果文件	值班室管理制度 2.docx
视频教程	添加水印.avi

01 打开"值班室管理制度 1.docx"文档，在"设计"选项卡中单击"水印"按钮，在打开的下拉列表中选择需要的内置

水印样式，如选择"草稿 1"样式，此时该样式将应用到文档中。

02 此时，文档中将显示应用内置水印样式"草稿 1"后效果。

03 若需要自定义水印样式，可再次单击"水印"按钮，然后在打开的"水印"下拉列表中选择"自定义水印"选项。

04 打开"水印"对话框，选定"文字水印"单选项，然后根据需要设置其文字、字体、颜色等效果，设置后单击"确定"按钮。

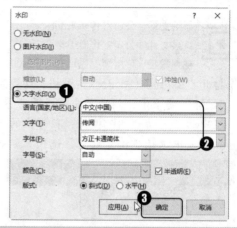

😊 **提示**

在打开的"水印"对话框中，若选择"图片水印"单选项，然后单击"选择图片"按钮，在打开的"插入图片"对话框中可选择图片作为水印背景。

05 返回到所编辑文档中，即可查看应用自定义样式后文档效果，如图所示。

> 7. 遇有特殊情况需换班或代班者必须经办公室主任或值班主管同意，否则责任自负。
> 8. 按规定时间交接班，不得迟到早退，并在交班前写好值班记录，以便分清责任。

😊 **提示**

如果要删除水印，单击"页面背景"组中的"水印"按钮，在弹出的下拉列表中单击"删除水印"选项即可。

4.6 高手支招

4.6.1 设置奇偶页不同的页眉和页脚

问题描述：某用户在编辑文档的过程中，需要在偶数页页眉显示公司名称，在奇数页页眉显示部门名称，即设置页面奇偶页不同的页眉页脚。

解决方法：双击页眉/页脚位置，进入页眉/页脚编辑状态，在页眉和页脚工具/设计选项卡的"选项"组中勾选"奇偶页不同"复选框。页眉/页脚的左侧会显示相关提示信息，此时可分别对奇数页与偶数页插入不同样式的页眉/页脚并编辑相应的内容。

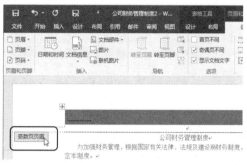

4.6.2　设置不连续的页码

问题描述：在设置文档的过程中，有时需要根据用户的要求设置页码，这时就需要设置不连续的页码。

解决方法：将光标定位到需要设置的页码，切换到"插入"选项卡，单击"页眉和页脚"组中的"页码"下拉按钮，在弹出的下拉列表中单击"设置页码格式"命令。弹出"页码格式"对话框，选择"起始页码"单选项，在"起始页码"微调框中输入需要的页码，单击"确定"按钮即可。

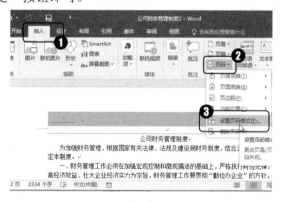

4.6.3　设置页面边框

问题描述：某用户在编辑文档时，为了使文档更美观需要为文档页面添加边框。但是采用设置段落边框的方式，只能为文字设置边框，此时需要为页面设置边框。

解决方法：切换到"设计"选项卡，然后单击"页面背景"组中的"页面边框"按钮。弹出"边框和底纹"对话框，在"页面边框"选项卡中，可在"样式"下拉列表中选择边框样式，也可在"艺术型"下拉列表中选择边框样式，选择好后根据需要设置颜色、宽度等相关参数，然后单击"确定"按钮。返回文档，即可查看设置后的效果，最终如图所示。

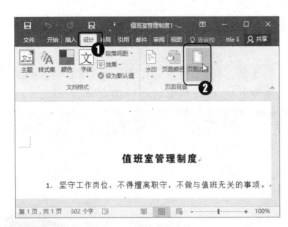

4.7 综合案例——制作办公行为规范

在办公应用文档中，某些文档需要进行张贴或宣传使用，为了加强文档的视觉效果，在编排文档时还需要对其进行适当修饰，本例将制作办公室行为规范以讲解本章所学知识点。

01 打开"办公室行为规范.docx"文档，选中标题文字，在"开始"选项卡中单击"边框"下拉按钮，在弹出的菜单中单击"边框和底纹"命令。

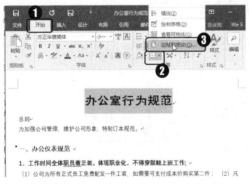

02 打开"边框和底纹"对话框，在"设置"栏中选中"阴影"选项，在"样式"列表框中选择"直线"样式，在"颜色"下拉列表中选择"红色"，在"宽度"下拉列表中设置宽度为"1.0磅"，设置完成后单击"确定"按钮。

03 选择要添加底纹的文字，在"开始"选项卡中单击"底纹"下拉按钮，在弹出的菜单中选择"深红"。

04 选中文档最后一个段落，在"开始"选项卡中单击"边框"下拉按钮，在弹出的菜单中单击"边框和底纹"命令。

05 打开"边框和底纹"对话框，在"设置"栏中选中"自定义"选项，在"样式"列表框中选择"虚线"样式，在"颜色"下拉列表中选择"红色"，在"宽度"下拉列表中设置宽度为"1.5 磅"，在"应用于"下拉列表框中选择"段落"，设置完成后单击"确定"按钮。

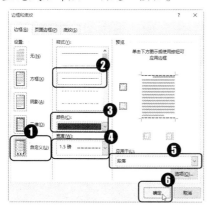

06 在"布局"选项卡中单击"纸张方向"按钮，在弹出的下拉列表中选择"横向"选项。

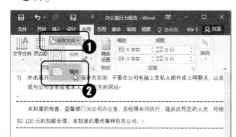

07 在"设计"选项卡中，单击"页面背景"组中的"页面颜色"按钮，在弹出的下

拉列表中单击"填充效果"选项。

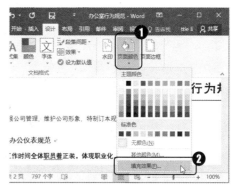

08 弹出"填充效果"对话框，在"渐变"选项卡中单击"颜色"栏中的"双色"单选项，然后在"颜色1"和"颜色2"下拉列表中选择不同的颜色，然后在"底纹样式"栏中选择渐变方向，如"斜上"，在"变形"中选择第 4 个，单击"确定"按钮即可。

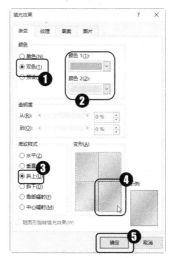

09 返回文档页面即可查看设置填充后效果。

第 5 章

图文制作与表格

》》 **本章导读**

对文档进行排版时，仅仅会设置文字格式是远远不够的。要制作出一篇
具有吸引力的精美文档，需要在文档中插入自选图形、图片和表格等对
象，从而实现图文混排，达到赏心悦目的效果。

》》 **知识要点**

✓ 使用图片 　　　　　✓ 使用和设置自选图形

✓ 在文档中使用文本框　✓ 插入和编辑表格

本章配套资源

素材文件：访问 http://www.broadview.com.cn/29628 下载
本书配套资源包，在"素材文件\第 5 章\"与"结果文件\
第 5 章\"文件夹中可查看本章配套文件。

教学视频：访问 http://res.broadview.com.cn/v.php?id=29628
&vid=5，或用手机扫描右侧二维码，可查阅本章各案例
配套教学视频。

5.1 使用图片

在制作寻物启事、产品说明书及公司宣传册等之类的文档时，往往需要插图配合文字解说，这就需要使用 Word 的图片编辑功能。通过该功能，我们可以制作出图文并茂的文档，从而给阅读者带来精美、直观的视觉冲击。

5.1.1 在文档中插入图片

如果要将电脑中收藏的图片插入到文档中，可通过单击"插图"组中的"图片"按钮实现。下面练习在文档中插入图片，具体操作步骤如下。

原始文件	识字卡片.docx
结果文件	识字卡片 1.docx
视频教程	在文档中插入图片.avi

01 打开"识字卡片.docx"文档，在文档中将光标插入点定位在需要插入图片的位置，切换到"插入"选项卡，然后单击"插图"组中的"图片"按钮。

02 在弹出的"插入图片"对话框中选中需要插入的图片，然后单击"插入"按钮即可。

5.1.2 插入联机图片

联机图片是 Office 提供的存放在剪辑库中的图片，这些图片不仅内容丰富实用，而且涵盖了用户日常工作的各个领域。插入剪贴画的具体操作步骤如下。

原始文件	识字卡片.docx
结果文件	识字卡片-联机图片.docx
视频教程	插入联机图片.avi

01 打开"识字卡片.docx"文档，将光标插入点定位到需要插入图片的位置，切换到"插入"选项卡，然后单击"插图"组中的"联机图片"按钮。

02 弹出关于加载联机图片的菜单，打开插入图片的页面，输入要搜索的内容，然后单击搜索按钮。

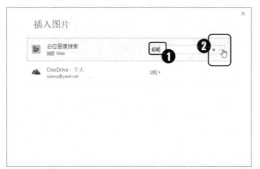

03 搜索框内将显示图片搜索结果，然后选择要插入的图片，然后单击右下方的"插入"按钮即可。

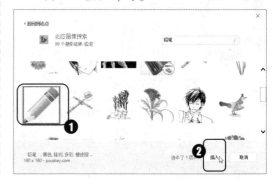

5.1.3 旋转图片和调整图片大小

在文档中添加图片后，可以调整图片的大小和放置的角度，使图片更契合版面外观，操作方法如下。

原始文件	识字卡片 1.docx
结果文件	识字卡片 2.docx
视频教程	调整图片大小.avi
	旋转图片.avi

01 打开"识字卡片 1.docx"文档，单击所插入的图片，将鼠标移至图片框上控制柄，当鼠标呈双箭头显示时拖动，可改变图片大小。

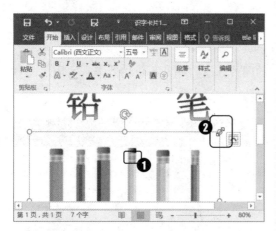

02 选中图片，将鼠标放置图片框顶部的控制柄上，拖动鼠标即可选择图片。

03 若需要精确图片的大小，可选中图片，在"格式"选项卡的"大小"组中单击功能扩展按钮。

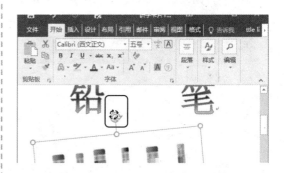

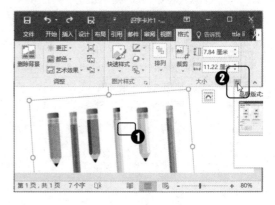

04 打开"布局"选项卡，在"旋转"微调
框中输入数值，在"缩放"栏中调整图
片"高度"和"宽度"值，设置完成后
单击"确定"按钮。

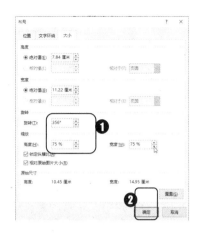

😊 **提示**

在调整缩放比例时，若勾选"锁定纵横比"
复选框，则无论手动调节图片大小还是通过宽度
和高度值调整图片大小，图片都会保持原始的宽
度和高度比值。

5.1.4 裁剪图片

将图片插入到文档后，我们还可以将图片中不需要的部分裁剪掉。在 Word 2016 中裁
剪图片，不仅可以按照常规的方法裁剪，还可以将图片裁剪为形状。

原始文件	识字卡片 1.docx
结果文件	识字卡片 3.docx
视频教程	裁剪图片.avi

01 打开"识字卡片 1.docx"文档，选中要
裁剪的图片，在图片工具/格式选项卡
中，单击"大小"组中的"裁剪"按钮。

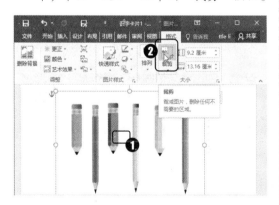

02 此时图片四周的八个控制点上将出现
黑色的竖条，单击某个竖条，按下鼠标
左键进行拖动，此时鼠标指针变为黑色
十字状，在合适位置释放鼠标，然后按
下"Enter"键确认。

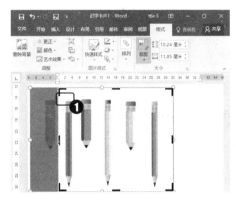

03 在文档中，即可看到按照常规方式裁剪
图片后的效果了。

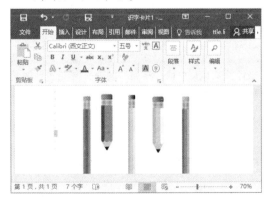

在 Word 文档中还可以将图片裁剪为形状，具体操作如下。

原始文件	识字卡片 1.docx
结果文件	识字卡片 4.docx
视频教程	将图片裁剪为形状.avi

01 打开"识字卡片 1.docx"文档，选中要裁剪的图片，切换到"格式"选项卡，单击"大小"组中的"裁剪"下拉按钮，在弹出的下拉列表中单击"裁剪为形状"选项，在展开的级联菜单中单击需要的形状选项。

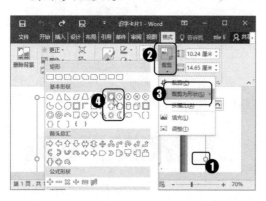

02 返回到 Word 文档，即可看到将图片裁剪为形状后的效果了。

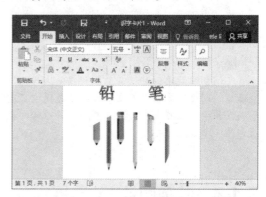

😊 **提示**

对剪贴画或图片设置大小、颜色、对比度和映像等各种格式后，若要还原为之前的状态，可在"调整"组中单击"重设图片"按钮右侧的下拉按钮，在弹出的下拉列表中进行选择。若在下拉列表中单击"重设图片"选项，将保留设置的大小，清除其余的全部格式；若单击"重设图片和大小"选项，将清除对图片设置的所有格式，即还原为设置前的大小和状态。

5.1.5 调整图片色彩

在 Word 2016 中可以对插入的图片进行灵活处理，除了设置大小、裁剪等操作以外，我们还可以更改图片的颜色饱和度并重新着色。

调整图片颜色的具体操作为：选中图片，切换到图片工具/格式选项卡，单击"调整"组中的"颜色"下拉按钮，在弹出的下拉列表中单击需要的颜色选项即可。

😊 **提示**

设置图片后，按下"Ctrl+Z"组合键或者快速访问工具栏中的"撤销"按钮，可将图片恢复到设置前的状态。

5.1.6 图片的艺术处理

在 Office 2016 中还可以对插入后的图片设置某些特殊效果，以使文档内图片更具表现力，具体操作方法如下。

原始文件	识字卡片 1.docx
结果文件	识字卡片 5.docx
视频教程	图片的艺术处理.avi

01 打开"识字卡片 1.docx"文档，选中插入的图片。在"格式"选项卡"调整"组中，单击"更正"按钮，在弹出的列表"亮度/对比度"栏中选择需要的选项，可调整图像的亮度和对比度。

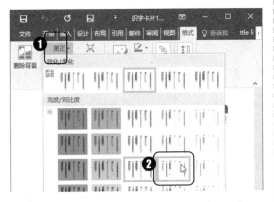

02 选中图片，单击"调整"组中"更正"按钮，在"锐化/柔化"栏中单击相应的选项，可柔化或锐化图片。

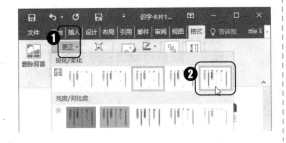

03 单击"颜色"按钮，在弹出的下拉列表中选择"设置透明色"命令。

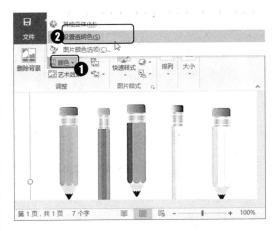

04 此时鼠标呈 ↙ 形状，在图片中单击，则图片中与单击点处相似的颜色为透明色。

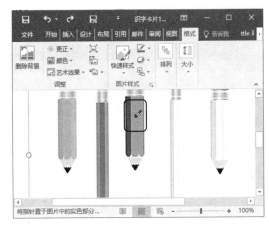

5.1.7 设置图片的版式

图片的版式是指文档中图片与文档中文字的相对关系，主要包括设置图片在页面中的位置及文字与图片排列方式。

原始文件	春.docx
结果文件	春 1.docx
视频教程	设置图片的版式.avi

01 打开"春.docx"文档，选中需要设置版式的图片，在"格式"选项卡中单击"排列"组中自动换行按钮，在弹出的下拉列表中根据需要选择合适的排版方式，如"紧密型环绕"。

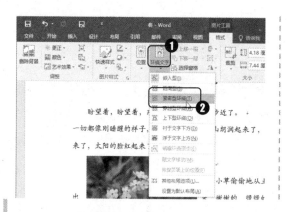

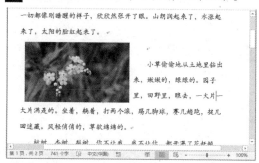

02 返回幻灯片页面即可查看这种效果。

5.1.8 【案例】制作失物招领启示

结合本节所学在文档中使用图片等相关操作，练习制作一个失物招领启示文档，具体操作方法如下。

原始文件	失物招领.docx
结果文件	失物招领 1.docx
视频教程	制作失物招领启示.avi

01 打开"失物招领.docx"文档，将光标插入点定位到需要插入图片的位置，在"插入"选项卡中单击"插图"组中的"图片"按钮。

02 在弹出的"插入图片"对话框中选中需要插入的图片，然后单击"插入"按钮。

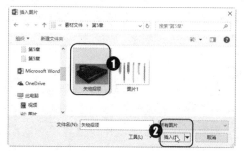

03 选中图片，切换到图片工具/格式选项

卡，单击"调整"组中的"颜色"下拉按钮，在弹出的下拉列表中选择"灰度"。

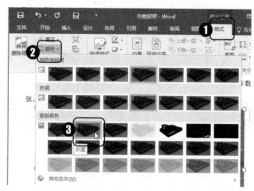

04 单击"艺术效果"按钮，在弹出的下拉菜单中选择"十字图案蚀刻"选项。

05 设置完成后即可查看最终效果。

5.2 使用和设置自选图形

通过 Word 2016 提供的绘制图形功能，可在文档中"画"出各种样式的形状，如线条、椭圆和旗帜等。

5.2.1 绘制自选图形

通过 Word 2016 提供的形状图形功能，可以在文档中绘制出各种样式的形状，如线条、椭圆和旗帜等。绘制形状图形的具体操作方法如下。

原始文件	自选图形.docx
结果文件	自选图形 1.docx
视频教程	绘制自选图形.avi

01 打开"自选图形.docx"文档，在"插入"选项卡中单击"插图"组中的"形状"按钮，在弹出的下拉列表中选择需要的形状。

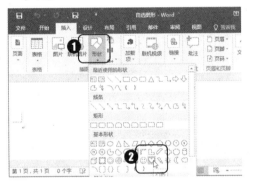

02 此时鼠标指针呈十字状，在需要插入自选图形的位置按住鼠标左键不放，然后

拖动鼠标进行绘制，当绘制到合适大小时释放鼠标即可。

提示

单击"插图"组中的"形状"按钮后，在弹出的下拉列表中使用鼠标右键单击某个绘图工具，在弹出的快捷菜单中单击"锁定绘图模式"命令，可连续使用该绘图工具进行绘制。当需要退出绘图模式时，按下"Esc"键即可。

在绘制图形的过程中，若配合"Shift"键的使用可绘制出特殊图形。例如绘制"矩形"图形时，同时按住"Shift"键不放，可绘制出一个正方形。

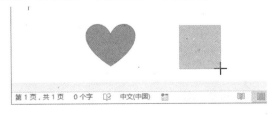

5.2.2 修改自选图形

绘制好自选图形后，用户还可以对所绘的自选图形进行修改，如更改图形的形状，具体操作方法如下。

原始文件	自选图形 1.docx
结果文件	自选图形 2.docx
视频教程	修改自选图形.avi

01 打开"自选图形 1.docx"文档，选择所选图形，在"格式"选项卡内单击"编辑形状"，"更改形状"命令，在弹出的列表中根据需要选择形状。

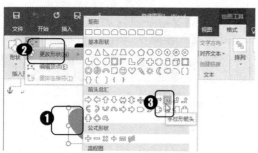

02 设置完成后即可查看更改自选图形后的效果。

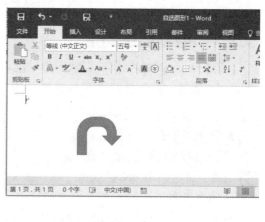

5.2.3 设置形状样式

绘制图形后还需要为形状设置特有的样式，如设置形状颜色、线条粗细等，具体操作方法如下。

原始文件	自选图形 1.docx
结果文件	自选图形 3.docx
视频教程	设置形状样式.avi

01 打开"自选图形 1.docx"文档，选中所绘形状图形，在"格式"选项卡的"形状样式"组中单击"其他"按钮，在弹出的菜单中选择合适的形状样式。

02 选中图形，在"形状样式"组中单击"形状填充"按钮右侧的下三角按钮，在下拉列表中选择"渐变"命令，在弹出的下级列表中选择需要使用的渐变样式。

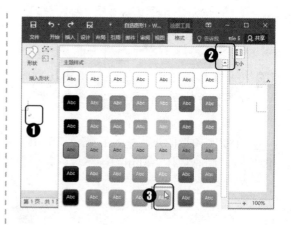

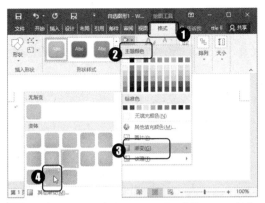

03 选中图形，单击"形状轮廓"下三角按钮，在弹出的菜单中选择合适的轮廓颜色。

05 单击"虚线"选项，在展开的下级列表中选择一款虚线样式应用到图形中。

04 单击"粗细"选项，在弹出的菜单中选择合适的轮廓线粗细。

5.2.4 设置图形的形状效果

对于所绘制的形状图形，可以设置其效果以美化图形。这里以设置形状图形阴影效果为例，操作步骤如下。

原始文件	自选图形 1.docx
结果文件	自选图形 4.docx
视频教程	设置图形的形状效果.avi

01 打开"自选图形 1.docx"文档，双击形状图形，在绘图工具/格式选项卡中单击"形状样式"组中的"形状效果"下拉按钮。在弹出的列表中选择"阴影"选项，在弹出的列表中选择阴影样式。

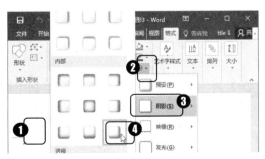

02 返回页面即可查看最终效果。

5.2.5 为图形添加文字

在自选图形中添加文字，可让图形看起来更加生动，具体操作方法如下。

原始文件	自选图形 4.docx
结果文件	自选图形 5.docx
视频教程	为图形添加文字.avi

01 打开"自选图形 4.docx"文档，使用鼠标右键单击选中的自选图形，在弹出的快捷菜单中单击"添加文字"命令。

02 可以看到光标插入点定位到自选图形中，此时可输入文字。

03 默认情况下，在自选图形中输入的文字为白色，选中输入的文本，在"开始"选项卡的"字体"组中设置合适的字体、字号和字体颜色等格式即可。

5.2.6 【案例】绘制招聘流程图

图形是文档进行美化的一种简单而又实用的元素，本节将根据前面所学图形的相关操作技巧，制作一个招聘流程图。

原始文件	招聘流程图.docx
结果文件	招聘流程图 1.docx
视频教程	绘制招聘流程图.avi

01 打开"招聘流程图.docx"文档，在"插入"选项卡中单击"插图"组中的"形状"按钮，在需要选择的绘图工具上单

击鼠标右键，在弹出的菜单中单击"锁
定绘图模式"选项。

02 此时鼠标指针呈十字状，在需要插入自
选图形的位置按住鼠标左键不放，然后
拖动鼠标进行绘制，当绘制到合适大小
时释放鼠标，锁定绘图模式后，可以直
接绘制出多个形状。待绘制完成后在空
白处单击鼠标右键。

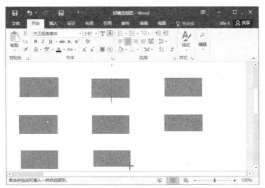

03 按照类似的方法，在文档合适位置绘制
出合适数量的箭头形状。

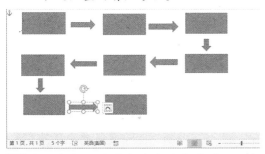

04 使用鼠标右键单击选中的自选图形，在
弹出的快捷菜单中单击"添加文字"命
令。

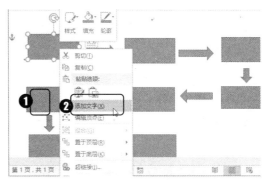

05 此时可以看到光标插入点定位到自选
图形中，此时可输入文字。

06 选中所绘形状图形，在"格式"选项卡
的"形状样式"组中单击其他按钮，在
弹出的菜单中选择合适的形状样式。

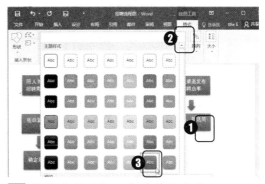

07 设置完成后即可查看最终效果。

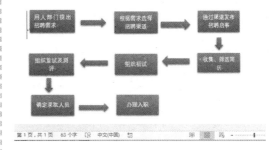

5.3 在文档中使用文本框

若要在文档的任意位置插入文本，可通过文本框实现。通常情况下，文本框用于在图形或图片上插入注释、批注或说明性文字。

5.3.1 插入文本框

若要在文档的任意位置插入文本，可通过文本框实现。通常情况下，文本框用于在图形或图片上插入注释、批注或说明性文字。

原始文件	
结果文件	会议重点.docx
视频教程	插入文本框.avi

01 新建一个文档，切换到"插入"选项卡，然后单击"文本"组中的"文本框"按钮，在弹出的下拉列表中选择需要的文本框样式。

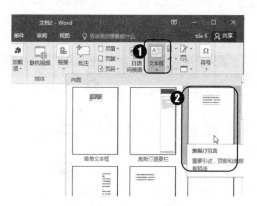

02 插入文本框后，文本框内显示的提示文字为占位符，此时可直接输入文本内容并调整文本框大小，输入后的效果如图所示。

🔑 **注意**

文本框可以看做一个单独的文档页面，所以对文档页面的大多数操作对文本框都有效。

5.3.2 绘制文本框

除了插入内置的文本框，还可以自己手动绘制文本框，具体操作方法如下。

原始文件	端午节活动.docx
结果文件	端午节活动 1.docx
视频教程	绘制文本框.avi

01 打开"端午节活动.docx"文档，切换到"插入"选项卡，单击"文本"组中的"文本框"按钮后，在弹出的下拉列表中单击"绘制文本框"或"绘制竖排文本框"命令。

02 此时鼠标指针变为十字状，按下鼠标进行拖动可绘制文本框，然后在合适的位置释放鼠标，输入内容并在"开始"选项卡内设置合适的文字格式即可。

☺ **提示**

在文本框中录入文字后，在文本框外的其他地方单击即可退出文本框编辑状态，若还需要输入内容，则再次在文本框中单击鼠标置入插入点即可。

5.3.3　设置文本框格式

在文档中，插入的文本框其实可以看成是一个自选图形，所以文本框的样式、大小、填充色及填充效果等设置与自选图形的设置方法相同。

原始文件	端午节活动 1.docx
结果文件	端午节活动 2.docx
视频教程	设置文本框格式.avi

01 打开"端午节活动 1.docx"文档，选中文本框，在"格式"选项卡中单击"形状轮廓"按钮，在弹出的菜单中单击"无轮廓"选项，可取消文本框轮廓。

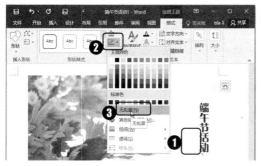

02 在"格式"选项卡中单击"形状填充"按钮，在弹出的菜单中选择合适的填充色，如"灰色"选项。

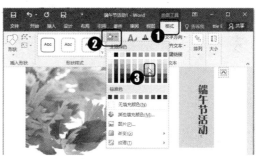

03 在"格式"选项卡内依次单击"编辑形状"、"更改形状"按钮，在弹出的列表中选择需要的形状样式。

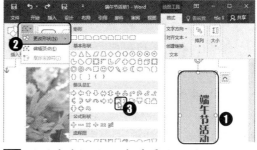

04 设置完成后即可查看最终效果。

> ☺ 提示
>
> 在设置文本框填充色时，为了界面美观，通常会设置浅色或与页面相配的颜色。

5.4 插入和编辑表格

当需要处理一些简单的数据信息时，如课程表、简历表、通讯录和考勤表等，可在 Word 中使用表格来完成。插入后的表格还需要对其进行美化，下面将分别介绍。

5.4.1 插入表格

Word 2016 提供了多种创建表格的方法，灵活运用这些方法，可快速在文档中创建符合要求的表格。

在 Word 2016 文档中插入表格的方法为：切换到"插入"选项卡，然后单击"表格"组中的"表格"按钮，在弹出的下拉列表中单击相应的选项，即可通过不同的方法在文档中插入表格。

- "插入表格"栏：该栏下提供了一个 10 列 8 行的虚拟表格，移动鼠标可选择表格的行列值。例如将鼠标指针指向坐标为 5 列、4 行的单元格，鼠标前的区域将呈选中状态，并显示为橙色，此时单击鼠标左键，可在文档中插入一个 5 列 4 行的表格。
- "插入表格"选项：单击该选项，可在弹出的"插入表格"对话框中任意设置表格的行数和列数，还可根据实际情况调整表格的列宽。
- "绘制表格"选项：单击该选项，鼠标指针呈笔状，此时可根据需要"画"出表格。
- "Excel 电子表格"选项：单击该选项，可在 Word 2016 文档中调用 Excel 中的电子表格。
- "快速表格"选项：单击该选项，可快速在文档中插入特定类型的表格，如日历、双表等。

5.4.2 将文本转换为表格

在每项内容之间以逗号（英文状态下输入）、段落标记或制表位等特定符号间隔的文字变为规范化文字，这类文字可转换成表格，其方法如下。

原始文件	表格与文本互换.docx
结果文件	表格与文本互换 1.docx
视频教程	将文本转换为表格.avi

01 打开"表格与文本互换.docx"文档，选中要转换为表格的文字，切换到"插入"选项卡，然后单击"表格"组中的表格按钮。在弹出的下拉列表中单击"文本转换成表格"选项。

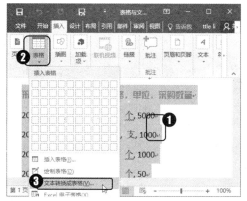

02 弹出"将文字转换成表格"对话框，单击"根据内容调整表格"单选项，设置完成后单击"确定"按钮。

03 返回 Word 文档，即可看到所选文字转换成表格后的效果。

5.4.3 设置表格的边框和底纹

在 Word 2016 中内置了多种表格样式，如果用户觉得自定义边框、底纹等样式十分麻烦，可快速套用内置的表格样式。下面练习利用内置表格样式快速设置表格边框和底纹。

原始文件	表格与文本互换 1.docx
结果文件	表格与文本互换 2.docx
视频教程	设置表格的边框和底纹.avi

01 打开"表格与文本互换 1.docx"文档，选中整个表格，在表格工具/设计选项卡中单击"表格样式"组中的其他下拉按钮，在弹出的下拉菜单中的"网格表"栏单击需要的表格样式。

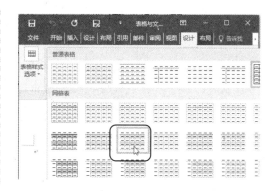

02 返回 Word 文档，即可看到应用内置表格样式后的效果了

5.4.4 行列的操作

为文档添加表格后，有时候还需要根据实际需要对表格内的行列进行若干操作，如调整行高和列宽、插入行列，以及删除行列等。

原始文件	商品采购表.docx
结果文件	商品采购表 1.docx
视频教程	调整表格行高和列宽.avi
	插入与删除行、列、单元格.avi

01 打开"商品采购表.docx"文档，将鼠标指针指向行与行之间，待指针呈 ÷ 状时，按下鼠标左键并拖动，待虚线到达合适位置时释放鼠标，可调整表格行高。

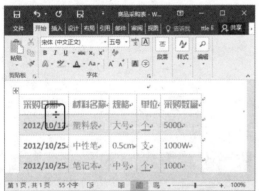

02 将鼠标指针指向列与列之间，待指针呈 ╫ 状时，按下鼠标左键并拖动，当出现的虚线到达合适位置时释放鼠标，可调整表格列宽。

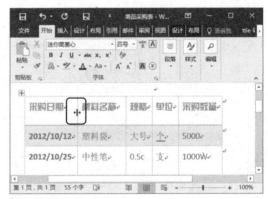

03 将光标定位在某个单元格内，在"布局"选项卡中单击"行和列"组中"在上方插入"按钮，可在光标所在行的上方插入一行。

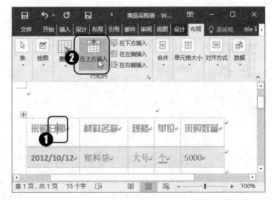

😊 提示

将光标插入点定位在某行最后一个单元格的外边，按下"Enter"键可快速在该行的下方添加一行。

04 选中需要合并的多个单元格，然后单击"布局"选项卡中"合并单元格"按钮。

05 此时所选单元格将合并为一个单元格，在其中录入数据，并设置文字格式。

06 选中需要设置文本对齐方式的单元格，在"布局"选项卡中单击"对齐方式"组中的某个按钮可实现相应的对齐方式，如"水平居中"。

07 将光标插入点定位在某个单元格内，在"布局"选项卡中单击"行和列"组中的"删除"按钮，在弹出的下拉列表中选择"删除行"命令可删除光标所在行。

😊 提示

在"布局"选项卡中单击"行和列"组中的"删除"按钮后，可看到"删除单元格"、"删除列"、"删除行"和"删除表格"4个命令，除单击"删除单元格"命令将弹出"删除单元格"对话框提示用户执行操作外，单击其他命令都将直接执行删除操作。

5.5 高手支招

5.5.1 自定义表格样式

问题描述：某用户在运用了 Word 自带的表格样式后觉得表格并没有预期中美观，所以需要自定义表格样式。

解决方法：选中需要设置底纹的单元格，切换到设计选项卡，单击"底纹"下拉按钮，在弹出的下拉列表中选择合适的底纹颜色。选中需要设置边框的单元格，在"设计"选项卡内单击"边框"下拉按钮，在弹出的菜单中可根据需要设置边框线的样式、颜色、粗细等。

 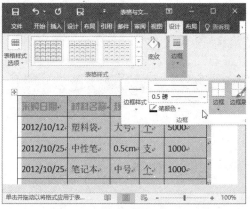

5.5.2 快速更改图片样式

问题描述：某用户在 Word 中插入图片后，需要将其裁剪形状并设置图片效果，为了操作更简便需要快速更改图片样式。

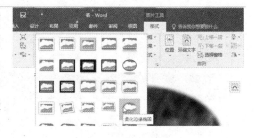

解决方法：选中图片，在"图片样式"组中单击"快速样式"下拉按钮，在弹出的下拉列表中单击喜欢的图片样式即可。

5.5.3 为纯底色的图片去除背景色

问题描述：某用户在 Word 中插入了一张漂亮的图片，但这张图片的背景影响了图片在文档中的总体效果。在这种情况下，可以使用 Word 自身的功能去掉图片的纯色背景。

解决方法：选中需去掉背景的图片，在"格式"选项卡内单击"删除背景"按钮，图片中被紫色覆盖的区域是清除区域，拖动矩形框控制点，选择需要保留的主题范围，完成后单击"保留更改"按钮，即可完成背景的删除。

😊 提示

　　单击"标记要保留的区域"按钮，再在图片中需要保留但又被紫色覆盖的部分单击可保留该颜色区域，单击"标记要删除的区域"按钮，再在图片中需要删除而没有被紫色覆盖的部分单击，可删除该区域。

5.6 综合案例——制作招生简章

在办公应用文档中，某些文档需要进行张贴或宣传使用，为了加强文档的视觉效果，在编排文档时还需要对其进行适当修饰，本例将制作办公室行为规范以讲解本章所学知识点。

01 打开"阳光幼儿园.docx"文档，选中图片，图片右侧将自动弹出"布局选项"按钮，单击该按钮，在打开的列表中选择"文字环绕"栏下的"四周型"选项。

02 将图片移动到合适位置，选中图片，切换到"格式"选项卡，单击"大小"组中的"裁剪"下拉按钮，在弹出的下拉列表中单击"裁剪为形状"选项，在展开的级联菜单中单击"椭圆"选项。

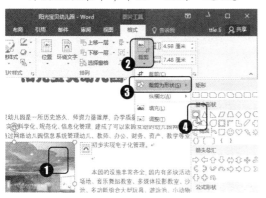

03 将光标定位到合适位置，在"插入"选项卡中单击"表格"按钮，在弹出的下拉列表中移动鼠标选择表格的行列值为 6 列、6 行，单击鼠标左键，在文档中插入一个 6 列 6 行的表格。

04 在返回的文档中可看到插入的表格，在其中输入表格内容，然后切换到"设计"选项卡，单击"表格样式"下拉按钮，在弹出的下拉列表中，单击喜欢的表格样式。

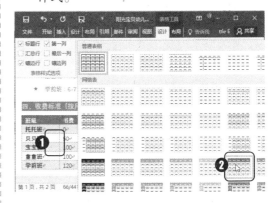

05 选中整个表格，在表格工具/布局选项卡中单击"对齐方式"组中对齐方式按钮，设置表格中文本的对齐方式即可。

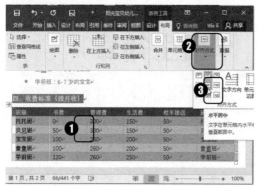

06 设置完成即可查看最终效果。

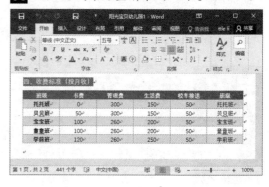

第 6 章

编辑长文档

》》 **本章导读**

Word 2016 中提供了多种视图方式，以方便对长文档进行查看；使用样式和模板可以快速对长文档进行排版，本章将详细介绍使用样式、模板、目录、脚注、尾注和题注等长文档常用的处理方法以帮助读者快速处理长文档。

》》 **知识要点**

- ✓ 文档视图
- ✓ 制作目录
- ✓ 题注和交叉引用
- ✓ 使用样式和模板
- ✓ 脚注与尾注

本章配套资源

素材文件：访问 http://www.broadview.com.cn/29628 下载本书配套资源包，在"素材文件\第 6 章\"与"结果文件\第 6 章\"文件夹中可查看本章配套文件。

教学视频：访问 http://res.broadview.com.cn/v.php?id=29628 &vid=6，或用手机扫描右侧二维码，可查阅本章各案例配套教学视频。

6.1 文档视图

在 Word 2016 中查看文档时，可以在多种视图方式中进行选择。此外，还可以通过调节文档显示比例的方式进行查看，下面将具体介绍。

6.1.1 文档常用视图

从不同的角度、不同的方向去看同一个物体，将产生不同的观看效果。在 Word 中也是同样的道理，Word 提供了阅读视图、页面视图、Web 版式视图、大纲视图和草稿视图 5 种视图方式供用户选择。

- 阅读视图：在阅读版式视图方式下，原来的文档编辑区缩小，文字的大小保持不变。文档的页面较多时，默认将自动分成两屏显示，且视图上方的工具栏中只显示个别功能按钮，扩大了显示区域，方便用户进行审阅编辑。

- 页面视图：适用于概览整个文章的总体效果。在页面视图中显示了页面的大小和布局，可编辑图形对象、页眉页脚及调整页边距等，具有真正的"所见即所得"的显示效果。也就是说，在页面视图下，电脑屏幕上看到的页面内容与实际打印出来的效果是一致的。

- Web 版式视图：如果需要编排网页版式的文字，可使用 Web 版式视图。在 Web 版式视图下，编排出来的文章样式与最终在浏览器中的显示效果是一致的。

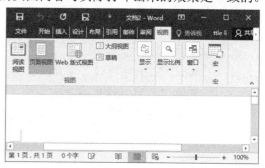

- 大纲视图：大纲视图方式显示的是文档的层次结构，不会显示图片、背景及页眉页脚等内容，适合于编辑包含大量章节的长文档。

> ⊙ **提示**
>
> 使用该视图组织文档结构时，需要先将文章中的章、节、目、条等标题格式依次定义为一级标题、二级标题、三级标题和四级标题的样式，切换到大纲视图后，将只显示所需级别的标题，而不会显示所有内容。

- 草稿视图：在草稿视图模式下，可看到文档的文本内容，不能显示和编辑图形、背景图片、页眉页脚及页边距等内容。该视图方式简化了页面的布局，以便用户更专心地录入和编辑文字，因此适合编辑一些内容和格式相对简单的文章。

6.1.2 切换视图方式

在 Word 2016 中，默认以页面视图方式显示文档，如果需要切换到其他视图方式，可通过下面的方法实现。

- 通过功能区切换：打开需要切换视图的 Word 文档，切换到"视图"选项卡，单击"文档视图"组中需要的视图方式按钮即可。

- 通过状态栏切换：打开需要切换视图的 Word 文档，单击窗口下方状态栏右侧需要的
视图方式按钮即可。

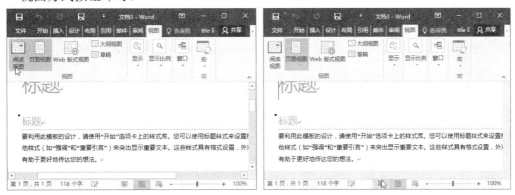

6.1.3 使用导航窗格

除了前面介绍的视图模式，我们还可以通过文档结构图和缩略图方式查看文档内容。
下面将介绍使用方法。

1. 文档结构图

使用文档结构图之前，首先需要为文档中的文本应用标题样式，然后在应用文档结构
图功能时，Word 会自动根据标题样式将文档的结构图显示出来。

使用文档结构图功能的具体操作为：切换到"视图"选项卡，勾选"显示"组中的"导
航窗格"复选框，在窗口左侧显示的"导航"窗格中，默认显示的文档应用了样式后的标
题结构。

2. 缩略图

应用缩略图功能后，在导航窗格中将通过小图片显示每页中的内容，这样可以方便用
户快速查看长篇文档。

操作方法为：切换到"视图"选项卡，勾选"显示"组中的"导航窗格"复选框，在
窗口左侧显示的"导航"窗格中切换到"页面"选项卡即可。

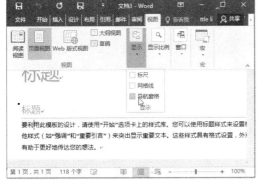
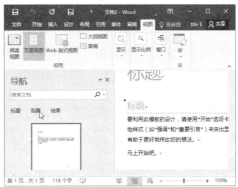

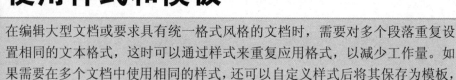

6.2 使用样式和模板

在编辑大型文档或要求具有统一格式风格的文档时，需要对多个段落重复设置相同的文本格式，这时可以通过样式来重复应用格式，以减少工作量。如果需要在多个文档中使用相同的样式，还可以自定义样式后将其保存为模板，下次使用时直接导入模板文件即可。

6.2.1 应用样式

样式是指存储在 Word 之中的段落或字符的一组格式化命令，集合了字体、段落等相关格式。运用样式可以快速为文本对象设置统一的格式，从而提高文档的排版效率。下面介绍如何应用 Word 的内置样式。

- 在"开始"选项卡的"样式"组的列表框中可以看到当前正在使用的样式集，通过单击列表框中的 ▾ 按钮，可以在弹出的下拉列表中查看所有样式。要运用列表框中的样式来格式化文本，需要先选中要应用样式的某段文本，然后在列表框中单击需要的样式即可。

- 在"开始"选项卡的"样式"组中单击右下角的 ▫ 按钮打开"样式"窗格，然后选中需要应用样式的文本，在"样式"窗格中单击需要的样式，即可将该样式应用到所选的段落中。

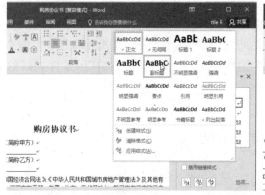
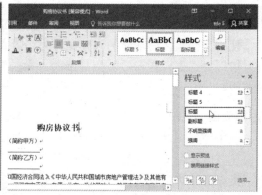

> ☺ **提示**
>
> 在"样式"窗格中，若勾选"显示预览"复选框，窗格中的样式名称会显示相对应样式的预览效果，从而方便格式化文档时快速选择需要的样式。

在 Word 2016 中还可以在新增的"设计"选项卡中更改整个文档的样式，不过这种方法适用于应用了样式的文档，具体操作如下。

原始文件	购房协议书.docx
结果文件	购房协议书-应用样式.docx
视频教程	选择样式集并应用样式.avi

01 打开"购房协议书.docx"文档，将鼠标

定位在应用了样式的文档中，在"设计"选项卡的"文档格式"组中单击"样式集"中其他按钮，在弹出的下拉列表中单击需要的样式集。

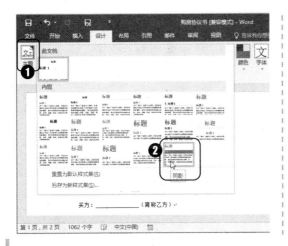

02 在返回的 Word 文档中即可看到应用样式集后的效果。

6.2.2 新建样式

要制作一篇有特色的 Word 文档，还可以自己创建和设计样式。下面练习在文档中手动新建样式，具体操作步骤如下。

原始文件	购房协议书.docx
结果文件	购房协议书 1.docx
视频教程	新建与应用自定义样式.avi

01 打开"购房协议书.docx"文档，打开"样式"窗格，将光标插入点定位在需要应用样式的段落中，然后单击"新建样式"按钮。

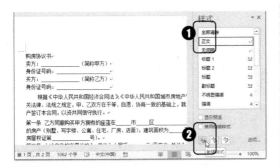

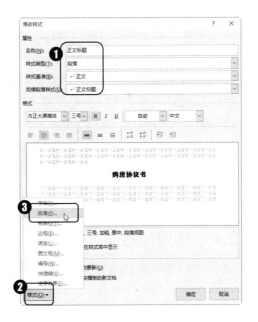

02 弹出"修改样式"对话框，设置好样式的名称、类型、字体、字号等格式，若要更详细的设置，可单击左下角的"格式"按钮，在弹出的快捷菜单中单击相应的命令，如"段落"选项。

03 在弹出的"段落"对话框中设置相应的
段落格式，连续单击"确定"按钮返回
文档，即可看到当前段落应用了新建的
样式。

> 💬 提示
>
> 在"根据格式设置创建新样式"对话框的"后续段落样式"下拉列表框中选择的样式将应用下一段
> 落，即在当前新建样式所应用的段落中按下"Enter"键换到下一段落后，下一段落所应用的样式便是在
> "后续段落样式"下拉列表中选择的样式。

6.2.3 修改和删除样式

若样式的某些格式设置不合理，可根据需要进行修改。修改样式后，所有应用了该样
式的文本都会发生相应的格式变化，提高了排版效率。此外，对于多余的样式，也可以将
其删除掉，以便更好地应用样式。

在"样式"窗格中，将鼠标指针指向需要修改或删
除的样式，单击样式右侧出现的下拉按钮，弹出一个下
拉菜单。若单击"修改"命令，在接下来弹出的"修改
样式"对话框中按照新建样式的方法进行设置，便可以
实现样式的修改；若在下拉菜单中单击"删除"命令，
即可删除该样式。此外，使用鼠标右键单击"样式"窗
格中的某个样式，也可以弹出快捷菜单

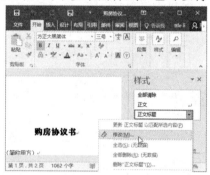

> 💬 提示
>
> 在"样式"窗格中，并不是所有的样式都可以被删除掉，带 ⊌a 和 a 符号的样式为内置样式，像这样
> 的样式是无法将其删除的。

6.2.4 创建模板

新建的样式通常只用于当前文档，如果需要经常使用某种样式，可以将其保存为模板，
下次使用时只需调用模板即可。在 Word 2016 中创建模板的具体操作如下。

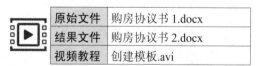

原始文件	购房协议书 1.docx
结果文件	购房协议书 2.docx
视频教程	创建模板.avi

01 打开"购房协议书 1.docx"文档，切换
到"文件"选项卡，单击左侧的"另存
为"命令，在展开的右侧窗格中单击"浏
览"按钮。

02 弹出"另存为"对话框，设置好文件名和模板保存类型为"Word 模板"，保持默认的存储位置，单击"保存"按钮即可。

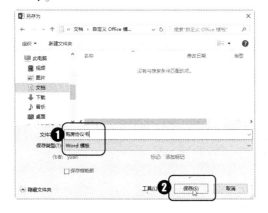

> 😊 **提示**
>
> 创建模板后下次就可以直接使用了，方法为：在 Word 操作环境下，切换到"文件"选项卡，单击"新建"命令。在右侧窗口切换到"个人"选项，单击需要调用的模板文件即可。

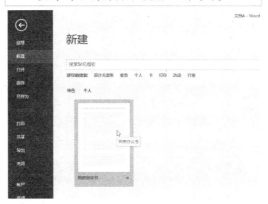

6.2.5 【案例】制作员工考核制度模板

下面我们将运用本节所学知识，新建样式对"员工考核制度"文档进行排版，具体操作如下。

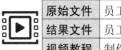

原始文件	员工考核制度.docx
结果文件	员工考核制度 1.docx
视频教程	制作员工考核制度模板.avi

01 打开"员工考核制度.docx"文档，单击"样式"组中的样式按钮打开"样式"窗格，然后将光标插入点定位在需要应用样式的段落中，单击"样式"窗格中的"新建样式"按钮。

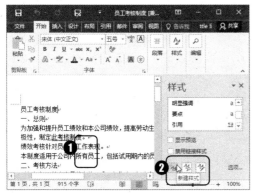

02 弹出"根据格式设置创建新样式"对话框，在"属性"栏中设置样式的名称、

样式类型等参数，在"格式"栏中为新建样式设置字体、字号等格式，然后单击"格式"按钮，在弹出的菜单中选择"段落"命令。

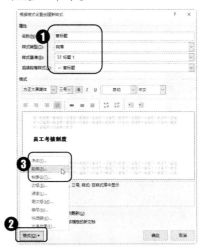

03 在弹出的"段落"对话框中设置相应的段落格式，然后单击"确定"按钮。

04 返回"根据格式设置创建新样式"对话框，单击"确定"按钮，在返回的文档中将看见当前段落应用了新建的样式。

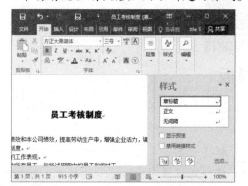

05 用同样的方法，根据需要新建一个名为"规章标题"和"规章正文"的样式，

其参数如图所示。

06 在文档中为所有文本应用新建样式，即可查看最终效果。

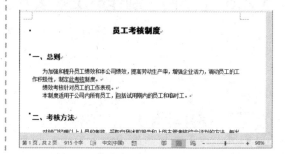

6.3 制作目录

在一本书籍中，目录通常位于正文之前，可看做是文档或书籍的检索机制，用于帮助阅读者快速查找想要阅读的内容，还可以帮助阅读者大致了解整个文档的结构内容。

6.3.1 自动生成目录

Word 2016 提供了几种内置样式，用户只需定位光标插入点，然后选择目录样式便可自动在文档中生成目录。在 Word 2016 中插入目录的具体操作步骤如下。

原始文件	员工考核制度 1.docx
结果文件	员工考核制度 2.docx
视频教程	自动生成目录.avi

01 打开"员工考核制度 1.docx"文档，将

光标插入点定位在文本内容之前，切换到"引用"选项卡，然后单击"目录"组中的目录按钮，在弹出的下拉列表中选择需要的目录样式。

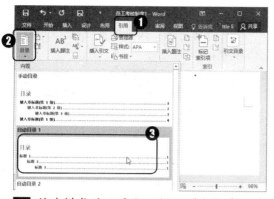

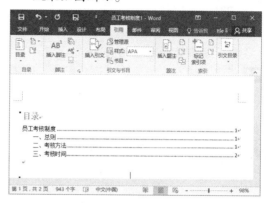

效果如图所示。

02 所选样式的目录即可插入到文档中，其

6.3.2　自定义提取目录

默认情况下，在 Word 2016 中自动生成目录时，提取了 3 个级别的标题，如果需要提取更少或者更多级别的目录，可自定义设置，具体操作如下。

原始文件	员工考核制度.docx
结果文件	员工考核制度 3.docx
视频教程	自定义提取目录.avi

01 打开"员工考核制度.docx"文档，将光标插入点定位在文本内容之前，在"引用"选项卡内单击"目录"组中的目录按钮，在弹出的下拉列表中单击"自定义目录"命令。

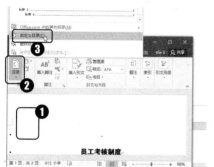

02 打开"目录"对话框，在"常规"栏的"显示级别"微调框中设置需要的显示级别，然后单击"确定"按钮即可。

☺ 提示

　　默认情况下，提取目录时会显示标题所在的页码，且标题和页码之间的前导符为省略号。如果不希望显示页码，可取消勾选"显示页码"和"页码右对齐"两个复选框。单击"制表符前导符"下拉列表框，在弹出的下拉列表中可选择需要的前导符样式。

6.3.3　更新目录

若文档中的标题有改动，例如更改了标题内容、添加了新标题等，或者标题对应的页码发生变化，可对目录进行更新操作，以避免手动更改的麻烦。更新目录的操作步骤如下。

原始文件	员工考核制度 2.docx
结果文件	员工考核制度 3-更新目录.docx
视频教程	更新目录.avi

01 将光标插入点定位在目录列表中，切换到"引用"选项卡，然后单击"目录"组中的更新目录按钮。

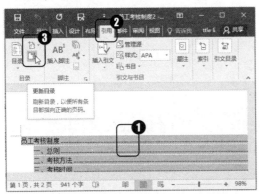

02 弹出的"更新目录"对话框中根据实际情况进行选择，然后单击"确定"按钮即可。

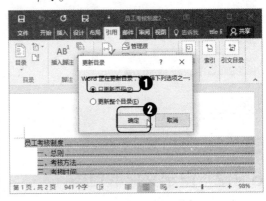

6.3.4 【案例】排版公司行为规范

下面我们将运用本节所学知识，新建目录对"公司行为规范"文档进行排版，具体操作如下。

原始文件	公司行为规范 1.docx
结果文件	公司行为规范 2.docx
视频教程	排版公司行为规范.avi

01 打开"公司行为规范 1.docx"文档，将光标插入点定位在文本内容之前，在"引用"选项卡内单击"目录"组中的目录按钮，在弹出的下拉列表中单击"自定义目录"命令。

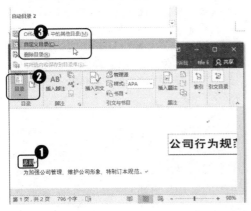

02 打开"目录"对话框，在"制表符前导符"中选择合适的样式；在"常规"栏的"显示级别"微调框中设置需要显示的级别，然后单击"确定"按钮即可。

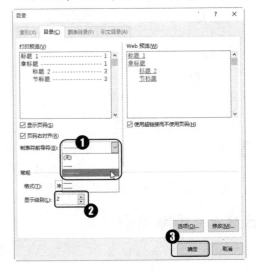

03 返回文档即可查看为文档添加目录后效果。

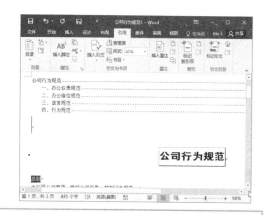

6.4 脚注与尾注

在 Word 2016 中编辑长文档时，为了让文档的体例变得更加丰富，我们还可以对其添加脚注和尾注，从而让文档看起来更加具有说服力、更加专业。

6.4.1 插入脚注

脚注通常位于文档的页面底部，用来作为文档中某处内容的注释。在 Word 2016 中插入脚注的具体操作方法如下。

原始文件	放假通知.docx
结果文件	放假通知 1.docx
视频教程	插入脚注.avi

01 打开"放假通知.docx"文档，将光标定位到需要插入脚注的位置，在"引用"选项卡内单击"脚注"组中的"插入脚注"按钮。

02 此时将自动切换到页面底端，在其中输入脚注内容。

03 输入完成后，单击文档其他位置，可退出脚注编辑状态，将鼠标指针指向插入脚注的文本位置，此时将自动出现脚注文本提示。

6.4.2　插入尾注

尾注通常位于文档或断裂的末尾处，用于引出引文的出处，或者对内容进行补充说明。在 Word 2016 中插入尾注的具体操作如下。

原始文件	放假通知 1.docx
结果文件	放假通知 2.docx
视频教程	插入尾注.avi

01 打开"放假通知 1.docx"文档，将光标定位到需要插入尾注的位置，在"引用"选项卡中单击"脚注"组中的插入尾注按钮。

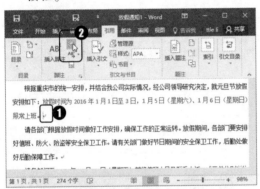

02 此时系统将自动切换到文档末尾位置，在其中输入尾注内容。

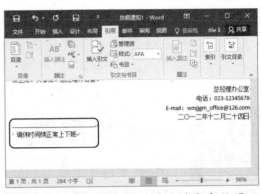

03 将鼠标指针指向插入尾注的文本位置，即可自动出现添加的尾注提示信息。

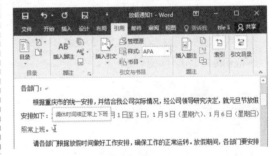

6.4.3　编辑脚注和尾注

在文档中插入脚注和尾注后，我们还可以根据需要对其进行编辑，例如重新设置编号格式、具体操作如下。

原始文件	放假通知 2.docx
结果文件	放假通知 3.docx
视频教程	编辑脚注和尾注.avi

01 打开"放假通知 2.docx"文档，在"引用"选项卡中单击"脚注"组右下角的批注和尾注按钮。

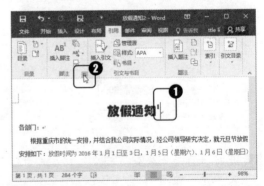

02 弹出"脚注和尾注"对话框，在"位置"栏设置要修改编号格式的选项，单击

"编号格式"下拉列表框，选择需要的格式样式，单击"应用"按钮返回 Word 文档，将看到更改脚注编号格式后的效果。

☺ 提示

在"脚注和尾注"对话框中进行设置后，单击"应用"按钮将直接返回 Word，单击"插入"按钮，还可以继续输入下一条脚注或尾注的文本内容。

6.5 题注和交叉引用

编辑长文档时，如果文档中包含了多种对象，通过对不同的对象进行编号，可以让文档看起来更加有规律，也利于用户进行编辑，此时利用题注和交叉引用功能就可以大大节省时间，也不易出错，从而达到事半功倍的效果。

6.5.1 添加题注

题注主要用来对文档中的表格、图表及图片等各种对象进行标题注释，为长文档中对象等进行标注后，可以保证项目编号始终保持统一，在 Word 2016 中，如果需要为图片添加题注，可通过下面的方法实现。

原始文件	房屋出租.docx
结果文件	房屋出租 1.docx
视频教程	添加题注.avi

01 打开"房屋出租.docx"文档，将光标定位在需要插入题注的位置，在"引用"选项卡内单击"题注"组中的"插入题注"按钮。

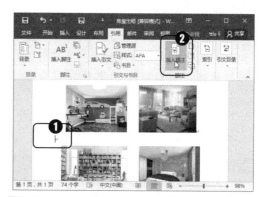

02 弹出"题注"对话框，单击"标签"下拉列表框，在弹出的列表中选择"图"选项，然后单击"确定"按钮。

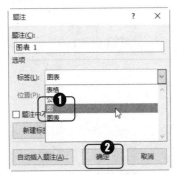

03 返回 Word 文档，可看到插入的题注，按照相同的方法添加更多题注即可。

😊 **提示**

　　使用题注功能后，当用户重新对文档中的某些对象进行编辑或者删除后，需要为后面的题注进行重新编号。

6.5.2　交叉引用

　　在编辑长文档时，经常遇到文档中包含了多个图片或者多个图表的情况，如果需要对所有对象进行编号，那么就需要重复输入题注，这样不仅浪费时间，而且不利于对象的更新，此时就可以使用交叉引用来解决。

　　例如在文档中插入一张图片后，通过添加题注的方法为其添加一个图号（例如"图1-1"），而在前面的文档中需要出现"如图 1-1"的字样，此时就可以使用交叉引用来实现，具体操作如下。

原始文件	房屋出租 1.docx
结果文件	房屋出租 2.docx
视频教程	交叉引用.avi

01 打开"房屋出租 1.docx"文档，按照前面介绍的方法为图片插入一个"图 1-1"的题注，然后将光标定位在需要显示"如图 1-1"字样的位置，在"引用"选项卡内单击"题注"组中的"交叉引用"按钮。

😊 **提示**

　　使用交叉引用功能不仅可以免去重复输入的麻烦，还可以在添加或删除内容后，对文档中的对象序号进行更新。

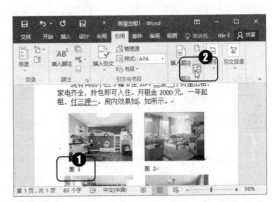

02 弹出"交叉引用"对话框，在"引用类型"下拉列表框中选中"图"选项，在"引用内容"列表框中选中"只有标签和编号"选项，在"引用哪一个题注"框中选中"图 1-1"选项，单击"插入"按钮。此时右侧的"取消"按钮变为"关闭"，单击该按钮。

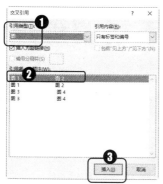

据需要调整位置，并添加更多交叉引用。

03 返回页面即可查看交叉引用后效果，根

6.6　高手支招

6.6.1　通过样式选择文本

问题描述：某用户在编辑 Word 文档时，需要选择所有带有同一样式的文本，如果使用按下"Ctrl"不放，再使用鼠标一个一个选中的方法比较麻烦，需要更简单的方法。

解决方法：在"样式"窗格中单击某样式右侧的下拉按钮，在弹出的下拉列表中单击"选择所有 n 个实例"命令即可，其中"n"表示当前文档中应用该样式的实例个数。

6.6.2　在提取目录时不显示页码

问题描述：某用户在编辑 Word 文档时，需要查看自己所编辑文本是否有遗漏的部分，需要提取文档目录，但不显示页面。

解决方法：在"引用"选项卡内单击"目录"下拉按钮，在弹出的下拉列表中单击"自定义目录"选项，然后在打开的"目录"对话框中取消勾选"显示页码"复选框即可。

6.6.3　添加文档封面

问题描述：某用户在编辑报告类文档时，已经为该文档添加了目录与样式，为了使文档更加完整，还需要在文档中插入封面。

解决方法：打开需要设置封面的文档，将光标插入点定位在文档的任意位置，在"插入"选项卡内单击"页"组中的"封面"按钮，在弹出的下拉列表中选择需要的封面样式，所选样式的封面将自动插入到文档首页，此时用户只需在提示输入信息的相应位置输入相关内容即可。

6.7 综合案例——制作市场调查报告

下面我们将运用本章所学知识，新建样式来对"家用电脑市场调查报告"文档进行排版，并在其中插入目录和封面，具体操作如下。

01 打开"家用电脑市场调查报告.docx"文档，然后将光标插入点定位在需要应用样式的段落中，单击"样式"组中的"样式"按钮，在打开的"样式"窗格中单击新建样式按钮。

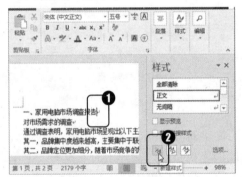

02 在弹出的对话框，设置样式的名称、样式类型等参数，在"格式"栏中为新建样式设置字体、字号等格式，然后单击"格式"按钮，在弹出的菜单中选择"段落"命令。

03 在弹出的"段落"对话框中设置相应的段落格式，然后单击"确定"按钮。

04 用同样的方法新建名为"报告标题"、"报告正文"和"小标题"等多个样式。

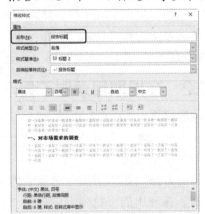

05 将所建样式应用到所有段落中。

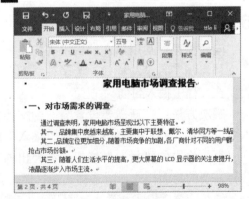

06 将光标插入点定位在"家用电脑市场调查报告"之前，在"引用"选项卡中单击"目录"组中的目录按钮，在弹出的下拉列表中选择需要的目录样式。

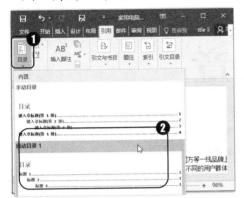

07 将光标插入点定位在文档的任意位置，在"插入"选项卡内单击"页"组中的"封面"按钮，在弹出的下拉列表中选择需要的封面样式。

08 所选样式的封面将自动插入到文档首页，此时用户只需在提示输入信息的相应位置输入相关内容，并根据操作需要设置字符格式即可，其最终效果如图所示。

第 7 章

文档的打印及审阅

》》 **本章导读**

文档制作完成后就可以打印文档了，不过在一些正式场合中，为了保证文档的质量，还需要对文档进行检查等相关操作。检查完成后文档还需要通过审阅者进行审阅，审阅者在检查文档过程中会将文档中的错误和修改建议进行标注或修订，然后返回给编辑者参考修改。

》》 **知识要点**

- ✓ 文档的打印
- ✓ 文档的校对
- ✓ 文档的修订
- ✓ 文档的修订和批注
- ✓ "开发工具"选项卡的添加方法
- ✓ 带对勾的复选框设计技巧

7.1 文档的打印

完成文档的编辑后，为了便于查阅，可将该文档打印出来，即将制作的文档内容输出到纸张上。在打印文档前，可通过 Word 提供的"打印预览"功能查看输出效果，以避免各种错误造成纸张的浪费。

7.1.1 设置打印选项

在打印文档前，还可以对需要打印的文档内容进行设置，在 Word 2016 中可以在"Word 选项"对话框中进行相关设置。具体操作方法如下。

01 在需要打印的文档中切换到"文件"选项卡，然后单击左侧窗格的"选项"命令。

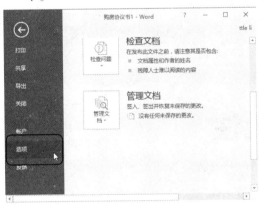

02 打开"Word 选项"对话框，切换到"显示"选项卡，在右侧的"打印选项"栏下勾选相应复选框可设置文档的打印内容，设置完成后单击"确定"按钮。

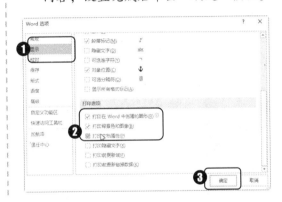

7.1.2 打印预览

打印预览是指用户可以在屏幕上预览打印后的效果，如果对文档中的某些地方不满意，可返回编辑状态下对其进行修改。

对文档进行打印预览的操作方法为：打开需要打印的 Word 文档，切换到"文件"选项卡，然后选择左侧窗格的"打印"命令，在右侧窗格中即可预览打印效果。

完成预览后若确认没有任何问题，可单击中间窗格的"打印"按钮进行打印。若还需要对文档进行修改，可单击"文件"标签或其他选项卡的标签返回文档。

> ☺ **提示**
>
> 　　对文档进行预览时，可通过窗口右下角的显示比例调节工具调整预览效果的显示比例，以便能清楚地查看文档的打印预览效果。

7.1.3　打印文档

　　如果确认文档的内容和格式都正确无误，或者对各项设置都很满意，就可以开始打印文档了。打印文档的操作方法为：打开需要打印的 Word 文档，切换到"文件"选项卡，在左侧窗格中选择"打印"命令，在"份数"微调框中设置打印份数，在"页数"文本框上方的下拉列表中可设置打印范围，相关参数设置完成后单击"打印"按钮，与电脑连接的打印机会自动打印输出文档。

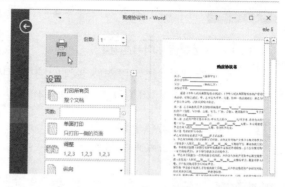

> ☺ **提示**
>
> 　　选中文档中的部分内容后，在"页数"文本框上方的下拉列表中选择"打印所选内容"选项，可打印选中的内容。

7.2　文档的修订和批注

为了便于多个用户对同一个文档进行协同处理，Word 2016 中提供了修订和为文档添加批注的功能。

7.2.1　修订文档

　　修订是指文档中所进行相关操作，如删除、插入或其他编辑后，文档内显示的更改标记。在修订文档时，可以根据修订内容的不同以不同标记线条显示，让审阅者可以更明白地观看到文档的变化。

原始文件	修订文档.docx
结果文件	修订文档 1.docx
视频教程	修订文档.avi 接受与拒绝修订.avi

01 打开"修订文档.docx"文档，在"审阅"选项卡中单击"修订"组中修订按钮下方的下拉按钮，在弹出的菜单中选择"修订"命令。在右侧的"显示以供审阅"列表框中选择"所有标记"选项。

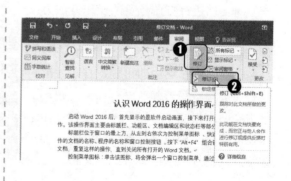

02 对文档进行编辑，此时文档中被修改的部分将以修订的方式显示。

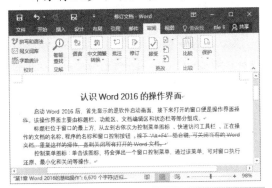

😊 **提示**

若要取消修订功能，再次单击"修订"按钮下方的下拉按钮，在弹出的下拉列表中选择"修订"选项即可。此外，按下"Ctrl+Shift+E"组合键可以快速启动或取消修订功能。

03 在"修订"组中单击"修订选项"按钮。

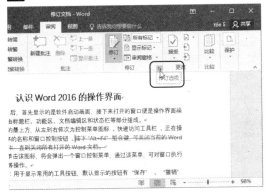

04 打开"修订选项"对话框，单击"高级选项"按钮。

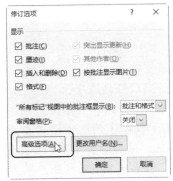

05 打开"高级修订选项"对话框，在"标

记"栏下设置"插入内容"的标记为"双下划线"选项；"删除内容"的标记为"删除线"，设置完成后单击"确定"按钮。

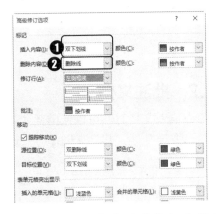

06 返回文档即可查看设置修订选项后的效果。

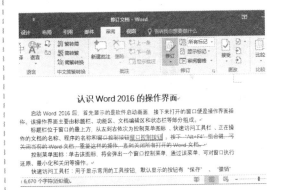

07 在"修订"组中单击"显示标记"按钮，在弹出的菜单中依次单击"批注框"→"在批注框中显示修订"选项。

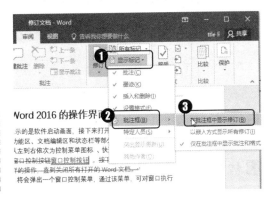

08 批注内容将在批注框中显示，在"审阅"
选项卡的"更改"组中单击"接受"下
三角按钮，在弹出的列表中单击"接受
并移到下一条"选项，即可接受本条修
订。

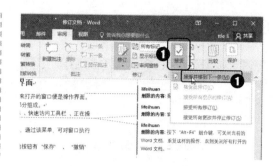

7.2.2　批注文档

修改他人文档时，可以使用插入批注的方法，使读者可以更清楚地看到审阅者的意见
和评价，方便使用，其具体操作方法如下。

原始文件	批注文档.docx
结果文件	批注文档 1.docx
视频教程	批注文档.avi

01 打开"批注文档.docx"文档，选中要添
加批注的文本，在"审阅"选项卡中单
击"批注"组中的"新建批注"按钮。

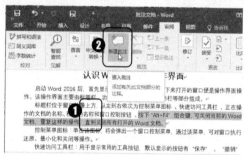

02 窗口右侧将建立一个标记区，且标记区
中会为选定的文本添加批注框，并通过
连线将文本与批注框连接起来，此时可
以在批注框中输入批注内容。

03 切换到"审阅"选项卡，在"修订"组
中单击"修订选项"按钮。

04 弹出"修订选项"对话框，单击"高级
选项"按钮。

05 打开"高级修订选项"对话框，单击"标
记"栏下"批注"右侧的下拉按钮，在
弹出的颜色样式中选择需要的批注颜
色样式，然后单击"确定"按钮。在返
回的"修订选项"对话框中单击"确定"
按钮返回文档。

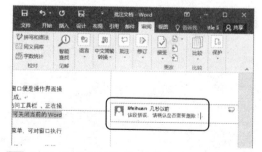

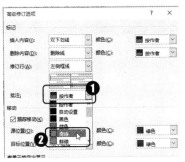

06 在所编辑文档中即可查看更改颜色样

式后的批注，最终效果如下图。

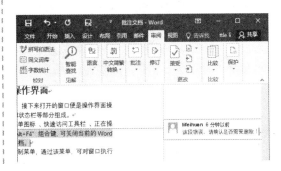

如果工作表有多个批注，可在"审阅"选项卡的"批注"组中快速查看工作表中所有的批注，若单击"批注"组中"下一条"按钮，则可以从选中的单元格开始依次查看下一个批注，若单击"上一条"按钮则会按照相反的顺序查看前一个批注。

💡 **提示**

在"审阅"选项卡中的"修订"组中，单击"显示标记"右侧的下拉按钮，在弹出的菜单中单击"批注"选项，取消批注勾选，此时在文档中将把所插入的批注内容隐藏起来。

7.2.3 【案例】审阅货物运输合同

下面我们将运用本节所学知识，通过修订与使用批注对"货物运输合同"文档进行审阅，具体操作如下。

原始文件	货物运输合同 1.docx
结果文件	货物运输合同 2.docx
视频教程	审阅货物运输合同.avi

01 打开"货物运输合同 1.docx"文档，在"审阅"选项卡中单击"修订"组中修订按钮下方的下拉按钮，在弹出的菜单中选择"修订"命令，在右侧的"显示以供审阅"列表框中选择"所有标记"选项。

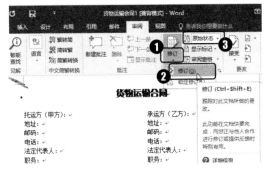

02 对文档进行编辑，此时文档中被修改的部分将以修订的方式显示，在"更改"组中，单击"接受"按钮下方的下拉按钮，在弹出的下拉列表中选择"接受所有修订"选项。

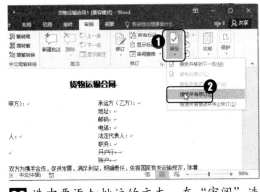

03 选中要添加批注的文本，在"审阅"选项卡中单击"批注"组中的"新建批注"按钮。

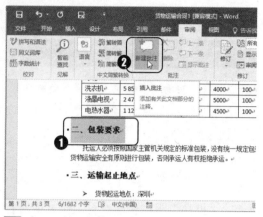

04 窗口右侧将建立一个标记区，且标记区中会为选定的文本添加批注框，并通过连线将文本与批注框连接起来，在批注框中输入批注内容即可。

💡 **提示**

若不同意修订建议，可拒绝修订，方法为：全部拒绝：在"更改"组中，单击"拒绝"按钮下方的下拉按钮，在弹出的下拉列表中选择"拒绝对文档的所有修订"选项。

7.3 创建索引

对纸质类图书而言，索引是帮助读者了解书籍的一个关键，本节将对在 Word 文档中使用索引等相关知识进行介绍。

7.3.1 创建索引的方法

索引是指在打印的文档中出现的单词或短语的一个列表，使用索引能够方便用户对文档内信息的查找，下面将介绍创建索引的方法。

原始文件	索引.docx
结果文件	索引 1.docx
视频教程	创建索引.avi

01 打开"索引.docx"文档。选中文本，在"引用"选项卡的"索引"组中单击"标记索引项"按钮。

02 打开"标记索引项"对话框，将所选文字添加到"主索引项"文本框中，单击"标记"按钮。

03 此时对话框右下角的"取消"按钮将变成"关闭"按钮，在文档中选择需要作为索引项的其他文本，将所选文本添加到文本框中，单击"标记"按钮。

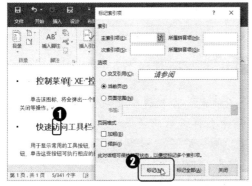

04 完成标记索引后，关闭"标记索引项"对话框，并将光标插入点定位到需要创建索引的位置，在"索引"组中单击插入索引按钮。

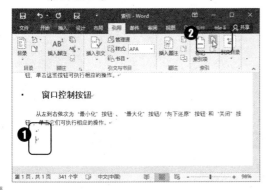

05 打开"索引"对话框，在"栏数"微调框中设置栏数为"1"，然后单击"确定"按钮。

06 返回文档页面，即可查看文档中添加的索引。

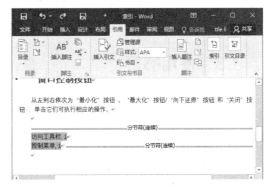

7.3.2 修改索引样式

在文档中添加索引后，如果对索引的显示样式不是很满意，还可以对其进行修改，具体操作方法如下。

原始文件	索引 1.docx
结果文件	索引 2.docx
视频教程	修改索引样式.avi

01 打开"索引 1.docx"文档。将光标插入点定位到需要创建索引的位置，在"索引"组中单击插入索引按钮。

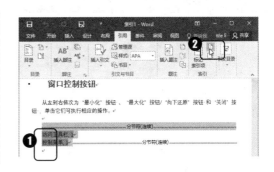

02 在打开的"索引"对话框中单击右下角的"修改"按钮,在打开的"样式"对话框中再次单击"修改"按钮。

03 打开"修改样式"对话框,在对话框中根据需要设置索引的字体和字号,设置完成后单击"确定"按钮。

04 在返回的"样式"对话框中单击"确定"按钮,返回"索引"对话框,再次单击"确定"按钮返回文档,即可查看更改索引样式后的效果。

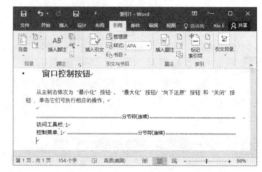

7.3.3 使用书签

使用书签可以帮助用户快速在文档中定位到某个位置或某个特定的内容。使用书签也可以叫做位置标签,下面将介绍在 Word 中使用书签的方法。

原始文件	书签.docx
结果文件	书签 1.docx
视频教程	使用书签.avi

01 打开"书签.docx"文档。将光标定位到需要插入书签的位置,在"插入"选项卡内单击"链接"组中"书签"按钮。

02 打开"书签"对话框,在"书签名"文本框中输入书签名称,然后单击"添加"按钮。

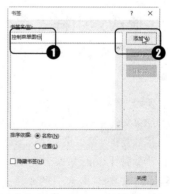

03 书签创建完成后,再次单击"链接"组中"书签"按钮,在打开的"书签"对

话框中选择一个书签，单击"定位"按钮，即可将文档定位在书签所在位置。

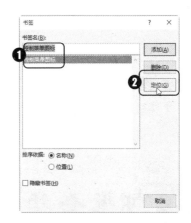

💬 提示

在"书签"对话框中，选中下方的"名称"或"位置"单选项，可设置列表内书签的排列顺序。

7.3.4 【案例】定位"考核制度"文档

下面我们将运用本节所学知识，使用书签对"考核制度"文档进行定位，具体操作如下。

原始文件	考核制度.docx
结果文件	考核制度 1.docx
视频教程	定位"考核制度"文档.avi

01 打开"考核制度.docx"文档。将光标定位到需要插入书签的位置，在"插入"选项卡内单击"链接"组中"书签"按钮。

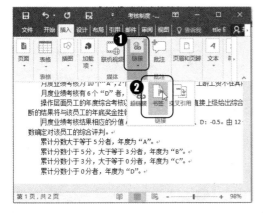

02 打开"书签"对话框，在"书签名"文本框中输入书签名称，然后单击"添加"按钮。

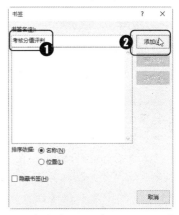

03 书签创建完成后，在"开始"选项卡中单击"编辑"组中"查找"下拉按钮，在弹出的列表中选择"高级查找"选项。

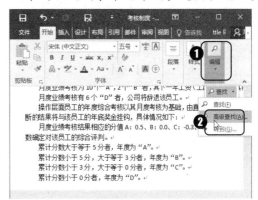

04 打开"查找和替换"对话框，切换到"定位"选项卡，在"定位目标"中选择"书签"选项，在"请输入书签名称"文本框中输入书签名称，然后单击"定位"按钮即可。

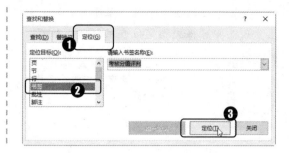

7.4 邮件合并

所谓邮件合并，是指先将文件中线条信息创建为主文档，接着将不同信息的部分创建为另一份文档，然后使用邮件合并功能将主文档和数据源中的数据进行合并后得到最终文档。

7.4.1 选择数据源

数据源的选取可以用已经创建的 Excel 工作表，也可以新建工作表再输入源数据。本例以数据源的选取为例，具体操作如下。

原始文件	工资条.docx
结果文件	工资条 1.docx
视频教程	选择数据源.avi

01 打开"工资条.docx"文档，在"邮件"选项卡中单击"开始邮件合并"组中的"开始邮件合并"下拉按钮，在弹出的下拉列表中单击"普通 Word 文档"命令。

02 切换到 Word 文档，在"邮件"选项卡的"开始邮件合并"组中单击"选择收件人"下拉按钮，在弹出的下拉列表中单击"使用现有列表"命令。

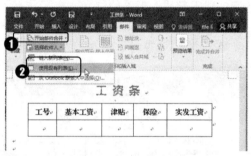

03 弹出"选取数据源"对话框，选中"工资表"工作簿，单击"打开"按钮。

04 弹出"选择表格"对话框，选中数据所

在的工作表，单击"确定"按钮即可。

 提示

邮件合并的数据源除了使用 Excel 数据库文件，还可以选用"Microsoft SQL Server"数据库文件。

7.4.2 插入合并域

选取数据源后，就可以为主文档中的单元格添加列表中的域，完成邮件合并后，Word会自动将这些域替换为数据库文件中的实际信息，具体操作如下。

原始文件	工资条 1.docx
结果文件	工资条 2.docx
视频教程	插入合并域.avi

01 打开"工资条 1.docx"文档。在"邮件"选项卡的"编写和插入域"组中单击"插入合并域"下拉按钮，在弹出的下拉列表中选择"工号"选项。

02 在"邮件"选项卡的"预览结果"组中单击"预览结果"按钮，此时文档中突出显示的合并域将自动替换为数据源中的实际数据。

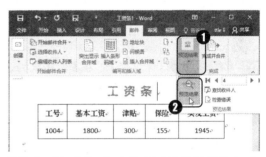

03 在"邮件"选项卡的"预览结果"组中单击"上一记录"按钮或"下一记录"按钮，可查看合并域中的其他数据信息。

7.4.3 执行合并操作

合并域以后就可以对邮件执行合并操作了，具体操作如下。

原始文件	工资条 2.docx
结果文件	工资条 3.docx
视频教程	执行合并操作.avi

01 打开"工资条 2.docx"文档。在"邮件"选项卡中，单击"完成"组中的"完成并合并"按钮，在弹出的下拉列表中单击"编辑单个文档"命令。

02 弹出"合并到新文档"对话框，默认选择"全部"单选项，单击"确定"按钮。

03 系统将自动以"信函1"为名新建文档，文档第一页将显示第一条记录，表格下方可看到自动插入一个分节符，下一条记录将显示在下一页，单击快速访问工具栏中的"保存"按钮。

04 弹出"另存为"对话框，设置文件名为"工资条 3"，然后单击"保存"按钮保存文档即可。

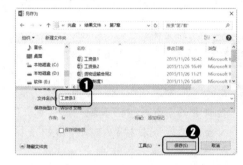

7.5 高手支招

7.5.1 删除批注

问题描述：某用户在编辑 Word 文档时，进行了错误地批注，需要将其删除。

解决方法：删除批注的方法有两种。

- 单击"删除批注"按钮：如果仅删除一个批注，将光标定位到批注后，单击"审阅"选项卡"批注"组中的"删除"按钮；如果要同时删除文档中的所有批注，则单击"删除"按钮下方的下拉按钮，在弹出的菜单中选择"删除文档中的所有批注"命令。

- 选择"删除批注"命令：用鼠标右键单击要删除的批注，在弹出的快捷菜单中选择"删除批注"命令即可。

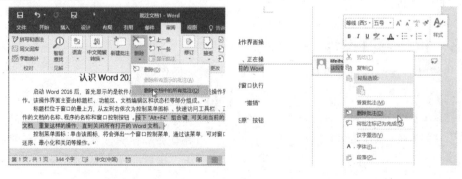

7.5.2 统计文档字数

问题描述：某用户在审阅文档时，为了精确文档内的字数是否超过规定数，需要统计文档字数。

解决方法：打开需要统计字数的文档，然后切换到"审阅"选项卡，在"校对"组中单击"字数统计"按钮，在打开的"字数统计"对话框中即可看到整篇文档的字数统计结果。

7.5.3 切换中文繁简体

问题描述：某用户在审阅文档时突然发现需要将文档发送至香港地区，而香港的字体与所编辑的字体有所区别，此时需要使用系统自带的简繁转换功能。

解决方法：打开需要转换字体的文档，然后切换到"审阅"选项卡，在"中文简繁转换"组中根据需要选择需要的转换方式，如"简转繁"，执行操作后即可查看转化后文字。

7.6 综合案例——审阅会议备忘录

下面我们将运用本章所学知识，新建样式来对"家用电脑市场调查报告"文档进行排版，并在其中插入目录和封面，具体操作如下。

01 打开"会议备忘录.docx"文档。在"审阅"选项卡中单击"修订"组中"修订"按钮下方的下拉按钮，在弹出的菜单中选择"修订"命令。在右侧的"显示以供审阅"列表框中选择"所有标记"选项。

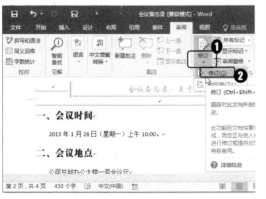

02 对文档进行编辑，此时文档中被修改的部分将以修订的方式显示，在"审阅"选项卡的"更改"组中单击"接受"下三角按钮，在弹出的列表中单击"接受所有修订"选项。

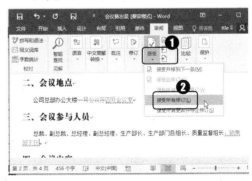

03 选中要添加批注的文本，在"审阅"选
项卡中单击"批注"组中的"新建批注"
按钮。

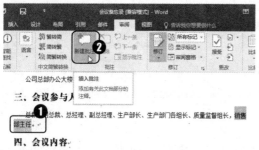

04 窗口右侧显示批注框，此时可以在批注
框中输入批注内容。

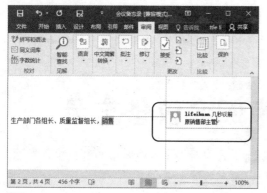

05 将光标定位到合适位置，在"插入"选
项卡内单击"链接"组中"书签"按钮。

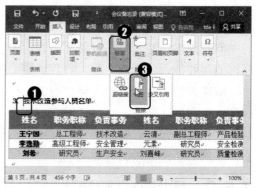

06 打开"书签"对话框，在"书签名"文
本框中输入书签名称，然后单击"添加"
按钮。

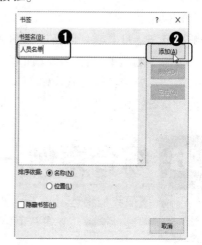

第 2 篇 Excel 篇

第 8 章

Excel 基础操作

》》 **本章导读**

  Excel 2016 是专门用来制作电子表格的软件，使用它可以制作工资表、销售业绩报表等。本章将讲解工作簿、工作表的基本操作，以及如何在单元格中输入与编辑数据，让读者快速掌握电子表格的制作方法。

》》 **知识要点**

  ✓ 工作表的基本操作

  ✓ 单元格和区域

  ✓ 行与列的基本操作

本章配套资源

素材文件：访问 http://www.broadview.com.cn/29628 下载本书配套资源包，在"素材文件\第 8 章\"与"结果文件\第 8 章\"文件夹中可查看本章配套文件。

教学视频：访问 http://res.broadview.com.cn/v.php?id=29628 &vid=8，或用手机扫描右侧二维码，可查阅本章各案例配套教学视频。

8.1 工作表的基本操作

在 Excel 中，文档又被称为工作簿。要掌握 Excel 的基本操作就得学会如何管理 Excel 工作簿。具体来看，工作簿的基本操作主要包括新建工作簿、保存工作簿、关闭工作簿，以及打开工作簿这几个方面。

8.1.1 工作表的创建与删除

启动 Excel 2016 时，程序为用户提供了多项选择，可以通过"最近使用的文档"选项快速打开最近使用过的工作簿，可以通过"打开其他工作簿"命令浏览本地计算机或云共享中的其他工作簿，还可以根据需要新建或删除工作簿。

在 Excel 2016 中，如果要新建空白工作簿可以通过以下几种方法实现。

- 启动 Excel 2016，在打开的程序窗口中单击右侧的"空白工作簿"选项。
- 在桌面或"计算机"窗口等位置的空白区域单击鼠标右键，在弹出的快捷菜单中单击"新建"命令，在打开的子菜单中单击"Microsoft Excel 工作表"命令。
- 在已打开的工作簿中，切换到"文件"选项卡，单击"新建"命令，在对应的子选项卡中单击"空白工作簿"选项。

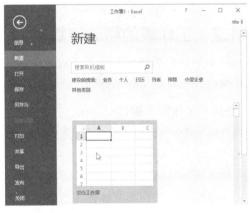

此外，在 Excel 2016 中为用户提供许多工作簿模板，通过这些模板可以快速创建具有特定格式的文档，方法为：切换到"文件"选项卡，在左侧窗格中单击"新建"命令，在对应的子选项卡中单击合适的模板，如"购物清单"模板。弹出"购物清单"模板对话框，在对话框中介绍了该模板的相关信息，单击"创建"按钮，即可根据该模板创建新工作簿。

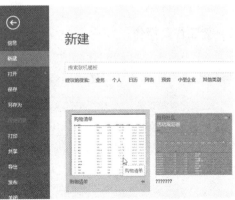

⊙ 提示

默认情况下样本模板是有限的，如果要获得更多的工作簿模板，可以从 Microsoft Office Online 下载。打开"文件"选项卡的"新建"子选项卡，在"搜索联机模板"文本框中输入要获得的模板关键字，然后单击"开始搜索"按钮，在搜索结果中双击相应的模板即可下载。

在编辑工作簿时，如果工作簿中存在多余的工作表，可以将其删除。删除工作表的方法主要有以下两种。

- 在工作簿窗口中，右键单击需要删除的工作表标签，在弹出的快捷菜单中，单击"删除"命令。

- 选中需要删除的工作表，在"开始"选项卡的"单元格"组中，执行"删除"→"删除工作表"命令。

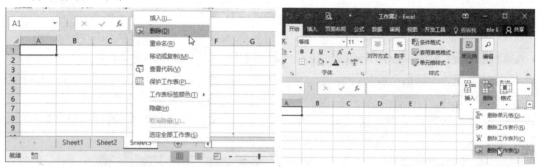

8.1.2 工作表的移动与复制

移动与复制工作表是使用 Excel 管理数据时比较常用的操作，主要分为两种情况，即工作簿内操作与跨工作簿操作。下面将分别进行介绍。

1. 在同一工作簿内操作

在同一个工作簿中移动或复制工作表的方法很简单，主要是利用鼠标拖动来操作，方法如下。

- 将鼠标指针指向要移动的工作表，将工作表标签拖动到目标位置后释放鼠标即可。

- 将鼠标指针指向要复制的工作表，在拖动工作表的同时按住"Ctrl"键，至目标位置后释放鼠标即可。

2. 跨工作簿操作

在不同的工作簿间移动或复制工作表的方法较为复杂。例如将"购物清单 1"复制并移动到"工作簿 1"，方法如下。

原始文件	购物清单 1.xlsx
结果文件	购物清单 2.xlsx
视频教程	移动和复制工作表.avi

01 同时打开"库存列表 1.xlsx"和"工作簿 1.xlsx"，在"库存列表 1"工作簿中右键单击"购物清单"标签，在弹出的快捷菜单中单击"移动或复制"命令。

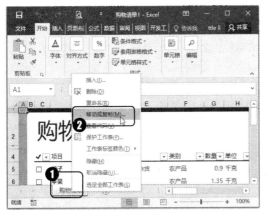

02 弹出"移动或复制工作表"对话框，在"工作簿"下拉列表框中选择"工作簿 1"，在"下列选定工作表之前"列表框中，选择移动后在"工作簿 1"中的位置，勾选"建立副本"复选框，然后单击"确定"按钮即可。

> 😊 **提示**
>
> 如果用户只需要跨工作簿移动工作表而不需要复制工作表，则在"移动或复制工作表"对话框中不勾选"建立副本"复选框即可。

8.1.3 插入工作表

在 Excel 2016 中，默认情况下一个工作簿中仅有 1 个工作表，这通常并不能满足用户的使用需求，往往需要插入更多的工作表，在 Excel 中插入工作表的方法主要有以下几种。

- 单击工作表标签栏右侧的"插入工作表"按钮 ⊕ 。
- 按下"Shift+F11"组合键。
- 鼠标右键单击某一工作表标签，在弹出的快捷菜单中单击"插入"命令，在弹出的"插入"对话框中双击"工作表"选项。
- 在"开始"选项卡的"单元格"选项组中单击"插入"按钮，在弹出的下拉菜单中选择插入工作表命令。
- 在按住 Shift 键的同时选中多张工作表，然后在"开始"选项卡的"单元格"组中执行"插入"→"工作表"命令，可一次插入多张工作表。

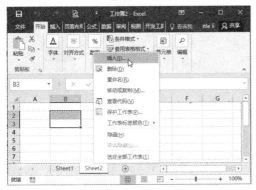

8.1.4 重命名工作表

在默认情况下，工作表以 sheet1、sheet2、sheet3……依次命名，在实际应用中，为了区分工作表，可以根据表格名称、创建日期、表格编号等对工作表进行重命名。重命名工作表的方法主要有以下两种。

- 在 Excel 窗口中，双击需要重命名的工作表标签，此时工作表标签呈可编辑状态，直接输入新的工作表名称即可。
- 鼠标右键单击工作表标签，在弹出的快捷菜单中，单击"重命名"命令，此时工作表标签呈可编辑状态，直接输入新的工作表名称。

8.1.5 更改工作表标签颜色

当一个工作簿中存在很多工作表，不方便用户查找时，可以通过更改工作表标签颜色的方式来标记常用的工作表，使用户能够快速查找到需要的工作表，具体操作方法如下。

01 在 Excel 窗口中使用鼠标右键单击需要更改颜色的工作表标签，在弹出的快捷菜单中单击"工作表标签颜色"命令，然后在展开的颜色面板中选择需要的颜色。

02 如果没有合适的颜色，可以单击"其他颜色"命令，在弹出的"颜色"对话框中选择需要的颜色，选择好后单击"确定"按钮即可。

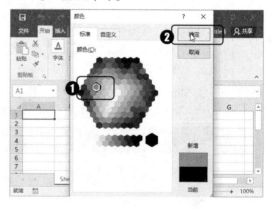

8.1.6 拆分与冻结工作表

当 Excel 工作表中含有大量的数据信息，窗口显示不便于用户查看时，可以拆分或冻结工作表窗格。

1. 拆分工作表

拆分工作表是指把当前工作表拆分成两个或者多个窗格，每一个窗格可以利用滚动条显示工作表的一部分，用户可以通过多个窗口查看数据信息。拆分工作表、调整拆分窗格大小、取消拆分状态的方法如下。

原始文件	购物清单 1.xlsx
结果文件	购物清单 3.xlsx
视频教程	冻结与拆分工作表.avi

01 打开"购物清单 1.xlsx"工作簿，选中目标单元格，在"视图"选项卡中单击"窗口"组中的"拆分"按钮。

02 将光标指向拆分条，当光标变为 ÷ 或 ╫ 形状时，按住鼠标左键拖动拆分条，即可调整各个拆分窗格的大小。

03 鼠标双击水平和垂直拆分条的交叉点，即可取消工作表的拆分状态。

💬 **提示**

将光标指向水平或垂直拆分条，光标呈 ÷ 或 ╫ 形状时，双击水平或垂直拆分条可取消该拆分条。

2. 冻结工作表

"冻结"工作表后，工作表滚动时，窗口中被冻结的数据区域不会随工作表的其他部分一起移动，始终保持可见状态，可以更方便地查看工作表的数据信息。在 Excel 2016 中，冻结工作表、取消冻结工作表的具体操作方法如下。

01 打开"购物清单 1.xlsx"工作簿，选中目标单元格，在"视图"选项卡的"窗口"组中单击"冻结窗格"→"冻结拆分窗格"命令。

02 此时拖动垂直与水平滚动条，可见首行与首列保持不变，单击"冻结窗格"下拉菜单中的"取消冻结窗格"命令，即可取消冻结。

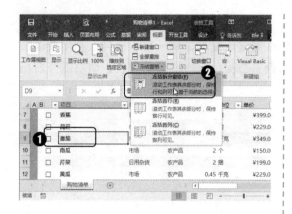

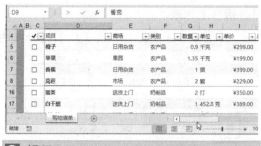

8.1.7 【案例】制作"考勤卡"

　　本节将制作一个"考勤卡"，目的在于使用本节所学的知识，在实践中熟练 Excel 2016 的基本操作。

原始文件	无
结果文件	员工考勤卡 1.xlsx
视频教程	制作考勤卡.avi

 切换到"文件"选项卡，在左侧窗格中单击"新建"命令，"搜索联机模板"文本框中输入"考勤卡"关键字，然后单击搜索按钮，在搜索结果中双击相应的模板。

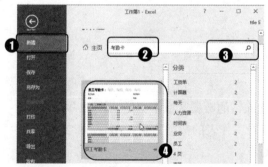

02 弹出"员工考勤卡"模板对话框，在对话框中介绍了该模板的相关信息，单击"创建"按钮。

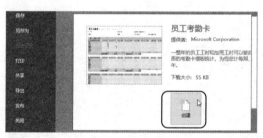

03 用鼠标右键单击需要更改颜色的工作表标签，在弹出的快捷菜单中单击"工作表标签颜色"命令，然后在展开的颜色面板中选择需要的颜色即可。

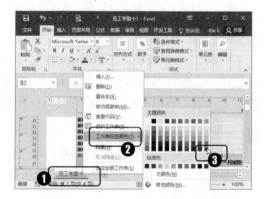

8.2 行与列的基本操作

在对表格进行编辑的过程中，经常需要对行和列进行操作，以满足编辑要求。行与列的基本操作包括设置行高和列宽、插入行或列、删除行或列等。

8.2.1 设置行高和列宽

在默认情况下，行高与列宽都是固定的，当单元格中的内容较多时，可能无法将其全部显示出来，这时就需要设置单元格的行高或列宽了。

1. 设置精确的行高与列宽

在 Excel 2016 中，用户可以根据需要设置精确的行高与列宽，方法为：在工作簿中选中需要调整的行或列，单击鼠标右键，在弹出的快捷菜单中单击"行高"（列宽）命令，在弹出的"行高"（列宽）对话框中输入精确的行高（列宽）值，单击"确定"按钮即可。

2. 通过鼠标拖动的方式设置

此外，用户还可以通过拖动鼠标手动调整行高或列宽。用户只需将光标移至行号或列标的间隔线处，当鼠标指针变为"⥮"或者"╈"形状时按住鼠标左键不放，拖动到合适的位置后释放鼠标左键即可。

8.2.2 插入行或列

一个工作表创建之后并不是固定不变的，用户可以根据实际情况重新设置工作表的结构。例如根据实际情况插入行或列，以满足使用需求。

1. 通过右键菜单插入

在 Excel 2016 中，用户可以通过右键菜单插入行或列，方法为：鼠标右键单击要插入行所在行号，在弹出的快捷菜单中单击"插入"命令即可，完成后将在选中行上方插入一整行空白单元格。

同理，鼠标右键单击某个列标，在弹出的快捷菜单中单击"插入"命令，可以插入一整列空白单元格。

2．通过功能区插入

在 Excel 2016 中，还可以通过功能区插入行或列，方法为：选中要插入行所在行号，单击"开始"选项卡的"单元格"组中的"插入"按钮，在弹出的下拉菜单中单击"插入工作表行"命令即可。完成后将在选中行上方插入一整行空白单元格。

☺ 提示

先选中多行或多列单元格，然后执行"插入"命令，可以一次性快速插入多行或多列。

8.2.3 移动和复制行与列

在 Excel 2016 中，可以将选中的行与列移动或复制到同一个工作表的不同位置、不同的工作表甚至不同的工作簿中。通常可以通过剪贴操作来移动或复制单元格，具体操作方法如下。

原始文件	员工信息登记表.xlsx
结果文件	员工信息登记表 1.xlsx
视频教程	移动和复制行与列.avi

01 打开"员工信息登记表.xlsx"工作簿，单击行号选中需要移动的行，然后单击"开始"选项卡的"剪贴板"组中的剪切按钮✄。

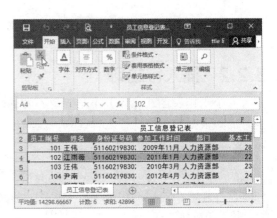

02 选中要移动到的目标位置，单击"剪贴板"组中的"粘贴"按钮即可。

😊 **提示**

要复制行，则选中要复制的区域 📋，单击"剪贴板"组中的"复制"按钮，再在目标位置执行"粘贴"命令即可。

8.2.4　删除行或列

在 Excel 2016 中除了可以插入行或列，还可以根据实际需要删除行或列。删除行或列的方法，与删除单元格的方法相似，主要有以下两种。

- 选中想要删除的行或列，单击鼠标右键，在弹出的快捷菜单中单击"删除"命令即可。
- 选中想要删除的行或列，在"开始"选项卡中，单击"单元格"组中的"删除工作表行"或"删除工作表列"命令即可。

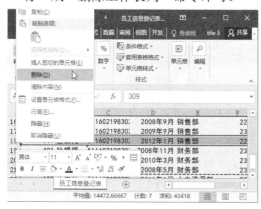
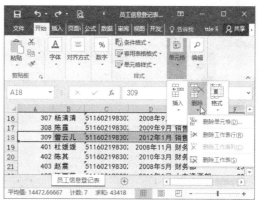

8.2.5　【案例】编辑"生产记录表"

本节将编辑"生产记录表"，目的在于使用本节所学的知识，在实践中熟练 Excel 2016 内行列的基本操作。

原始文件	生产记录表.xlsx
结果文件	生产记录表 1.xlsx
视频教程	编辑生产记录表.avi

01 打开"生产记录表.xlsx"工作簿将光标移至行号的间隔线处，当鼠标指针呈"➕"形状时按住鼠标左键不放，拖动到合适的位置后释放鼠标左键。

02 选中需要删除的行，单击鼠标右键，在弹出的快捷菜单中单击"删除"命令删除该行。

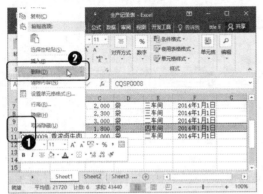

03 鼠标右键单击要插入行所在行号，在弹出的快捷菜单中单击"插入"命令。

04 完成后将在选中行上方插入一整行空白单元格，在其中录入数据即可。

8.3　单元格和区域

单元格是 Excel 工作表的基本元素，是 Excel 操作的最小单位，而由若干个连续单元格构成的矩形区域称为单元格区域。本节将讲解单元格及区域的基本操作，包括选择单元格、插入单元格与拆分单元格等。

8.3.1　选择单元格

在对单元格进行编辑之前首先要将其选中。选择单元格的方法有很多种，下面就分别进行介绍。

- 选中单个单元格：将鼠标指向该单元格，单击即可。
- 选择连续的多个单元格：选中需要选择的单元格区域左上角的单元格，然后按下鼠标左键拖拉到需要选择的单元格区域右下角的单元格后，松开鼠标左键即可。

> 😊 提示
> 在 Excel 中，由若干个连续的单元格构成的矩形区域称为单元格区域。单元格区域用其对角线的两个单元格来标识。例如从 A1 到 E9 单元格组成的单元格区域用 A1:E9 标识。

- 选择不连续的多个单元格：按下"Ctrl"键，然后使用鼠标分别单击需要选择的单元格即可。
- 选择整行（列）：使用鼠标单击需要选择的行（列）序号即可。

> 😊 提示
> 选中需要选择的单元格区域左上角的单元格，然后在按下"Shift"键的同时单击需要选择的单元格区域右下角的单元格，可以选定连续的多个单元格。

- 选择多个连续的行（列）：按住鼠标左键，在行（列）序号上拖动，选择完后松开鼠标即可。
- 选择多个不连续的行（列）：在按住"Ctrl"键的同时，用鼠标分别单击行（列）序号即可。
- 选中所有单元格：单击工作表左上角的行标题和列标题的交叉处，可以快速地选中整个工作表中的所有单元格。

> 😊 **提示**
> 按下"Ctrl+A"组合键，也可以快速选择整个工作表中所有的单元格。

8.3.2 插入单元格

在许多情况下，我们都需要在工作表中插入空白单元格，通过鼠标右键菜单插入单元格比较快捷，因此在实际应用中比较常用，其具体操作方法如下。

原始文件	员工信息登记表 1.xlsx
结果文件	员工信息登记表 2.xlsx
视频教程	插入与删除单元格.avi

01 打开"员工信息登记表 1.xlsx"工作簿，选中 A2 单元格，单击鼠标右键，在弹出的快捷菜单中单击"插入"命令。

02 在弹出的"插入"对话框中，根据需要选择单元格插入位置，如选中"活动单元格右移"单选项，单击"确定"按钮即可。

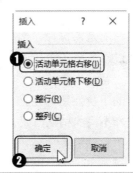

> 😊 **提示**
> 除了鼠标右键菜单之外，还可以通过在"开始"选项卡的"单元格"组中单击"插入"→"插入单元格"命令，打开"插入"对话框。

8.3.3 删除单元格

与插入单元格的方法类似，用户也可以通过鼠标右键菜单或功能区删除不需要的单元格，下面就分别对其进行介绍。

- 通过鼠标右键菜单删除单元格：选中需要删除的单元格或单元格区域，然后在选中部分单击鼠标右键，在弹出的快捷菜单中单击"删除"命令，在弹出的"删除"对话框中选中"右侧单元格左移"或"下方单元格上移"单选项，最后单击"确定"按钮即可。

- 通过功能区删除单元格：选中需要删除的单元格或单元格区域，然后切换到"开始"
  选项卡，单击"单元格"组中的"删除"下拉按钮，在弹出的下拉菜单中选择"删除
  单元格"命令即可。

8.3.4 移动与复制单元格

在 Excel 2016 中，可以将选中的单元格移动或复制到同一个工作表的不同位置、不同
的工作表甚至不同的工作簿中，单元格的移动、复制操作与行列的移动复制操作类似，使
用剪贴板移动或复制单元格的方法为：

选中需要移动的单元格或区域，然后单击"开始"选项卡的"剪贴板"组中的剪切按
钮或复制按钮，选中要移动到的目标位置，单击"剪贴板"组中的粘贴按钮即可。

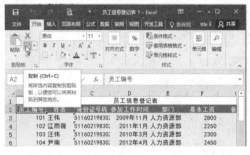

需要注意的是，执行"粘贴"时系统默认为粘贴值和源格式。如果要选择其他粘贴方
式，可以通过以下两条途径进行。

- 在执行"粘贴"操作时，单击"粘贴"按
  钮下方的下拉按钮，在弹出的下拉列表中
  可以选择不同的粘贴方式。

- 在执行"粘贴"操作后，在粘贴内容的右
  下方会显示出一个粘贴标记，单击此标记
  会弹出一个下拉菜单，用以选择不同的粘
  贴方式。

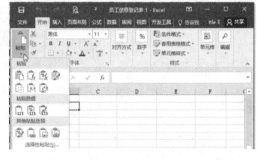

用户还可以使用鼠标移动或复制单元格，但这种方法比较适用于源区域与目标区域相
距较近时。

- 在工作簿中选中需要移动的单元格，将光标指向该单元格的边缘，当鼠标指针变为
  形状时按下鼠标左键拖动，此时会有一
  个线框指示移动的位置，将线框拖动到
  目标位置，释放鼠标左键即可。

- 需要复制单元格时，则选中要复制的单
  元格，在按住"Ctrl"键的同时拖动鼠标
  到目标位置，然后释放鼠标即可。

8.3.5　合并与拆分单元格

合并单元格是将两个或多个单元格合并为一个单元格，在 Excel 中这是一个非常常用的功能。

选中要合并的单元格区域，单击"开始"选项卡的"对齐方式"组中的"合并后居中"按钮旁边的下拉按钮，在弹出的下拉菜单中选择相应的命令即可合并或拆分单元格。

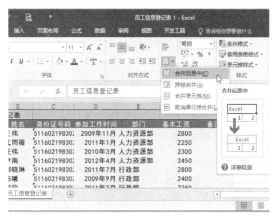

下拉菜单中的各个命令的具体含义如下。

- "合并后居中"命令：将选择的多个单元格合并为一个大的单元格，并且将其中的数据自动居中显示。
- "跨越合并"命令：选择该命令可以将同行中相邻的单元格合并。
- "合并单元格"命令：选择该命令可以将单元格区域合并为一个大的单元格，与"合并后居中"命令类似。
- "取消单元格合并"命令：选择该命令可以将合并后的单元格拆分，恢复为原来的单元格。

8.4　高手支招

8.4.1　保护工作表

问题描述：某用户在编辑 Excel 文档时，为了防止他人浏览、修改或删除用户工作簿及其工作表，需要对工作簿加以保护。

解决方法：此时可以为工作簿设置打开密码，方法为：打开工作簿，切换到"文件"选项卡，默认打开"信息"子选项卡，单击"保护工作簿"→"用密码进行加密"命令，在弹出"加密文档"对话框，输入要设置的密码，单击"确定"按钮，弹出"确认密码"对话框，重新输入一遍密码，单击"确定"按钮即可。

8.4.2　隐藏工作表标签

问题描述：某用户在编辑 Excel 文档时，因为工作表太多影响编辑，需要在保留一张可视工作表标签的情况下，隐藏工作簿中多余的工作表标签。

解决方法：此时，可使用鼠标右键单击要隐藏的工作表标签，在弹出的快捷菜单中单击"隐藏"命令即可。若需要显示已经隐藏的工作表，则再次在任意工作表标签上单击鼠标右键，在弹出的菜单中单击"取消隐藏"选项，在弹出的"取消隐藏"对话框中，根据需要选择需要显示的工作表，然后单击"确定"按钮即可。

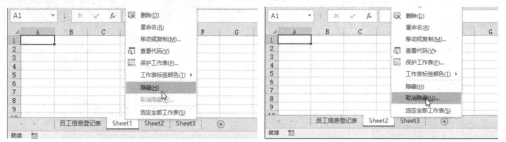

8.4.3 固定常用文档

问题描述：某用户在制作 Excel 文档时，为了能够快速打开某些常用文档，便于之后的操作，需要固定常用的文档。

解决方法：切换到"文件"选项卡，单击"打开"命令，在最近使用的工作簿列表中将光标指向需要固定的文档，单击其右侧出现的"将此项目固定到列表"按钮 ，即可使其始终显示。被固定的文档在列表中将显示出标记 ，单击该标记，即可取消对该文档的固定。

8.5 综合案例——编辑员工档案表

为了更方便、快捷地查看员工的基本档案信息，可以制作一份简单的员工档案表，将员工的基本信息录入其中。下面将介绍员工档案表的具体制作方法。

01 打开"员工档案表.xlsx"工作簿选中
A1:I1 单元格区域，在"开始"选项卡
的"对齐方式"组中单击"合并后居中"
按钮，合并单元格区域为一个单元格。

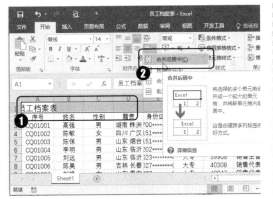

02 将光标移动到1行和2行之间，当光标
呈 ╪ 形状时，按住鼠标左键不放，拖动
调整标题行的行高到适当位置释放鼠
标左键。

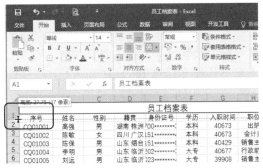

03 使用鼠标拖动，选中第 2 到 20 行，在
任意行号上单击鼠标右键，在打开的菜
单中单击"行高"命令。

04 弹出"行高"对话框，设置行高为"16"，
然后单击"确定"按钮。

05 选中需要调整列宽的多行，在"开始"
选项卡的"单元格"组中单击"格式"
下拉按钮，在展开的列表中选择"自动
调整列宽"选项即可。

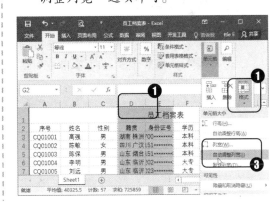

第 9 章

在表格中输入和编辑数据

>> **本章导读**

要进行 Excel 表格制作和数据分析，输入数据是第一步，录入数据后还需要根据实际需要对数据进行编辑。本章将详细介绍在 Excel 中高效地输入数据和编辑数据等相关知识。

>> **知识要点**

✓ 输入数据   ✓ 填充数据

✓ 编辑数据   ✓ 设置单元格格式

本章配套资源

素材文件：访问 http://www.broadview.com.cn/29628 下载本书配套资源包，在"素材文件\第 9 章\"与"结果文件\第 9 章\"文件夹中可查看本章配套文件。

教学视频：访问 http://res.broadview.com.cn/v.php?id=29628&vid=9，或用手机扫描右侧二维码，可查阅本章各案例配套教学视频。

9.1 输入数据

在表格中输入数据是使用 Excel 时必不可少的操作。输入表格数据包括输入普通数据、输入特殊数据、输入特殊符号等。

9.1.1 输入文本和数字

文本和数字是 Excel 表格中重要的数据类型，在表格中输入该类数据的方法很简单。选中需要输入数据的单元格，切换到中文输入法，通过键盘输入文字或数字，输入完成后将光标定位到另外的单元格，可继续输入数据。

💬 提示

在单元格中输入数据后，按"Tab"键，可以自动将光标定位到所选单元格右侧的单元格中。例如，在"C1"中输入数据后，按下"Tab"键，光标将自动定位到"D1"单元格中。

9.1.2 输入日期和时间

用户在输入日期和时间时，可以直接输入一般的日期和时间格式，也可以通过设置单元格格式输入多种不同类型的日期和时间格式。

1. 输入时间

如果要在单元格中输入时间，可以以时间格式直接输入，例如输入"15:30:00"。在 Excel 中，系统默认的是按 24 小时制输入，如果要按照 12 小时制输入，就需要在输入的时间后加上"AM"或者"PM"字样表示上午或下午。

2. 输入日期

输入日期的方法为：在年、月、日之间用"/"或者"-"隔开。例如，在 A2 单元格中输入"14/1/10"，按下"Enter"键后就会自动显示为日期格式"2014/1/10"。

3．设置日期或时间格式

如果要使输入的日期或时间以其他格式显示，例如输入日期 "2016/1/10" 后自动显示为 2016 年 1 月 10 日，就需要设置单元格格式了，方法如下。

原始文件	员工培训日程安排.xlsx
结果文件	员工培训日程安排 1.xlsx
视频教程	输入时间和日期.avi

01 打开"员工培训日程安排.xlsx"工作簿，选中 A2:A8 单元格区域，使用鼠标右键单击，在弹出的快捷菜单中单击"设置单元格格式"命令。

02 弹出"设置单元格格式"对话框，在"数字"选项卡中单击"日期"选项，在右侧的"类型"列表框中选择一种日期格式，设置完成后单击"确定"按钮。

03 返回工作表，即可看到先前输入的日期自动显示为例如"2016 年 1 月 10 日"的格式。

9.1.3 输入特殊数据

在 Excel 中，一些常规的数据可以在选中单元格后直接输入，而要输入 "0" 开头的数据和分数等特殊数据，就需要使用特殊的方法。

- 输入以"0"开头的数据：默认情况下，在单元格中输入"0"开头的数字时，Excel 会把它识别成数值型数据，而直接省略掉前面的"0"。例如，在单元格中输入序号"001"，Excel 会自动将其转换为"1"。此时，只需要在数据前加上英文状态下的单引号就可以输入了。

- 输入分数：默认情况下在 Excel 中不能直接输入分数，系统会将其显示为日期格式。

例如输入分数 "3/4"，确认后将会显示为日期 "3 月 4 日"。如果要在单元格中输入分数，需要在分数前加上一个 "0" 和一个空格。

9.1.4 【案例】制作 "员工出差登记表"

本节将制作一个 "员工出差登记表"，目的在于使用本节所学的知识，在实践中熟练数据的输入与编辑操作。

原始文件	员工出差登记表.xlsx
结果文件	员工出差登记表 1.xlsx
视频教程	制作员工出差登记表.avi

01 打开 "员工出差登记表.xlsx" 工作簿，在工作簿的合适位置输入文本和数字内容。

02 选中 A4 单元格，在键盘上按下单引号，然后输入以零开头的员工编号，输入完成后将光标定位到其他的单元格，输入更多员工编号。

03 在单元格 E4：F7 区域中输入合适的日期，选中该区域，在 "开始" 选项卡的 "数字" 组中单击 "数字格式" 下拉按钮，在弹出的菜单中选择 "长日期" 选项。

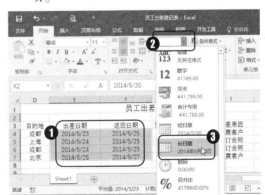

04 设置完成后即可查看最终效果。

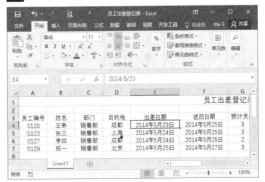

9.2 填充数据

在 Excel 中输入数据时，可以通过填充柄功能自动填充数据，帮助用户提高工作效率，包括快速填充数据、输入等差序列、输入等比序列、自定义填充序列等。

9.2.1 快速填充空白单元格

在选择单元格或单元格区域后，所选对象四周会出现一个黑色边框的选区，该选区的右下角会出现一个填充柄，光标移至其上时会变为+形状，此时用鼠标左键拖动填充柄即可在拖动经过的单元格区域中快速填充相应的数据。

原始文件	员工信息登记表.xlsx
结果文件	员工信息登记表 1.xlsx
视频教程	快速填充空白单元格.avi

01 打开"员工信息登记表.xlsx"工作簿，选中 D2 单元格，将光标移到单元格右下角的填充柄上，鼠标指针将变为+形状，按住鼠标左键不放，拖动至所需位置，然后释放鼠标左键。

03 释放鼠标左键，即可在 A3 到 A11 单元格中快速输入员工编号。

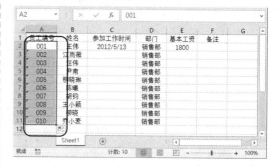

02 将光标移到 A2 单元格右下角的填充柄上，当鼠标指针变为+形状时，按住鼠标左键不放并拖动至需要的位置。

9.2.2 输入等差序列

制作表格时有时需要输入等差数列数据。在 Excel 中输入这类数据的方法主要有两种，一是通过拖动填充柄输入，二是通过"序列"对话框输入。下面将分别进行介绍。

1. 拖动填充柄输入

在 Excel 中通过填充柄可以快速输入序列。下面以在工作表中为"3、6、9"格式填充等差序列为例进行介绍，方法如下。

原始文件	等差序列.xlsx
结果文件	等差序列 1.xlsx
视频教程	输入等差序列.avi

01 打开"等差序列.xlsx"工作簿，选中A2:A4，按住鼠标左键拖动填充柄至所需单元格，释放鼠标左键即可。

02 填充后即可查看最终效果。

2. 通过"序列"对话框输入

通过"序列"对话框只需输入第一个数据便可达到快速输入有规律数据的目的。以输入如"1、4、7"格式的等差序列为例，方法如下。

01 打开"等差序列 1.xlsx"工作簿，选中需要输入等差序列的单元格区域，在"开始"选项卡的"编辑"组中单击"填充"下拉按钮，在弹出的下拉菜单中单击"序列"命令。

02 弹出"序列"对话框，在"序列产生在"栏中选择"列"单选项，在"类型"栏中选择"等差序列"单选项，在"步长值"数值框中输入步长值，例如输入"3"，单击"确定"按钮即可。

03 返回工作表，即可看到在单元格区域中输入了1、4、7……等差序列。

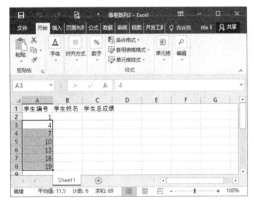

9.2.3 输入等比序列

所谓等比序列数据是指成倍数关系的序列数据，如"2、4、8、16……"，快速输入此类序列数据的方法如下。

原始文件	等比序列.xlsx
结果文件	等比序列 1.xlsx
视频教程	输入等比序列.avi

01 打开"等比序列.xlsx"工作簿，按住鼠标右键拖动填充柄至所需的单元格，如A9单元格，释放鼠标，弹出快捷菜单，单击"等比序列"命令。

02 此时，在所选的单元格区域中即可看到快速填充的等比序列数据了。

☺ **提示**

在 Excel 中除了可以填充数字序列，还可以填充日期序列，方法与填充数字序列一样。

9.2.4 非连续单元格数据填充

如果需要在多个单元格中输入相同数据，并不需要一个一个依次输入，Excel 2016 提供了一种快速方法，具体操作方法如下。

原始文件	学生成绩表.xlsx
结果文件	学生成绩表 1.xlsx
视频教程	非连续单元格数据填充.avi

01 打开"学生成绩表.xlsx"素材文件，按住 Ctrl 键单击需要输入数据的单元格，此时最后一个单元格将显示为白色。

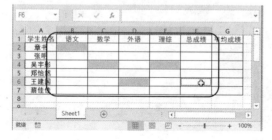

02 在最后一个单元格中输入数据，然后按下"Ctrl+Enter"组合键，所选择的单元格将会填充相同数据。

9.2.5 【案例】制作"员工考勤表"

结合本节所学的填充等差序列、快速填充空白单元格等知识点，练习制作一张员工考勤表。

原始文件	考勤表.xlsx
结果文件	考勤表 1.xlsx
视频教程	制作员工考勤表.avi

01 打开"考勤表.xlsx"工作簿，选中 B3 单元格，在"开始"选项卡的"编辑"组中单击"填充"下拉按钮，在弹出的下拉菜单中单击"序列"命令。

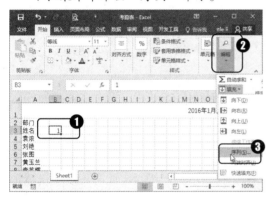

02 弹出"序列"对话框，在"序列产生在"栏中选择"行"单选项，在"类型"栏中选择"等差序列"单选项，在"步长值"和"终止值"数值框中分别输入"1"、"31"，设置完成后，单击"确定"按钮。

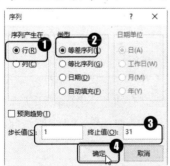

03 返回工作簿中可以查看所填充的等差序列，在 B15 单元格上单击鼠标右键，在弹出的菜单中单击"复制"命令。

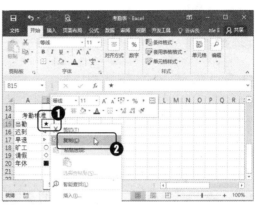

04 按住 Ctrl 键单击需要输入数据的单元格，然后在"开始"选项卡下单击"剪贴板"组中的"粘贴"按钮，所复制单元格内容将填充到所选单元格中。

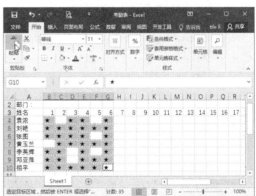

05 按照相同的方法填充更多内容即可。

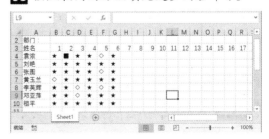

9.3 编辑数据

在工作表中输入数据后，还需要对其进行编辑，若发现输入的数据有误，可以根据实际情况进行修改；若需要在大量数据中查找固定的数据，还可以使用 Excel 的查找功能；为了使表格数据更加直观，还可以为固定的数据添加批注等。

9.3.1 修改单元格内容

对于比较复杂的单元格内容，如公式，很可能遇到只需要修改很少一部分数据的情况，此时可以通过下面两种方法进行修改。

- 双击需要修改数据的单元格，单元格处于编辑状态。此时将光标定位在需要修改的位置，将错误字符删除并输入正确的字符，输入完成后按"Enter"键确认即可。
- 选中需要修改数据的单元格，将光标定位在"编辑栏"中需要修改的字符位置，然后将错误字符删除并输入正确的字符，输入完成按"Enter"键确认即可。

对于只有简单数据的单元格，可以修改整个单元格内容。方法为：选中需要重新输入数据的单元格，在其中直接输入正确的数据，然后按下"Enter"键确认即可。

9.3.2 撤销与恢复数据

在对工作表进行操作时，可能会因为各种原因导致表格编辑错误，此时可以使用撤销和恢复操作轻松纠正过来。

撤销操作是让表格还原到执行错误操作前状态。方法很简单，在执行了错误的操作后，单击"快速访问工具栏"中的"撤销"按钮 即可撤销上一步操作。

若表格编辑步骤很多，在执行撤销操作时，单击"撤销"按钮旁边的下拉按钮，然后在打开的下拉菜单中，单击需要撤销的操作，可以快速撤销多个操作了。

恢复操作就是让表格恢复到执行撤销操作前的状态，只有执行了撤销操作后，"恢复"按钮才会变成可用状态。恢复操作的方法和撤销操作的方法类似，单击"快速访问工具栏"中的"恢复"按钮 即可。

9.3.3 查找与替换数据

数据量较大的工作表中，若想手动查找并替换单元格中的数据是非常困难的，而 Excel 的查找和替换功能能够帮助用户快速进行相关操作，包括查找数据、替换数据等。

原始文件	学生成绩表 1.xlsx
结果文件	学生成绩表 2.xlsx
视频教程	

01 打开"学生成绩表 1.xlsx"工作簿，在"开始"选项卡的"编辑"组中单击"查找和选择"下拉按钮，在打开的下拉菜单中单击"查找"命令。

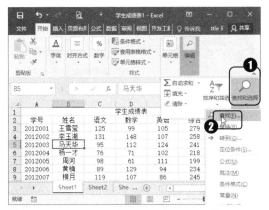

02 弹出"查找和替换"对话框，单击"选项"按钮展开对话框，在"查找"选项卡的"查找内容"文本框中输入要查找的内容，勾选"单元格匹配"复选框，然后单击"查找全部"按钮。

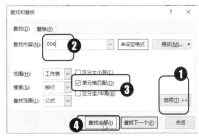

03 对话框中将列出查找的内容所在工作表、单元格等信息，单击列表中选项，在工作表中将定位数据到所在单元格。

> 😊 **提示**
>
> 在 Excel 中查找替换文字的方法与在 Word 中执行查找替换的方法类似，详情请查看前面章节，这里不再论述。

9.3.4　查找与替换格式

Excel 2016 的查找功能除了对文本和数据进行查找外，还可以对工作表中具有某种格式的单元格进行查找，并使用新的格式来替换所查找的格式，具体操作方法如下。

原始文件	学生成绩表 2.xlsx
结果文件	学生成绩表 3.xlsx
视频教程	查找与替换数据.avi

01 打开"学生成绩表 2.xlsx"工作簿，在键盘上按下"Ctrl+H"组合键，打开"查找和替换"对话框，单击"查找内容"下拉列表框右侧的"格式"下三角按钮，在弹出的菜单中选择"从单元格选择格式"选项。

02 返回工作表中，单击需要替换的单元格。

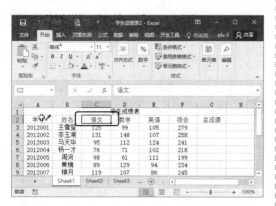

03 返回"查找和替换"对话框，单击"替换为"右侧的"格式"按钮。

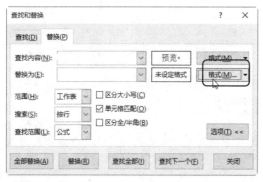

😊 **提示**

　　提取查找的文字格式后，单击"查找和替换"对话框下方的"查找全部"按钮即可根据格式查找文本。

04 在打开的"替换格式"对话框中切换到"字体"选项卡，根据需要设置字体、字形、字号、颜色等，设置完成后单击"确定"按钮。

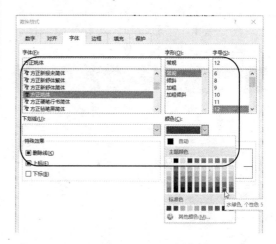

05 在"查找和替换"对话框中单击"全部替换"按钮即可。

9.3.5　为单元格添加批注

　　批注是附加在单元格中的，它是对单元格内容的注释，以"员工信息登记表"为例，员工王伟还在试用期，在相应的备注栏中输入了特殊符号加以区分，为了让其他用户明白备注的含义，可以为该单元格添加批注，方法如下。

原始文件	员工信息登记表 1.xlsx
结果文件	员工信息登记表 2.xlsx
视频教程	添加与编辑批注.avi

01 打开"员工信息登记表 1.xlsx"工作簿，鼠标右键单击要添加批注的单元格，如 G2 单元格，在弹出的快捷菜单中，单击"插入批注"命令。

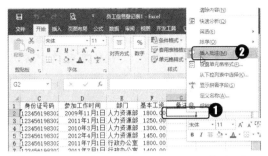

02 此时 G2 单元格中的批注显示出来并处于可编辑状态，可根据需要输入批注内容进行编辑。

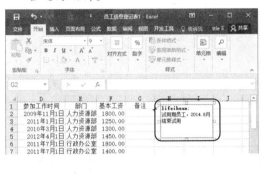

03 输入完毕后，单击工作表中的其他位置，即可退出批注的编辑状态，由于默认情况下批注为隐藏状态，在添加了批注的单元格的右上角会出现一个红色的小三角，将光标指向单元格右上角的红色小三角，可以查看被隐藏的批注。

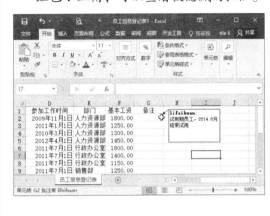

9.4 设置单元格格式

通过对单元格格式进行设置，可以使制作出的表格更加美观大方。本章将详细介绍设置单元格格式、设置边框和底纹，以及使用条件格式等相关知识。

9.4.1 设置字体格式和对齐方式

在 Excel 2016 中输入的文本默认为宋体，且文字为左对齐。为了使表格更美观，此时可以根据需要设置文字的字体和对齐方式。

原始文件	学生成绩表 3.xlsx
结果文件	学生成绩表 4.xlsx
视频教程	设置对齐方式和文本方向.avi

01 打开"学生成绩表 3.xlsx"工作簿，选择要设置格式的单元格，在"开始"选项卡"字体"组中根据需要设置字号、字体，以及字体颜色。

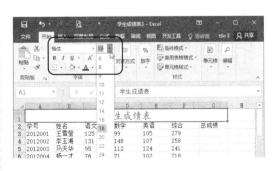

02 选中需要设置文字对齐方式的单元格区域，在"对齐方式"组中单击"垂直居中"和"居中"按钮，所选区域内文本将居中显示。

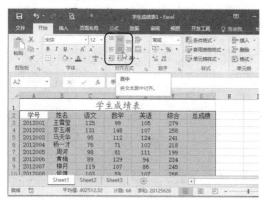

03 选中需要设置特殊对齐方式的单元格区域，单击"对齐方式"组中"对齐设置"按钮。

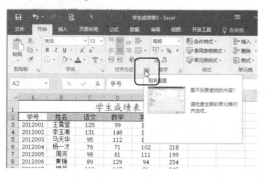

04 在打开的"设置单元格格式"对话框中切换到"对齐"选项卡，拖动"方向"栏中的按钮设置文字在单元格中旋转的角度，设置完成后单击"确定"按钮。

04 返回工作表中即可查看设置效果。

9.4.2　设置单元格边框和底纹

在编辑表格的过程中，可以通过添加边框和底纹，使制作的表格轮廓更加清晰，更具整体感和层次感。

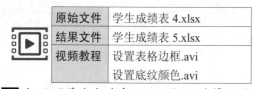

原始文件	学生成绩表 4.xlsx
结果文件	学生成绩表 5.xlsx
视频教程	设置表格边框.avi
	设置底纹颜色.avi

01 打开"学生成绩表 4.xlsx"工作簿，选择要设置边框和底纹的单元格区域，在"开始"选项卡"字体"组中单击"字体设置"按钮。

02 打开"设置单元格格式"对话框，切换
到"边框"选项卡，根据需要详细设置
边框线条颜色、样式、位置等，完成后
单击"确定"按钮。

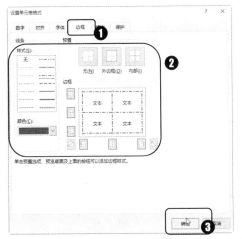

03 切换到"填充"选项卡，选择需要作为
底纹的颜色，单击"确定"按钮。

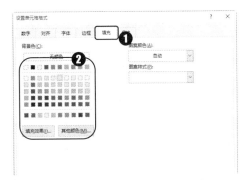

04 返回工作表即可查看所选区域设置边
框和底纹后效果。

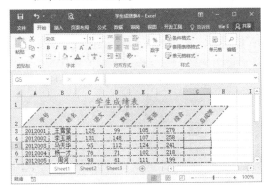

9.4.3 使用条件格式

在 Excel 中，条件格式就是指当单元格中的数据满足某一个设定的条件时，以设定的
单元格格式显示出来。

在"开始"选项卡的"样式"组中单击
"条件格式"下拉按钮，打开下拉菜单，可以
看到其中包含有"突出显示单元格规则"、"项
目选取规则"、"数据条"、"色阶"、"图标集"
等子菜单。

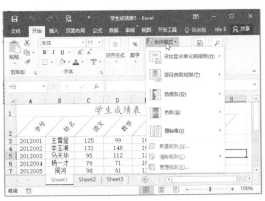

- 突出显示单元格规则：用于突出显示符
  合"大于"、"小于"、"介于"、"等于"、
  "文本包含"、"发生日期"、"重复值"等
  条件的单元格。
- 项目选取规则：用于突出显示符合"最
  大的 10 项"、"最大的 10%项"、"最小的 10 项"、"最小的 10%项"、"高于平均值"、"低
  于平均值"等条件的单元格。
- 数据条：用于查看某个单元格相对于其他单元格的值。数据条的长度代表单元格中
  的值，数据条越长，表示值越高；数据条越短，表示值越低。在分析大量数据中的

较高值和较低值时，数据条很有用。

- 色阶：分为双色色阶和三色色阶，通过颜色的深浅程度比较某个区域的单元格，颜色的深浅表示值的高低。
- 图标集：用于对数据进行注释，并可以按值的大小将数据分为 3~5 个类别，每个图表代表一个数据范围。

设置条件格式的方法很简单。一般来说，选中要设置条件格式的单元格或单元格区域，打开"条件格式"下拉菜单，根据需要展开相应的子菜单，然后执行相应的命令进行设置即可，具体操作方法如下。

原始文件	学生成绩表 5.xlsx
结果文件	学生成绩表 6.xlsx
视频教程	突出显示单元格规则.avi

01 打开"学生成绩表 5.xlsx"工作簿，选中单元格区域，执行"条件格式"→"突出显示单元格规则"→"大于"命令。

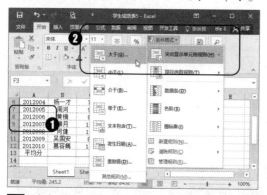

02 弹出"大于"对话框，设置条件为大于"270"，然后打开"设置为"下拉列表框，选择单元格格式，完成设置后单击"确定"按钮。

03 返回页面即可查看所选数据中大于 270 的数据突出显示效果。

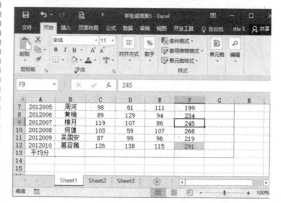

9.5 高手支招

9.5.1 设置文本自动换行

问题描述：某用户在编辑 Excel 工作表时，每次都需要通过调整行高和列宽将单元格中的数据信息全部显示出来，此时需要使用单元格的自动换行功能使单元格自动显示出更多的内容。

解决方法：选中要设置自动换行的单元格或单元格区域，单击"开始"选项卡"对齐方式"组中的"自动换行"按钮即可。

 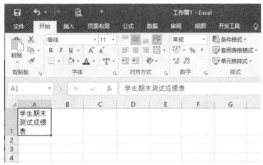

9.5.2　输入身份证号码

问题描述：某用户在工作表输入身份证号码时，因为 Excel 的单元格中默认显示 11 个字符，超过 11 位后系统使用科学计数法来显示该数值。

解决方法：在工作表中输入身份证号码与输入以 0 开头的数字一样，需要设置输入时在英文状态下的单引号，然后再输入。

9.5.3　使用格式刷

问题描述：某用户在设置工作表中文本格式时，为了节约时间使用格式刷可以用来快速复制所选单元格的格式。

解决方法：选中已设置单元格格式的单元格，单击"剪贴板"组中的"格式刷"按钮，待鼠标指针变为 ⬛ 形状时，单击需要复制格式的单元格即可。此外选中已设置格式的单元格后，双击"格式刷"按钮，就可以连续单击多个需要复制格式的单元格应用所选格式，复制完毕后单击"格式刷"按钮，即可关闭该功能。

9.6　综合案例——创建人事变更管理表

为了更方便、快捷地查看员工的基本档案信息，可以制作一份简单的员工档案表，将员工的基本信息录入其中。下面将介绍员工档案表的具体制作方法。

01 打开"人事变更管理表.xlsx"工作簿，选中 A4 单元格，按住鼠标左键拖动填充柄至所需单元格，释放鼠标左键。

02 此时填充区域右下角会出现一个"自动填充选项"按钮，单击该按钮，在弹出的菜单中选择"填充序列"单选项。

03 选择要设置格式的单元格，在"开始"选项卡"字体"组中根据需要设置字号、字体，以及字体颜色。

04 选中需要设置文字对齐方式的单元格区域，在"对齐方式"组中单击"垂直居中"和"居中"按钮，所选区域内文本将居中显示。

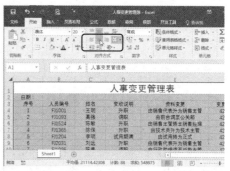

05 选择要设置边框的单元格区域，在"开始"选项卡"字体"组中单击"字体设置"按钮。

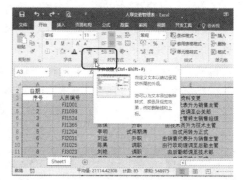

06 打开"设置单元格格式"对话框，切换到"边框"选项卡，根据需要详细设置边框线条颜色、样式、位置等，完成后单击"确定"按钮。

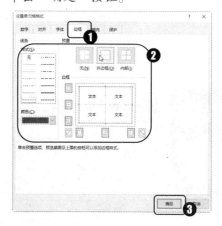

07 选择要设置底纹的的单元格区域，在"开始"选项卡"字体"组中单击"填充颜色"右侧的下三角按钮，在弹出的菜单中选择合适的填充色。

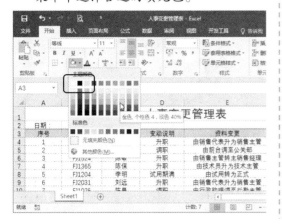

08 设置完成后即可查看最终效果。

第 10 章

整理电子表格中的数据

>> **本章导读**

　　Excel 2016 工作表中通常包含大量数据，如数值、货币、日期、百分比、文本和分数等，有时候为了使整个工作表看起来更加整齐，可以对数据进行整理。

>> **知识要点**

- ✓ 为数据应用合适的数字格式
- ✓ 单元格的隐藏和锁定
- ✓ 处理文本型数字
- ✓ 单元格及区域的复制与粘贴

本章配套资源

素材文件：访问 http://www.broadview.com.cn/29628 下载本书配套资源包，在"素材文件\第 10 章\"与"结果文件\第 10 章\"文件夹中可查看本章配套文件。

教学视频：访问 http://res.broadview.com.cn/v.php?id=29628&vid=10，或用手机扫描右侧二维码，可查阅本章各案例配套教学视频。

10.1 为数据应用合适的数字格式

对于常见的数据类型，Excel 提供了相应的数据格式供用户选择，用户可以根据需要在功能区或单元格格式中进行设置。

10.1.1 使用功能区命令

如果要设置单元格内数据的格式，可以直接通过功能区快速设置，下面以为数据设置货币格式为例，进行讲解。

原始文件	员工信息登记表 xlsx
结果文件	员工信息登记表 1xlsx
视频教程	使用功能区命令.avi

01 打开"员工信息登记表 xlsx"工作表，单击工作表列号选中需要设置数据格式的列，单击"开始"选项卡"数字"组中"数字格式"按钮，在弹出的下拉列表中选择"货币"选项。

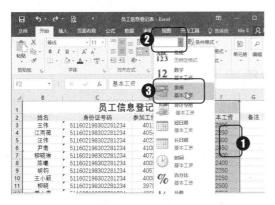

02 返回工作表即可查看所选列中数据应用为"货币"格式，默认的货币格式保留两位小数，如果需要为货币减少 2 位

小数，可在"数字"组中单击"减少小数位数"按钮 2 次。

03 设置完成后即可查看最终效果。

10.1.2 使用"单元格格式"应用数字格式

对于不同的数据类型，Excel 提供了各种方案供用户选择，除了在功能区中进行设置以外，还可以通过"设置单元格格式"对话框进行设置，具体操作方法如下。

原始文件	员工信息登记表 1.xlsx
结果文件	员工信息登记表 2.xlsx
视频教程	使用单元格格式应用数字样式.avi

01 打开"员工信息登记表 1.xlsx"工作表，单击工作表列号选中需要设置数据格式的列，单击"开始"选项卡"数字"组中"数字格式"按钮。

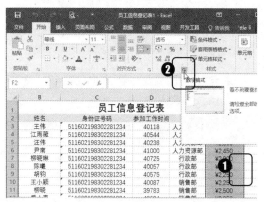

02 打开"设置单元格格式"对话框，单击"分类"下的"特殊"选项，然后在右侧的"类型"栏中选择合适的数据格式类型，设置完成后单击"确定"按钮。

03 返回工作表即可查看所选数据已运用新的数据格式。

10.1.3 【案例】编辑"员工销售业绩表"

本节将编辑"员工销售业绩表"，目的在于使用本节所学的知识，在实践中熟练应用合适的数据格式。

原始文件	员工销售业绩表.xlsx
结果文件	员工销售业绩表 1.xlsx
视频教程	编辑员工销售业绩表.avi

01 打开员工销售业绩表.xlsx 工作表，单击工作表列号，选中需要设置数据格式的列，单击"开始"选项卡"数字"组中"数字格式"按钮。

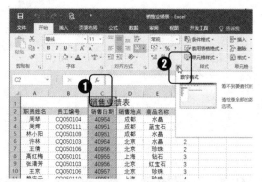

02 打开"设置单元格格式"对话框，单击"分类"下的"日期"选项，然后在右侧的"类型"栏中选择合适的日期格式

类型，设置完成后单击"确定"按钮。

03 返回工作表即可查看所选数据已运用新的数据格式。

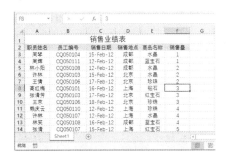

10.2 处理文本型数字

在 Excel 中，如果把单元格内数据设置为文本，数字将以文本的方式显示，并且以默认为左对齐的方式对齐。

10.2.1 使用"单元格格式"转换文本型数据

Excel 日常工作中，经常要从网络上下载一些数据，但是这些数据拷贝到 Excel 表中后显示为文本型数据。此时将文本格式的数据转换为可进行运算的数值型数据就变得尤为重要，具体操作方法如下。

原始文件	学生成绩表.xlsx
结果文件	学生成绩表 1.xlsx
视频教程	使用"单元格格式"转换文本型数据.avi

01 打开"学生成绩表.xlsx"工作簿，选中需要转换的单元格区域，单击鼠标右键，在弹出的菜单中单击"设置单元格格式"命令。

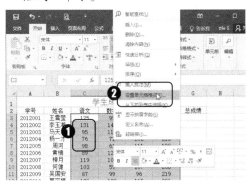

02 打开"设置单元格格式"对话框，在"分类"栏下选择"数值"选项，在右侧的"小数位数"微调框中调整小数位数为"0"，然后单击"确定"按钮即可。

10.2.2　使用"!"号提醒标志转换文本型数据

有些文本型的数据的左上角会显示一个小小的绿色三角，选中这个单元格会看到单元格右面有一个黄色的叹号，对该类文本型数据可以使用更便捷的转换方式，具体操作方法如下。

01 打开"学生成绩表 1.xlsx"工作簿，选中 A3 单元格。此时 A3 单元格右侧出现一个黄色的叹号，单击该标志，在弹出的菜单中选中"转换为数字"选项。

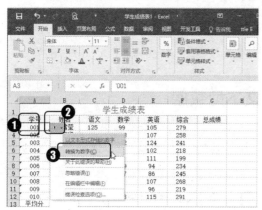

02 返回工作表即可查看 A3 单元格内数字应用了数字格式。

> **提示**
> 将单元格文本格式设置为数值格式后，原本以 0 开始的数字将不能显示前面的 0，而只能显示实数，如文本格式为 0058 的数字，设置数值格式后将只显示 58。

10.2.3　将数值型数据转换为文本型数字

在数字前加半角的单引号可将数字格式转换成文本格式。但如果需要转换的数字较多，则这种办法比较麻烦，此时可以使用更快捷的方式，具体操作方法如下。

01 打开"学生成绩表 2.xlsx"工作簿，选中需要更改格式的单元格区域，在"开始"选项卡"数字"组中单击"数字格式"按钮，在展开的列表中选择"文本"选项。

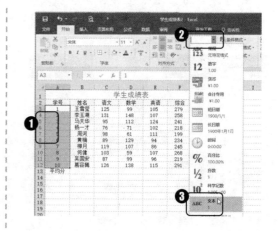

02 所选单元格将应用文本格式，在 A3 单元格中输入以 0 为起始的数字，然后将光标定位在单元格右下角，单击鼠标右键并向下拖动，填充到合适位置后释放鼠标。

03 设置完成后即可查看最终效果。

10.3 单元格及区域的复制与粘贴

在实际操作中，单元格的复制和粘贴是最为频繁的操作之一，所以需要掌握相关技巧，以提高编辑的质量。

10.3.1 单元格和区域的常规复制和剪切

在 Excel 中复制和剪切单元格的操作很简单，也比较容易掌握，下面以复制单元格区域为例进行讲解。

原始文件	员工信息登记表 2.xlsx
结果文件	员工信息登记表 3.xlsx
视频教程	复制与移动单元格.avi

01 打开"员工信息登记表 2.xlsx"工作簿，选中需要复制的单元格区域，在所选单元格上单击鼠标右键，在弹出的菜单中选择"复制"选项。

02 将光标定位到需要执行粘贴操作的单元格，在"开始"选项卡的"剪贴板"组中单击"粘贴"按钮即可。

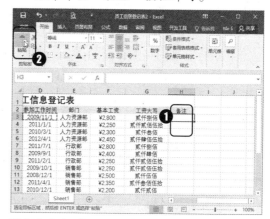

03 完成操作后即可查看最终效果。

> ☺ **提示**
>
> 选中文本后按下"Ctrl+C"组合键，或者使用鼠标右键对其单击，在弹出的快捷菜单中单击"复制"命令，可执行复制操作。复制文本后，按下"Ctrl+V"（或"Shift+Insert"）组合键，或者使用鼠标右键单击光标插入点所在位置，在弹出的快捷菜单中单击"粘贴"命令，可执行粘贴操作。

10.3.2 借助"粘贴选项"按钮粘贴

在执行常规的粘贴操作时，执行的"粘贴"格式为系统默认的粘贴值和源格式。如果要选择其他粘贴方式，可以使用"粘贴选项"按钮，具体操作方法如下。

原始文件	员工信息登记表 3.xlsx
结果文件	员工信息登记表 4.xlsx
视频教程	借助粘贴选项按钮粘贴.avi

01 打开"员工信息登记表 3.xlsx"工作簿，选中需要复制的单元格区域，在所选单元格上单击鼠标右键，在弹出的菜单中选择"复制"选项。

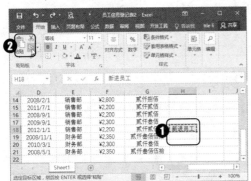

02 将光标定位到需要执行粘贴操作的单元格，单击鼠标右键，在弹出的菜单中根据需要在"粘贴选项"下选择合适的粘贴方式，如"粘贴值"选项。

> ☺ **提示**
>
> 对单元格区域移动或复制，粘贴内容时只需要选定要粘贴区域内左上角的第一个单元格，Excel 2016 会自动将选中的内容移动或复制到其他对应的单元格内。

10.3.3 借助"选择性粘贴"对话框粘贴

在执行常规的粘贴操作时，除了使用"粘贴选项"执行粘贴操作之外。还可以借助"选择性粘贴"对话框粘贴，具体操作方法如下。

原始文件	员工信息登记表 4.xlsx
结果文件	员工信息登记表 5.xlsx
视频教程	使用选择性粘贴对话框粘贴.avi

01 打开"员工信息登记表 4.xlsx"工作簿，选中需要复制的单元格区域，在所选单元格上单击鼠标右键，在弹出的菜单中选择"复制"选项。

02 将光标定位到需要执行粘贴操作的单元格，在"开始"选项卡的"剪贴板"组中单击"粘贴"下拉按钮，在弹出的菜单中选择"选择性粘贴"选项。

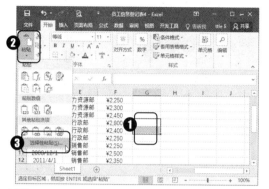

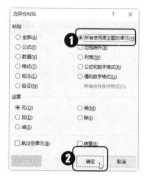

03 退出"选择性粘贴"对话框，在"粘贴"栏下选择"所有使用源主题的单元"选项，然后单击"确定"按钮。

04 返回工作表中即可查看粘贴效果。

10.3.4 使用 Office 剪贴板进行粘贴

剪贴板是计算机中暂时存放内容的区域，在 Office 2016 中为方便使用系统剪贴板，提供了剪贴板工具，下面介绍其使用方法。

原始文件	员工信息登记表 5.xlsx
结果文件	员工信息登记表 6.xlsx
视频教程	使用 Office 剪贴板粘贴.avi

01 打开"员工信息登记表 5.xlsx"工作簿，在"开始"选项卡"剪贴"组中单击 按钮。

02 打开"剪贴板"窗格，在工作表中选择需要剪切的数据，然后按下"Ctrl+X"

组合键执行剪切操作。此时剪切的对象将根据操作的先后顺序放置于"剪切板"窗格中。

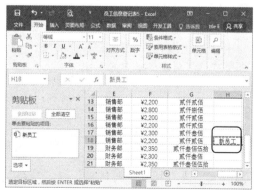

03 将插入点光标置于需要粘贴对象的位置，在"剪贴板"窗格中单击需要粘贴的对象，可将其粘贴到所选位置。

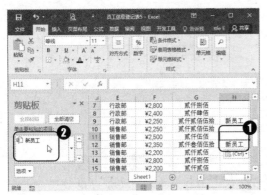

04 完成对象粘贴后，如果该对象不再需要使用，可单击粘贴对象右侧的下三角按钮，在弹出的菜单中单击"删除"命令即可。

☺ **提示**

在"剪贴板"窗格中单击"全部清空"按钮，可以删除剪贴板中所有内容。

10.3.5　将单元格区域复制为图片

工作表编辑完成后，为了避免后期因操作不慎更改数据，还可以将单元格区域复制为图片，具体操作方法如下。

原始文件	员工信息登记表 6.xlsx
结果文件	员工信息登记表 7.xlsx
视频教程	单元格区域复制为图片.avi

01 打开"员工信息登记表 6.xlsx"工作簿，选中需要复制为图片的单元格区域，在"开始"选项卡"剪贴板"组中单击"复制"按钮右侧的下三角按钮，在弹出的菜单中单击"复制为图片"命令。

03 单击工作表下方的■按钮新建并切换到新的工作表，在"开始"选项卡中单击"粘贴"按钮。

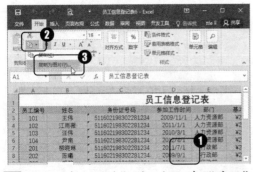

02 弹出"复制图片"对话框，在"外观"栏下选择"如屏幕所示"单选项，根据需要选择图片格式如"图片"，设置完成后单击"确定"按钮。

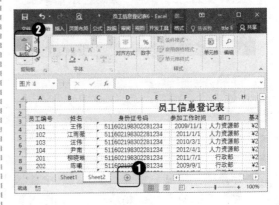

10.4 单元格的隐藏和锁定

在一些重要的电子文件中，通常会设置工作表为不能被外人编辑的状态，有时为了便于查看，还可以隐藏没有数据的单元格，本节将详细讲解如何锁定隐藏单元格。

10.4.1 单元格和区域的隐藏

如果工作表中的某行或某列暂时不用，或是不愿意让别人看见，可以将这些行或列隐藏，具体操作方法如下。

原始文件	学生成绩表 3.xlsx
结果文件	学生成绩表 4.xlsx
视频教程	单元格和区域的隐藏.avi

01 打开"学生成绩表 3.xlsx"工作簿，选中要隐藏的行或列，在"开始"选项卡中单击"单元格"组中"格式"下拉按钮，在弹出的下拉列表中选择"隐藏和取消隐藏"选项，在弹出的菜单中选择"隐藏行"选项。

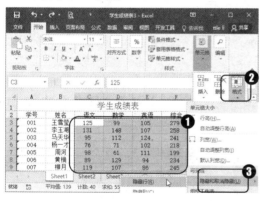

02 在工作表中即可查看隐藏行和列效果。

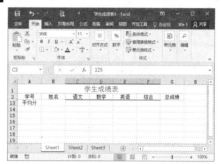

03 如果想重新显示被隐藏的行或列，需要先选中被隐藏的行或列邻近的行或列，单击鼠标右键，在弹出的菜单中选择"取消隐藏"命令即可。

10.4.2 隐藏不需要显示的区域

除了隐藏工作表的行和列，还可以使用自定义数字格式的方法隐藏单元格内容，具体操作方法如下。

原始文件	学生成绩表 4.xlsx
结果文件	学生成绩表 5.xlsx
视频教程	隐藏不需要显示的区域.avi

01 打开"学生成绩表 4.xlsx"工作簿，选中要隐藏的单元格区域，在键盘上按下"Ctrl+1"组合键。

02 打开"设置单元格格式"对话框，在"数字"选项卡的"分类"栏中选择"自定义"选项，在右侧的"类型"文本框中输入格式代码，如"::::"，设置完成后单击"确定"按钮。

03 返回工作表即可查看所选单元格已被隐藏。

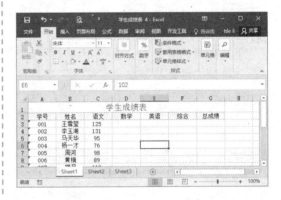

> 😊 **提示**
>
> 通过自定义数字格式隐藏单元格内容只能改变数据的显示外观，并不能改变数据的值，即不影响数据计算，所以灵活地掌握自定义格式功能，会为实际工作带来很大的改变。

10.4.3 单元格和区域的锁定

为了防止他人修改或删除用户工作簿及其工作表，可以对工作簿设置锁定并保护，具体操作方法如下。

原始文件	学生成绩表 5.xlsx
结果文件	学生成绩表 6.xlsx
视频教程	单元格和区域的锁定.avi

01 打开"学生成绩表 5.xlsx"工作簿，选中要隐藏的单元格区域，在键盘上按下"Ctrl+1"组合键。

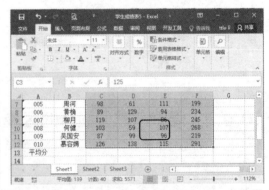

02 打开"设置单元格格式"对话框，切换到"保护"选项卡，勾选"锁定"复选框，然后单击"确定"按钮。

03 返回工作表，切换到"文件"选项卡，默认打开"信息"子选项卡，单击"保护工作簿"按钮，单击"保护当前工作表"命令。

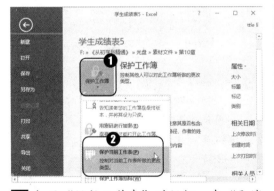

04 打开"保护工作表"对话框，在"取消工作表保护时使用的密码"文本框中输入密码"123"，然后单击"确定"按钮。

05 弹出"确认密码"对话框，再次输入刚才的密码，然后单击"确定"按钮。

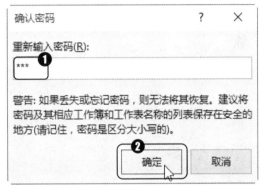

06 返回所编辑的工作表，此时再次编辑锁定单元格内容将弹出提示信息。

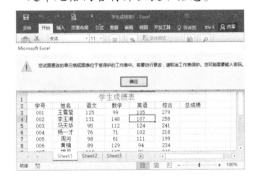

10.4.4 【案例】隐藏并保护员工档案表

本节锁定并保护"员工档案表"，目的在于使用本节所学的知识，在实践中熟练工作表的隐藏与保护。

原始文件	员工档案表.xlsx
结果文件	员工档案表 1.xlsx
视频教程	隐藏并保护员工档案表.avi

01 打开"员工档案表.xlsx"工作簿，选中要隐藏的单元格区域，单击鼠标右键，在打开的菜单中单击"设置单元格格式"

选项。

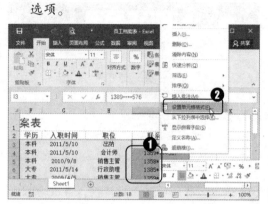

02 打开"设置单元格格式"对话框，在"数字"选项卡的"分类"栏中选择"自定义"选项，在右侧的"类型"文本框中输入格式代码，如"::;"，设置完成后单击"确定"按钮。

03 返回工作表中，切换到"文件"选项卡，默认打开"信息"子选项卡，单击"保护工作簿"按钮，单击"用密码进行加密"命令。

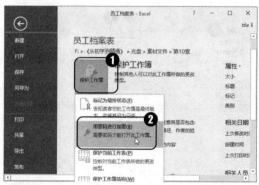

04 弹出"加密文档"对话框，输入要设置的密码，单击"确定"按钮，再次弹出"确认密码"对话框，重新输入一遍密码，单击"确定"按钮。

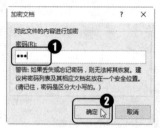

05 工作簿设置密码并保存之后，再次打开该工作簿时将弹出"密码"对话框，要求用户输入正确的密码，单击"确定"按钮后，才能打开该工作簿。

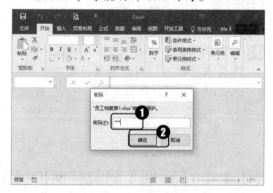

10.5　高手支招

10.5.1　转置表格的行与列

问题描述：某用户在复制数据时，需要将原本为行的单元格数据复制为以列显示；以列显示的单元格数据复制为行的数据，即行列互换，此时可使用单元格的"转置"功能。

解决方法：选中数据区域，按下"Ctrl+C"组合键复制，在"开始"选项卡中执行"粘贴"→"选择性粘贴"命令，或者在鼠标右键快捷菜单中执行"选择性粘贴"命令，或者按下"Ctrl+Alt+V"组合键，都可以打开"选择性粘贴"对话框，在其中勾选"转置"复选框，然后单击"确定"按钮即可实现转置粘贴。

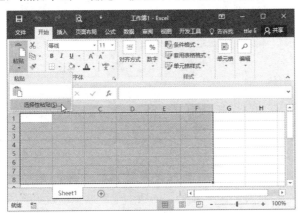

10.5.2　让输入的数据以万为单位显示

问题描述：某大型公司在制作财务报表时，因为数量的界别较大，需要以万为单位显示数据。

解决方法：选中数据区域，按下"Ctrl+1"组合键，打开"设置单元格格式"对话框，选择"数字"选项卡，在"分类"栏下选择"自定义"选项，在右侧的"类型"文本框中输入格式代码"0!.0000"，设置完成后单击"确定"按钮即可。

10.5.3　让手机号码分段显示

问题描述：手机号码由 11 位构成，为了使手机号码更加易读，需要将手机号码进行分段隔开显示。

解决方法：选中数据区域，按下"Ctrl+1"组合键，打开"设置单元格格式"对话框，选择"数字"选项卡，在"分类"栏下选择"自定义"选项，在右侧的"类型"文本框卡中输入格式代码"000-0000-0000"，设置完成后单击"确定"按钮即可。

10.6 综合案例——编辑往来信函记录表

本节将编辑"往来信函记录表",目的在于使用本章所学的知识,在实践中熟练数据的整理与保护操作。

01 打开"往来信函记录表.xlsx"工作簿,选中需要复制的单元格区域,在"开始"选项卡的"剪贴板"组中单击"复制"按钮。

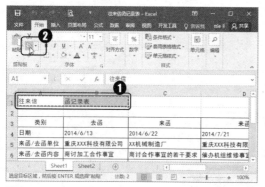

02 切换到 Sheet2 工作表,将光标定位到需要粘贴文本数据的目标位置,在"开始"选项卡"剪贴板"组中单击"粘贴"按钮。

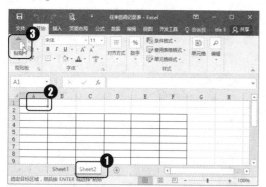

03 切换到 Sheet1 工作表,选中需要复制的单元格区域,按下"Ctrl+C"组合键复制单元格区域。

04 切换到 Sheet2 工作表,将光标定位到需要粘贴文本数据的目标位置,然后在"开始"选项卡"剪贴板"组中单击"粘贴"下拉按钮,在弹出的菜单的"粘贴选项"栏下选择"转置"选项。

05 根据需要调整复制后数据的行高与列宽,切换到"文件"选项卡,打开"信息"子选项卡,单击"保护工作簿"→"保护当前工作表"命令。

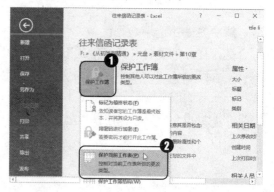

06 打开"保护工作表"对话框,在"取消工作表保护时使用的密码"文本框中输入密码"123",然后单击"确定"按钮。

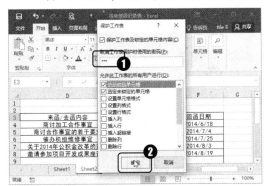

07 弹出"确认密码"对话框,再次输入刚才的密码,然后单击"确定"按钮即可。

08 返回所编辑的工作表,此时再次编辑锁定单元格内容将弹出提示信息。

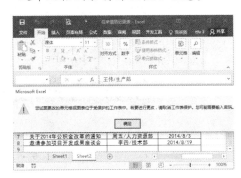

第 11 章

在数据列表中简单分析数据

》》**本章导读**

    凭借 Excel 提供的强大的数据处理和分析功能，我们可以轻松完成数据处理和分析的工作。本章将详细介绍在 Excel 中进行数据排序、数据筛选，以及数据分类汇总的相关知识。

》》**知识要点**

    ✓ 数据列表排序
    ✓ 分类汇总
    ✓ 筛选数据列表

本章配套资源

素材文件：访问 http://www.broadview.com.cn/29628 下载本书配套资源包，在"素材文件\第 11 章\"与"结果文件\第 11 章\"文件夹中可查看本章配套文件。

教学视频：访问 http://res.broadview.com.cn/v.php?id=29628&vid=11，或用手机扫描右侧二维码，可查阅本章各案例配套教学视频。

11.1 认识数据列表

Excel 数据列表是由多行行列数据组成的有组织的信息集合，它通常由位于顶端的一行字段标题和多行数值或文本作为数据行。

11.1.1 了解 Excel 数据列表

如下图所示，Excel 数据列表的第一行是字段标题，下面包含若干行数据信息，由文字、数字等不同类型的数据构成。

	A	B	C	D	E	F	G
1	姓名	基本工资	奖金	应发工资	扣保险	扣所得税	实发工资
2	刘烨	1550	598.43	2148.43	155	197.2645	1796.166
3	周小刚	1450	5325.52	6775.52	145	980.104	5650.416
4	罗一波	1800	3900.64	5700.64	180	765.128	4755.512
5	陆一明	1250	10000.21	11250.21	125	1875.042	9250.168
6	汪洋	1650	6000.67	7650.67	165	1155.134	6330.536
7	高圆圆	1800	5610.47	7410.47	180	1107.094	6123.376
8	楚配	1450	6240.55	7690.55	145	1163.11	6382.44
9	郑爽	1430	14000.62	15430.62	143	2711.124	12576.5
10							

为了保证数据列表能有效地工作，它必须具备以下特点。

- 每列必须包含同类的信息，即每列的数据类型都相同。
- 列表的第一行应该包含文字字段，每个标题用于描述下面所对应的列的内容。
- 列表中不能存在重复的标题。
- 数据列表的列不能超过 16384 列，不能超过 1048576 行。

另外，在制作工作表时，如果一个工作表中包含多个数据列表，那么列表间应至少空一行或空一列，以便于将数据分隔。

11.1.2 数据列表的使用

管理数据列表是 Excel 最常用的任务之一，比如电话号码清单、进出货清单等，这些数据列表都是根据用户的需要而命名。用户在使用数据列表时，可以进行如下操作。

- 在数据列表中输入和编辑数据。
- 根据特定的条件对数据列表进行排序和筛选。
- 对数据列表进行分类汇总。
- 在数据列表中使用函数和公式达到特定的目的。
- 在数据列表中创建数据透视表。

11.1.3 创建数据列表

用户可以根据自己的需要创建数据列表，以满足存储、分析数据的需求。创建数据列表的具体方法如下。

01 新建 Excel 文档，在表格的第一行和第一列为其对应的每一列数据输入描述性文字。

02 在每一列中输入数据信息。

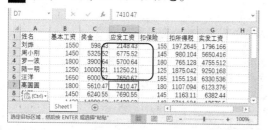

03 为数据列表的每一列设置相应的单元格格式。

11.1.4　使用"记录单"添加数据

对于一些喜欢使用对话框来输入数据的用户，可以使用 Excel 的记录单功能。因为 Excel 2016 的功能区默认不显示记录单，要使用此功能，需要在任意单元格上单击鼠标左键，然后依次按下"Alt"键、"D"键和"O"键。使用记录单的具体操作方法如下。

01 单击数据列表任意单元格，然后依次按下"Alt"键、"D"键和"O"键，出现数据列表对话框，单击"新建"按钮。

02 在空白的文本框中输入相关信息，用户可以用"Tab"键切换，输入完成后按下"Enter"键或"关闭"按钮即可，或按下"新建"按钮继续录入数据。

😊 **提示**

新增的数据已经显示到数据列表中。输入数据时，应发工资、扣保险、扣所得税、实发工资项是利用公式计算，Excel 会自动添加到新记录中去。

11.2 数据列表排序

在 Excel 中对数据进行排序是指按照一定的规则对工作表中的数据进行排列，以进一步处理和分析这些数据。排序主要有 3 种方式，分别是"按一个条件排序"、"按多个条件排序"和"自定义条件排序"。

11.2.1 按一个条件排序

在 Excel 中，有时会需要对数据进行升序或降序排列。"升序"是指对选择的数字按从小到大的顺序排序，"降序"是指对选择的数字按从大到小的顺序排序。按一个条件对数据进行升序或降序的排序方法主要有下面两种。

- 选中需要进行排序的数据列，然后单击鼠标右键，在弹出的快捷菜单中选择"排序"命令，弹出子菜单，然后选择"升序"或"降序"命令即可。
- 选中需要进行排序的数据列，然后切换到"数据"选项卡，在"排序与筛选"选项组中单击"升序"或"降序"按钮，在弹出的"排序提醒"对话框中，直接单击"排序"按钮即可。

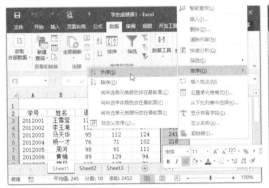 

11.2.2 按多个条件排序

多条件排序是指依据多列的数据规则以数据表进行排序操作。例如在"工资表"中要同时对"实发金额"和"基本工资"列排序，方法如下。

原始文件	员工销售情况.xlsx
结果文件	员工销售情况 1.xlsx
视频教程	按多个条件排序.avi

 打开"员工销售情况.xlsx"工作簿，选中整个数据区域，在"数据"选项卡中单击"排序和筛选"组中的"排序"按钮。

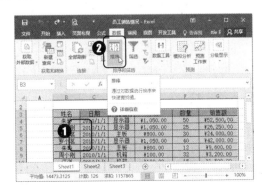

02 弹出"排序"对话框,在"主要关键字"下拉列表框中选择"产品名称",在"排序依据"下拉列表框中选择"数值",在"次序"下拉列表框中选择"升序",单击"确定"按钮。

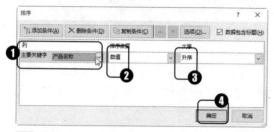

03 单击"添加条件"按钮,在"次要关键字"下拉列表框中选择"数量",在"排序依据"下拉列表框中选择"数值",在"次序"下拉列表框中选择"降序",完成后单击"确定"按钮。

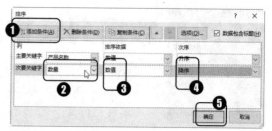

04 返回工作表,即可看到按多个条件排序后的结果。

11.2.3 按汉字的笔画排序

在很多情况下,为了便于后期的检索处理,在很多类型的电子表格中都要求以汉字的笔画数进行排列,具体操作方法如下。

原始文件	员工销售情况.xlsx
结果文件	员工销售情况 2.xlsx
视频教程	按汉字笔画排序.avi

01 打开"员工销售情况.xlsx"工作簿,将光标定位到任一单元格中,在"数据"选项卡中单击"排序和筛选"组中的"排序"按钮。

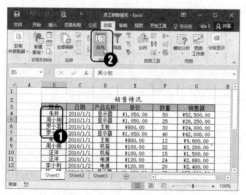

02 弹出"排序"对话框,在"主要关键字"下拉列表框中选择"姓名",在"排序依据"下拉列表框中选择"数值",在"次序"下拉列表框中选择"升序",然后单击"选项"按钮。

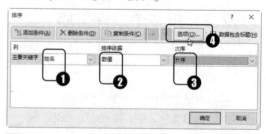

03 弹出"排序选项"对话框,在"方法"栏下选择"笔划排序"单选项,单击"确定"按钮。

04 返回工作表，即可看到笔划排序后的结果。

😀 **提示**

在以笔划排序的过程中，当姓的笔划数相同时，系统会按照姓的起笔来排列，即横、竖、撇、点、折的顺序；若出现同姓时，则按照后面的第一个字进行排列，方法与姓的规则一样。

11.2.4 自定义排序

在 Excel 中除了能按照一个条件或多个条件进行排序，还能根据实际需要自定义排序。自定义排序的方法同前面两种排序方法类似，区别在于需要用户自己设置排序的条件。自定义排序的具体操作方法如下。

原始文件	员工销售情况.xlsx
结果文件	员工销售情况 3.xlsx
视频教程	自定义排序.avi

01 打开"员工销售情况.xlsx"工作簿，选中整个数据区域后，单击"数据"选项卡"排序和筛选"组中的"排序"按钮。

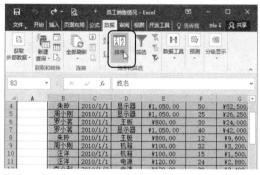

02 弹出"排序"对话框，在"主要关键字"下拉列表框中选择"产品名称"，在"排序依据"下拉列表框中选择"数值"，在"次序"下拉列表框中选择"自定义序列"。单击"确定"按钮。

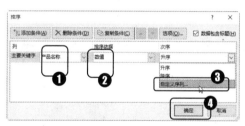

03 弹出"自定义序列"对话框，在"输入序列"文本框中输入自定义序列，单击"添加"按钮，将输入的序列添加到"自定义序列"列表框中，完成后单击"确定"按钮。

04 返回"排序"对话框，单击"确定"按钮，关闭该对话框，返回工作表，即可看到该表中的数据已经按照设置的自定义排序进行了排列。

11.2.5 对数据列表中的某部分进行排序

有时候公司为了给员工发放一些随机福利，但是考虑到福利的多少应该与员工的销售业绩成比例，此时就需要对数据列表中的某部分进行排序了。

原始文件	员工随机奖励.xlsx
结果文件	员工随机奖励1.xlsx
视频教程	对数据列表中的某部分进行排序.avi

01 打开"员工随机奖励.xlsx"工作簿，选中数据区域单元格，在"数据"选项卡中单击"排序和筛选"组中"降序"按钮。

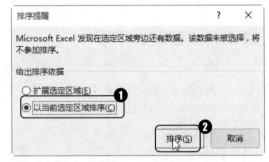

03 返回页面即可查看最终效果。

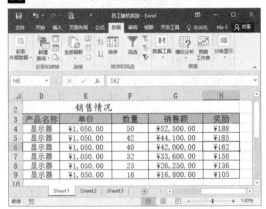

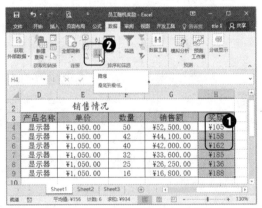

02 在弹出的"排序提醒"对话框中，选中"以当前选定区域排序"单选项，然后单击"排序"按钮。

11.2.6 按行排序

有时候编辑完成的表格是数据以行进行排列，而此时若使用默认的排序方向和序列不能实现预期效果，因此就需要按行进行排列，具体操作方法如下。

原始文件	员工随机奖励 1.xlsx
结果文件	员工随机奖励 2.xlsx
视频教程	按行排序.avi

01 打开"员工随机奖励 1.xlsx"工作簿，选中整个数据区域后，单击"数据"选项卡"排序和筛选"组中的"排序"按钮。在打开的"排序"对话框中单击"选项"按钮。

02 打开"排序选项"对话框，在"方向"栏下选择"按行排序"选项，然后单击"确定"按钮。

03 返回"排序"对话框，在"主要关键字"下拉列表框中选择需要排序的行号，如"行 5"，排序依据为"数值"，次序为"降序"，然后单击"确定"按钮。

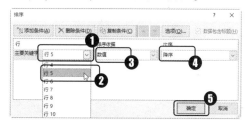

04 返回工作表中即可查看按行排列后效果。

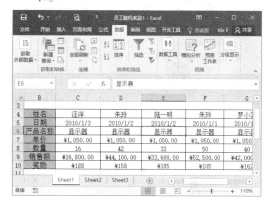

11.2.7 【案例】排序学生成绩表

使用图表显示数据，可以让单调的数据变得更加一目了然，下面将通过一个小例子来练习一下。

原始文件	学生成绩表.xlsx
结果文件	学生成绩表 1.xlsx
视频教程	排序学生成绩表.avi

01 打开"学生成绩表.xlsx"，选中"A2:G12"单元格区域，在"数据"选项卡中单击"排序和筛选"组中的"排序"按钮。

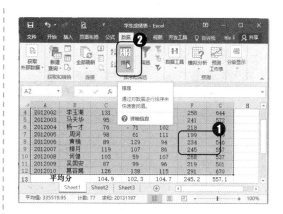

02 弹出"排序"对话框，选择"主要关键字"为"总成绩"，选中"次序"为"降序"，单击"确定"按钮。

03 返回工作表，可以看到排序后的效果，单击"保存"按钮保存工作表即可。

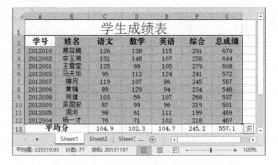

11.3 筛选数据列表

Excel 为用户提供了强大的数据筛选功能。筛选是指只显示符合用户设置条件的数据信息同时隐藏不符合条件的数据信息。用户可以根据实际需要进行自动筛选、高级筛选或自定义筛选。

11.3.1 自动筛选

自动筛选是按照选定的内容进行筛选，主要用于简单的条件筛选和指定数据的筛选。

1. 简单条件的筛选

以在"员工销售情况"工作簿中筛选名为"显示器"的产品为例，具体操作方法如下。

原始文件	员工销售情况.xlsx
结果文件	员工销售情况 4.xlsx
视频教程	简单筛选.avi

01 打开"员工销售情况.xlsx"工作簿，将光标定位到工作表的数据区域中，在"开始"选项卡的"编辑"组中单击"排序和筛选"下拉按钮，在打开的下拉菜单中单击"筛选"命令。

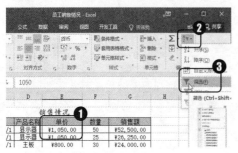

02 单击需要进行筛选的字段名右侧的下拉按钮，如单击"产品名称"字段右侧的下拉按钮，在弹出的下拉列表中选择要筛选的选项，如取消勾选"全选"复选框，勾选"显示器"复选框，完成后单击"确定"按钮。

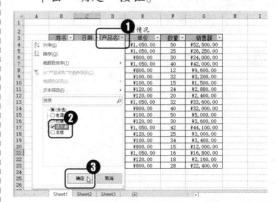

03 返回工作表，即可看到其中只显示出
符合筛选条件的数据信息，同时字段名
"产品名称"右侧的下拉按钮变为🔽形
状。

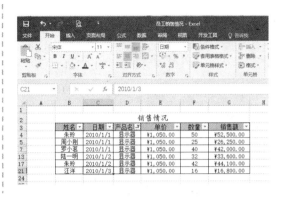

如果需要重新显示出工作表中被隐藏的数据，有以下两种方法。

- 单击"产品名称"字段右侧的🔽按钮，在打开的下拉列表框中勾选"全选"复选框，
  然后单击"确定"按钮即可。
- 在"开始"选项卡的"编辑"组中单击"排序与筛选"下拉按钮，在打开的下拉菜
  单中再次单击"筛选"命令即可重新显示工作表中被隐藏的数据，同时退出数据筛
  选状态。

2．对指定数据的筛选

下面以在"员工销售情况"工作簿中筛选员工销售数量的 10 个最大值为例进行讲解，
具体操作方法如下。

原始文件	员工销售情况.xlsx
结果文件	员工销售情况 5.xlsx
视频教程	对指定数据的筛选.avi

01 打开"员工销售情况.xlsx"工作簿，将
光标定位到工作表的数据区域中，在
"数据"选项卡中单击"排序和筛选"
组中的"筛选"按钮。

02 单击"数量"字段名右侧的下拉按钮，
在打开的下拉列表中单击"数字筛选"

命令，在打开的子菜单中单击"前 10
项"命令。

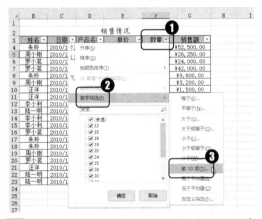

03 弹出"自动筛选前 10 个"对话框，在
"显示"组合框中根据需要进行选择。
如选择显示"最大"的"3"项数据，
单击"确定"按钮。

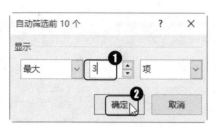

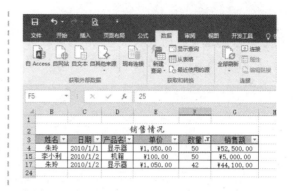

04 返回工作表，即可看到工作表中的数据已经按照"数量"字段的最大前3项进行筛选了。

11.3.2 使用筛选列表中的搜索功能

在某些数据比较庞大的工作表中，如果需要在其中找出含有特定数据的记录，可以使用筛选列表中的搜索功能。

原始文件	员工销售情况.xlsx
结果文件	员工销售情况 6.xlsx
视频教程	使用筛选列表中搜索功能.avi

01 开"员工销售情况.xlsx"工作簿，将光标定位到工作表的数据区域中，在"数据"选项卡中单击"排序和筛选"组中的"筛选"按钮。

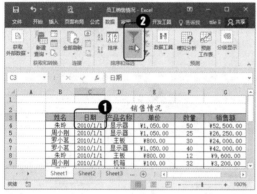

02 单击"数量"字段名右侧的下拉按钮，在打开的下拉列表搜索框中输入"3"，此时可以从搜索结果中选择更详细的数量，设置完成后单击"确定"按钮。

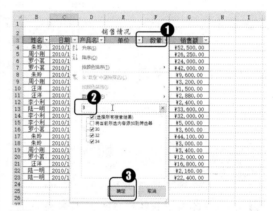

04 返回工作表，即可看到工作表中的数据已经按照设置筛选了。

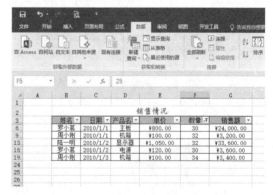

11.3.3 高级筛选

在实际工作中有时会遇到这样的情况：需要筛选的数据区域中数据信息很多，同时筛选的条件又比较复杂，这时使用高级筛选的方法进行筛选条件的设置能够提高工作效率，具体操作方法如下。

原始文件	员工销售情况.xlsx
结果文件	员工销售情况 7.xlsx
视频教程	高级筛选.avi

01 打开"员工销售情况.xlsx"工作簿，在"C25:D26"单元格区域中建立一个筛选条件区域，分别输入列标题和筛选的条件。

02 在"数据"选项卡中单击"排序和筛选"组中的"高级"按钮。

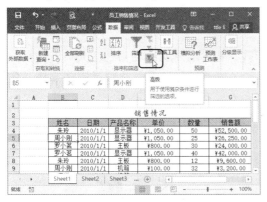

03 弹出"高级筛选"对话框，将光标定位到"列表区域"文本框中，并拖动鼠标在工作表中选中整个数据区域，再次将光标定位到"条件区域"文本框，并拖动鼠标选中刚才设置的条件区域，完成后单击"确定"按钮。

04 返回工作表，即可看到符合条件的筛选结果了。

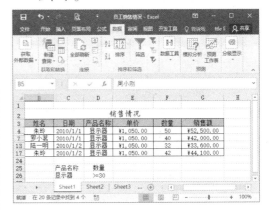

💬 **提示**

对数据进行高级筛选后，单击"数据"选项卡"排序和筛选"组中的"清除"按钮，可清除筛选结果，重新显示全部数据。

若要将筛选结果显示到其他位置，则在"高级筛选"对话框的"方式"栏中选中"将筛选结果复制到其他位置"单选项，然后在"复制到"文本框中输入要保存筛选结果的单元格区域的第一个单元格地址。

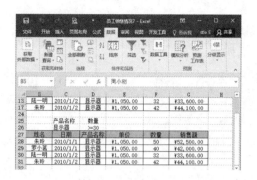

11.3.4　自定义筛选

在 Excel 2016 中，用户还可以根据实际情况自定义筛选条件，以获得需要的筛选结果。具体操作方法如下。

原始文件	员工销售情况.xlsx
结果文件	员工销售情况 8.xlsx
视频教程	自定义筛选.avi

 打开"员工销售情况.xlsx"工作簿，将光标定位到工作表的数据区域中，在"数据"选项卡中单击"排序和筛选"组中的"筛选"按钮。

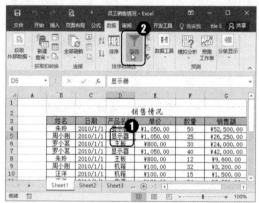

02 单击要进行自定义筛选的字段名右侧的下拉按钮，如单击"数量"字段名右侧的下拉按钮，在打开的下拉列表中单击"数字筛选"命令，在打开的子菜单中单击"自定义筛选"命令。

03 弹出"自定义自动筛选方式"对话框，在"数量"组合框中设置筛选条件，单击"确定"按钮。

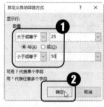

04 返回工作表，即可看到按照设置的自定义筛选条件在工作表中显示出的筛选结果。

☺ 提示

使用自定义筛选功能可以对数据进行模糊筛选、范围筛选及通配筛选。在使用通配符时，"?"代表一个字符，"*"代表任意字符。这两个通配符应在英文状态下输入。

11.4 分类汇总

Excel 为用户提供了分类汇总功能。利用该功能可以将表格中的数据进行分类，然后再把性质相同的数据汇总到一起，使其结构更清晰，便于用户查找数据信息。下面将介绍创建分类汇总，以及隐藏/显示分类汇总结果的方法。

11.4.1 简单分类汇总

简单分类汇总用于对数据清单中的某一列排序，然后进行分类汇总。以"员工销售情况"工作表簿为例，进行简单分类汇总的具体操作方法如下。

原始文件	员工销售情况.xlsx
结果文件	员工销售情况 9.xlsx
视频教程	简单分类汇总.avi

01 打开"员工销售情况.xlsx"工作簿，将光标定位到"姓名"列，在"数据"选项卡中单击"排序和筛选"组中的"升序"按钮，将"姓名"按升序排列。

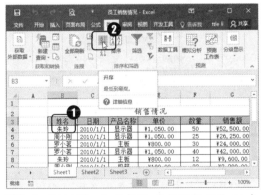

02 在"数据"选项卡的"分级显示"组中单击"分类汇总"按钮。

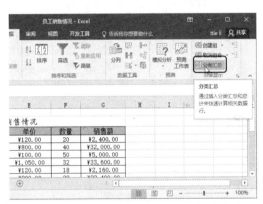

03 弹出"分类汇总"对话框，在"分类字段"下拉列表中选择"姓名"选项，在"汇总方式"下拉列表中选择"求和"选项，在"选定汇总项"列表框中勾选"销售额"复选框，单击"确定"按钮。

04 返回工作表，即可看到分组显示出分类
汇总后的数据。

11.4.2 高级分类汇总

高级分类汇总主要用于对数据清单中的某一列进行两种方式的汇总。相对简单分类汇总而言，其汇总的结果更加清晰，更便于用户分析数据信息。高级分类汇总的具体操作方法如下。

原始文件	员工销售情况.xlsx
结果文件	员工销售情况 10.xlsx
视频教程	高级分类汇总.avi

01 打开"员工销售情况.xlsx"工作簿，将光标定位到"产品名称"列中，在"数据"选项卡中单击"排序和筛选"组中的"升序"按钮，将"产品名称"列按升序排序。

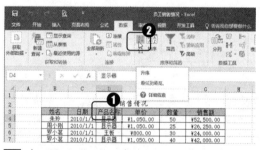

02 在"数据"选项卡的"分级显示"组中单击"分类汇总"按钮。

03 弹出"分类汇总"对话框，在"分类字段"下拉列表中选择"产品名称"选项，在"汇总方式"下拉列表中选择"求和"选项，在"选定汇总项"列表框中勾选"销售额"复选框，单击"确定"按钮，

04 返回工作表，将光标定位到数据区域中，再次执行"分类汇总"命令，弹出"分类汇总"对话框，在"分类字段"下拉列表中选择"产品名称"选项，在"汇总方式"下拉列表中选择"最大值"选项，在"选定汇总项"列表框中勾选"销售额"复选框，然后取消勾选"替换当前分类汇总"复选框，单击"确定"按钮。

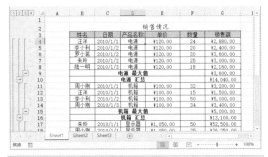

05 返回工作表，即可看到数据区域两次汇
总后的结果了。

11.4.3 嵌套分类汇总

嵌套分类汇总是对数据清单中两列或者两列以上的数据信息同时进行汇总。打开"员
工销售情况"工作簿，对产品名称进行升序排列，然后单击"数据"选项卡"分级显示"
组中的"分类汇总"按钮后进行嵌套分类汇总，具体操作方法如下。

原始文件	员工销售情况.xlsx
结果文件	员工销售情况 11.xlsx
视频教程	嵌套分类汇总.avi

01 打开"员工销售情况.xlsx"工作簿，将
光标定位到"产品名称"列中，在"数
据"选项卡中单击"排序和筛选"组中
的"升序"按钮，将"产品名称"列按
升序排序，在"数据"选项卡的"分级
显示"组中单击"分类汇总"按钮。

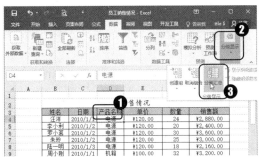

02 在"分类汇总"对话框"分类字段"下
拉列表中选择"产品名称"选项，在"汇
总方式"下拉列表中选择"求和"选项，
在"选定汇总项"列表中勾选"数量"和
"销售额"复选框，单击"确定"按钮。

03 返回工作表，此时即可显示出对数据区
域中两列内容同时汇总的结果。

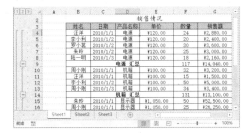

04 再次打开"分类汇总"对话框，在"分
类字段"下拉列表中选择"日期"选项，
并取消勾选"替换当前分类汇总"复选
框，单击"确定"按钮。

05 返回工作表，即可看到数据区域的嵌套汇总结果。

11.4.4　隐藏与显示汇总结果

在实际工作中，用户可以根据需要隐藏和显示部分分类汇总数据信息。下面介绍隐藏和显示分类汇总结果的具体操作方法。

对数据进行分类汇总后，在数据区域左侧会显示一些层次分明的分级显示按钮，单击这些按钮可以隐藏相应的汇总数据。例如单击第一个分级显示按钮，此时按钮会变成形状，并隐藏其所控制的汇总数据信息。再次单击按钮即可重新显示其控制的汇总数据信息。

11.4.5　【案例】汇总销售情况分析表

结合前面所学的分类汇总相关知识，将"销售情况分析表"以姓名分类汇总平均销售额。

原始文件	销售情况分析表.xlsx
结果文件	销售情况分析表 1.xlsx
视频教程	汇总销售情况分析表.avi

01 打开"销售情况分析表.xlsx"工作簿，将光标定位到"姓名"列中，在"数据"选项卡中单击"排序和筛选"组中的"升序"按钮，将"姓名"列按升序排序。

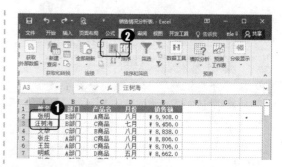

02 在"数据"选项卡的"分级显示"组中
单击"分类汇总"按钮。

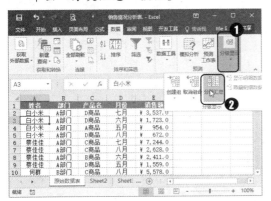

04 完成分类汇总后即可查看最终效果。

03 打开"分类汇总"对话框,在"分类字
段"下拉列表中选择"姓名"选项,在
"汇总方式"下拉列表中选择"平均值",
在"选定汇总项"列表框中选择"销售
额",单击"确定"按钮。

11.5 高手支招

11.5.1 取消汇总数据的分类显示

问题描述:某用户在整理数据后,发现表格内进行分类汇总后的数据排列不是很美观,
需要取消汇总数据的分类显示。

解决方法:将光标定位到数据区域中,单击"数
据"选项卡"分级显示"组中的"取消组合"下拉
按钮,在打开的下拉菜单中单击"清除分级显示"
命令即可。

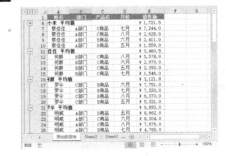

11.5.2 单元格颜色排序

问题描述:某用户在编辑 Excel 表格时,为单元格设置了颜色、字体颜色或条件格式
后,需要按单元格颜色、字体颜色或图标进行排序。

解决方法:将光标定位在需要进行排序的列
中,打开"排序"对话框,在列表框中设置"主要
关键字",单击"排序依据"列表框,在下拉列表
中选择"单元格颜色"选项,单击"次序"列表框,
选择一个颜色,在右侧设置该颜色的单元格位置,
单击"确定"按钮即可。

11.5.3　取消工作表的自动筛选状态

　　问题描述：某工作表处于筛选状态，但是现在需要将该工作表的所有数据全部打印出来，所以需要清除工作表的筛选状态。

　　解决方法：将光标定位到工作表中，在"开始"选项卡下单击"编辑"组中"清除"按钮，在弹出的菜单中选择"清除格式"选项即可。

11.6　综合案例——排序并汇总销售业绩表

Excel 具有强大的数据处理和分析功能，排序、筛选和分类汇总就是常用的数据分析。下面将以"员工销售业绩表"中的数据为例，通过实例进行演练。

01 打开"员工销售业绩表.xlsx"，选中"F"列中的任意单元格，在"数据"选项卡中单击"排序和筛选"组中的排序按钮，本例单击"升序"按钮。

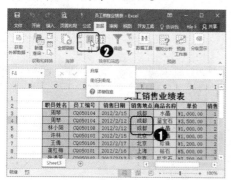

02 返回工作表，可看到排序后的效果。

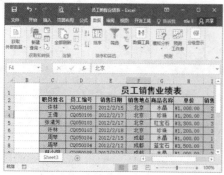

03 单击"分类汇总"按钮，在弹出的"分类汇总"对话框中设置"分类字段"为"销售地点"，在"选定汇总项"列表框中勾选"销售额"复选框，单击"确定"按钮。

04 在返回的工作表中可以看到分类汇总后的效果。

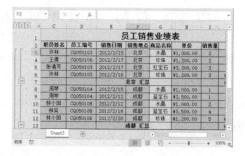

05 选中"销售地点"为"成都"的数据的任意单元格,在"数据"选项卡的"分级显示"组中单击"隐藏明细数据"按钮。

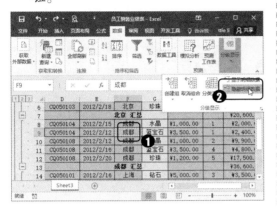

06 在工作表中可以看到销售地点为"成都"的明细数据被隐藏了,单击"保存"按钮保存工作表即可。

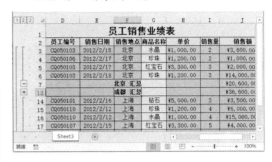

第 12 章

公式和函数基础

》》 **本章导读**

在 Excel 中利用公式和函数，可以进行数据的运算和分析。一旦熟练掌握了公式和函数的使用，就能够大大提高办公效率。本章将向读者介绍公式和函数的使用、单元格引用、数组公式的使用、常用函数的应用等知识点。

》》 **知识要点**

  ✓ 公式的使用   ✓ 单元格引用

  ✓ 使用函数计算数据   ✓ 常用函数的应用

本章配套资源

素材文件：访问 http://www.broadview.com.cn/29628 下载本书配套资源包，在"素材文件\第 12 章\"与"结果文件\第 12 章\"文件夹中可查看本章配套文件。

教学视频：访问 http://res.broadview.com.cn/v.php?id=29628 &vid=12，或用手机扫描右侧二维码，可查阅本章各案例配套教学视频。

12.1 公式的使用

公式由一系列单元格的引用、函数，以及运算符等组成，是对数据进行计算和分析的等式。在 Excel 中利用公式可以对表格中的各种数据进行快速计算。下面将简单介绍运算符，以及公式的输入、复制和删除方法。

12.1.1 运算符

在使用公式计算数据时，运算符是用于连接公式的操作符，是工作表处理数据的指令。在 Excel 中，运算符的类型分为 4 种：算术运算符、比较运算符、文本运算符和引用运算符。

- 常用的算术运算符主要有：加号 "+"、减号 "-"、乘号 "*"、除号 "/"、百分号 "%"，以及乘方 "^"。
- 常用的比较运算符主要有：等号 "="、大于号 ">"、小于号 "<"、小于或等于号 "<="、大于或等于号 ">="，以及不等号 "<>"。
- 文本连接运算符只有与号 "&"，该符号用于将两个文本值连接或串起来产生一个连续的文本值。
- 常用的引用运算符有：区域运算符 ":"、联合运算符 ","，以及交叉运算符 " "（即空格）。
- 在公式的应用中，应注意每个运算符的优先级是不同的。在一个混合运算的公式中，对于不同优先级的运算，按照从高到低的顺序进行计算。对于相同优先级的运算，按照从左到右的顺序进行计算。
- 各种运算符的优先级（从高到低）为：冒号 ":"、空格、逗号 ","、负号 "-"、百分号 "%"、乘方 "^"、乘号 "*"、除号 "/"、加号 "+"、减号 "-"、连字符 "&"、比较运算符 "="、"<"、">"、"<="、">="、"<>"。

12.1.2 输入公式

公式可以在单元格或编辑栏中输入。输入公式都是以 "=" 开始的，然后再输入运算项和运算符，输入完毕按下 "Enter" 键后，计算结果就会显示在单元格内。手动输入和使用鼠标辅助输入为输入公式的两种常用方法，下面分别进行介绍。

1. 手动输入

以在"职工工资统计表"中计算"应发工资"为例进行介绍，手动输入公式的具体操作方法如下。

原始文件	职工工资统计表.xlsx
结果文件	职工工资统计表 1.xlsx
视频教程	输入公式.avi

01 打开"职工工资统计表.xlsx"工作簿，在"F4"单元格内输入公式"=C4+D4+E5"。

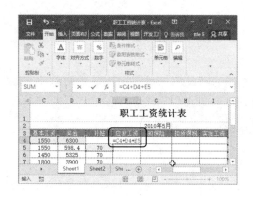

02 按下"Enter"键，即可在"F4"单元格中显示计算结果。

2. 使用鼠标辅助输入

在引用单元格较多的情况下，比起手动输入公式，有些用户更习惯使用鼠标辅助输入公式，具体操作方法如下。

原始文件	职工工资统计表 1.xlsx
结果文件	职工工资统计表 2.xlsx
视频教程	输入公式.avi

01 打开"职工工资统计表 1.xlsx"工作簿，在"F5"单元格内输入等于符号"="。

02 单击"C5"单元格，此时该单元格周围出现闪动的虚线边框，可以看到"C5"单元格被引用到了公式中。

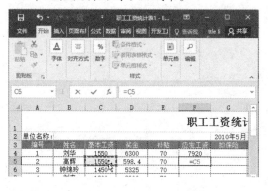

03 在"F5"单元格中输入运算符"+"，然后单击"D5"单元格，此时"D5"单元格也被引用到了公式中，用同样的方法引用"E5"单元格。

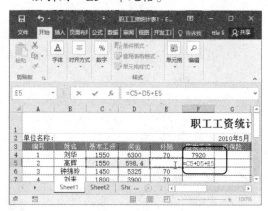

04 操作完毕后按下"Enter"键确认公式的输入，此时即可得到计算结果。

😊 提示

公式输入完成后可以根据需要进行修改。方法为：选中公式所在的单元格，然后将光标定位到编辑栏中，在编辑栏修改公式，修改完毕后单击"输入"按钮或按下"Enter"键即可。

12.1.3　复制公式

在 Excel 中创建了公式后，如果想要将公式复制到其他单元格中，可以参照复制单元格数据的方法进行复制。其具体操作方法如下。

- 将公式复制到一个单元格中：选中需要复制的公式所在的单元格，按下"Ctrl+C"组合键，然后选中需要粘贴公式的单元格，按下"Ctrl+V"组合键即可完成公式的复制，并显示出计算结果。

- 将公式复制到多个单元格中：选中需要复制公式所在的单元格，将光标指向该单元格的右下角，当鼠标指针变为十字形状时按住左键向下拖动，拖至目标单元格时释放鼠标，即可将公式复制到鼠标指针所经过的单元格中，并显示出计算结果。

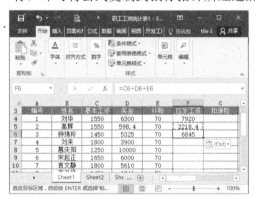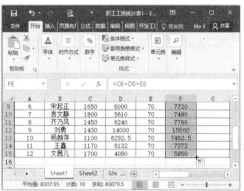

12.1.4　删除公式

选中公式所在的单元格，然后按下"Delete"键，即可同时删除该单元格中的数据和公式。

此外，用户还可以通过复制粘贴"值"的方式在删除单元格中公式的同时保留数据。

具体操作方法为：选中目标单元格，按下"Ctrl+C"组合键复制该单元格中的公式和数值，然后单击"开始"选项卡中"剪贴板"组的"粘贴"下拉按钮，在打开的下拉菜单中单击"值"按钮即可。

12.1.5　【案例】计算办公用品采购表的采购金额

Excel 主要是用来分析和处理数据的，而公式和函数就是处理数据时常用到的，下面通过一个小例子演练一下。

原始文件	办公用品采购表 1.xlsx
结果文件	办公用品采购表 2.xlsx
视频教程	计算办公用品采购表的采购金额.avi

01 打开"办公用品采购表.xlsx",选中"G5"单元格,在编辑框中输入"=",接着选中"E5"单元格,输入"*",再选中"F5"单元格。

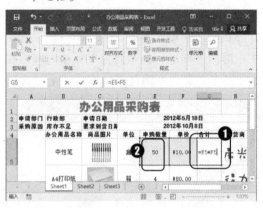

02 按下"Enter"键得到计算结果,然后将公式复制到该列的其他单元格中即可。

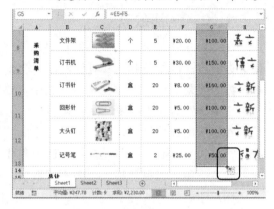

12.2 单元格引用

单元格的引用是指在 Excel 公式中使用单元格的地址来代替单元格及其数据。下面将介绍相对引用、绝对引用和混合引用的相关知识,并向读者介绍在同一工作簿中引用单元格的方法和跨工作簿引用单元格的方法。

12.2.1 A1 引用样式和 R1C1 引用样式

在 Excel 中用"地址"表示每一个单元格,并且可以通过使用这种"地址"引用单元格数据,而且根据表示的方法不同,引用分为 A1 引用样式和 R1C1 引用样式,下面将详细介绍。

A1 引用样式是用地址表示单元格引用的一种方式,是 Excel 默认的引用样式。在 A1 引用样式中,用列号(大写英文字母,如 A、B、C)和行号(阿拉伯数字,如 1、2、3)表示单元格的位置。

R1C1 引用样式是用地址表示单元格引用的另一种方

式。在 R1C1 引用样式中，用 R 加行数字和 C 加列数字表示单元格的位置。

R1C1 引用样式不是 Excel 默认的引用样式，要在工作表中使用 R1C1 样式，需要进行如下设置：在工作表中切换到"文件"选项卡，单击"选项"命令，打开"Excel 选项"对话框，切换到"公式"选项卡，在"使用公式"栏中勾选"R1C1 引用样式"复选框，单击"确定"按钮，返回工作表，选中包含了引用的单元格或区域，即可看到使用 R1C1 引用样式后的效果了。

 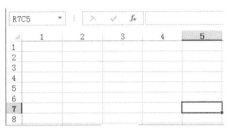

12.2.2　相对引用、绝对引用和混合引用

单元格引用的作用是标识工作表上的单元格或单元格区域，并指明公式中所用的数据在工作表中的位置。单元格的引用通常分为相对引用、绝对引用和混合引用。默认情况下，Excel 2016 使用的是相对引用。

1. 相对引用

单元格引用的作用是标识工作表上的单元格或单元格区域，并指明公式中所用的数据在工作表中的位置。单元格的引用通常分为相对引用、绝对引用和混合引用。默认情况下，Excel 2016 使用的是相对引用。

使用相对引用，单元格引用会随公式所在单元格的位置变更而改变。如在相对引用中复制公式时，公式中引用的单元格地址将被更新，指向与当前公式位置相对应的单元格。

以"成绩表"为例：将 F3 单元格中的公式"=B3+C3+D3+E3"通过"Ctrl+C"和"Ctrl+V"组合键复制到 F4 单元格中，可以看到复制到 F4 单元格中的公式更新为"=B4+C4+D4+E4"，其引用指向了与当前公式位置相对应的单元格。

F4		fx	=B4+C4+D4+E4		
	A	B	C	D	E	F
1	学生成绩表					
2	学生姓名	语文	数学	外语	理综	总成绩
3	章书	70	90	73	159	392
4	张明	80	60	75	147	362
5	吴宇彤	56	50	68	123	
6	郑怡然	124	99	128	256	
7	王建国	98	145	104	239	
8	蔡佳佳	101	94	89	186	

2. 绝对引用

对于使用了绝对引用的公式，被复制或移动到新位置后，公式中引用的单元格地址保持不变。需要注意在使用绝对引用时，应在被引用单元格的行号和列标之前分别加入符号"$"。

以"学生成绩表"为例：在 F3 单元格中输入公式"=$B$3+$C$3+$D$3+$E$3"，此时再将 F3 单元格中的公式复制到 F4 单元格中，可发现两个单元格中的公式一致，并未发生任何改变。

	A	B	C	D	E	F
	F4		fx	=$B$3+$C$3+$D$3+$E$3		
1				学生成绩表		
2	学生姓名	语文	数学	外语	理综	总成绩
3	章书	70	90	73	159	392
4	张明	80	60	75	147	392
5	吴宇彤	56	50	68	123	
6	郑怡然	124	99	128	256	
7	王建国	98	145	104	239	
8	蔡佳佳	101	94	89	186	

3. 混合引用

混合引用是指相对引用与绝对引用同时存在于一个单元格的地址引用中。如果公式所在单元格的位置改变，相对引用部分会改变，而绝对引用部分不变。混合引用的使用方法与绝对引用的使用方法相似，通过在行号和列标前加入符号"$"来实现。

以"学生成绩表"为例：在 F3 单元格中输入公式"=$B3+$C3+$D3+$E3"，此时再将 F3 单元格中的公式复制到 G4 单元格中，可以发现两个公式中使用了相对引用的单元格地址改变了，而使用绝对引用的单元格地址不变。

	A	B	C	D	E	F	G
	G4		fx	=$B4+$C4+$D4+$E4			
1				学生成绩表			
2	学生姓名	语文	数学	外语	理综	总成绩	平均成绩
3	章书	70	90	73	159	392	
4	张明	80	60	75	147		362
5	吴宇彤	56	50	68	123		
6	郑怡然	124	99	128	256		
7	王建国	98	145	104	239		

12.2.3 同一工作簿中的单元格引用

Excel 不仅可以在同一工作表中引用单元格或单元格区域中的数据，还可以引用同一工作簿中多张工作表上的单元格或单元格区域中的数据。在同一工作簿不同工作表中引用单元格的格式为"工作表名称！单元格地址"，如"Sheet1！F5"即为"Sheet1"工作表中的F5 单元格。

以在"职工工资统计表"工作簿的"Sheet2"工作表中引用"Sheet1"工作表中的单元格为例，方法如下。

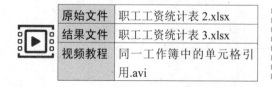

原始文件	职工工资统计表 2.xlsx
结果文件	职工工资统计表 3.xlsx
视频教程	同一工作簿中的单元格引用.avi

01 打开"职工工资统计表 2.xlsx"工作簿，在"Sheet2"工作表的 E3 单元格中输入"="。

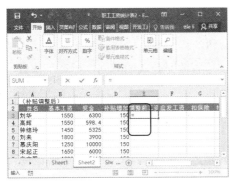

工作表 F4 单元格中的数据引用到
"Sheet2"工作表的 E3 单元格中。

02 切换到"Sheet1"工作表，选中 F4 单元
格，按下"Enter"键，即可将"Sheet1"

12.2.4 引用其他工作簿中的单元格

跨工作簿引用数据，即引用其他工作簿中工作表的单元格数据的方法，与引用同一工作簿不同工作表的单元格数据的方法类似。一般格式为：工作簿存储地址[工作簿名称]工作表名称！单元格地址。

以在"职工工资统计表 3"的"Sheet1"工作表中，引用"工作簿 1"的"Sheet1"工作表中的单元格为例，方法如下。

原始文件	职工工资统计表 3.xlsx
结果文件	职工工资统计表 4.xlsx
视频教程	引用其他工作簿中的单元格.avi

01 同时打开"职工工资统计表 3.xlsx"和"工作簿 1"，在"职工工资统计表"的"Sheet1"工作表中选中 F4 单元格，输入"="。

02 切换到"工作簿 1"的"Sheet1"工作表，选中 F4 单元格，按下"Enter"键，即可将"工作簿 1"的"Sheet1"工作表中 F4 单元格内的数据引用到"工作簿 1"的"Sheet1"工作表 F3 单元格中了。

12.3 使用函数计算数据

在 Excel 中将一组特定功能的公式组合在一起，就形成了函数。利用公式可以计算一些简单的数据，而利用函数则可以很容易地完成各种复杂数据的处理工作，并简化公式的使用。下面将简单介绍函数的相关知识，以及输入函数、使用嵌套函数和查询函数的方法。

12.3.1 认识函数

函数是一些预定义的公式，它们使用一些称为参数的特定数值按特定的顺序或结构进行计算。熟练地使用函数处理电子表格中的数据，可以节省编写公式的时间，提高工作效率。

1. 函数式的组成

在 Excel 中一个完整的函数式主要由标识符、函数名称和函数参数组成。下面将对其具体功能进行介绍。

- 标识符：在 Excel 表格中输入函数式时，必须先输入"＝"号。"＝"号通常被称为函数式的标识符。
- 函数名称：函数要执行的运算，位于标识符的后面。通常是其对应功能的英文单词缩写。
- 函数参数：紧跟在函数名称后面的是一对半角圆括号"（）"，被括起来的内容是函数的处理对象，即参数表。

2. 函数参数的类型

函数参数既可以是常量或公式，也可以为其他函数。常见的函数参数类型有以下几种。

- 常量参数：主要包括文本、数值，以及日期等内容。
- 逻辑值参数：主要包括逻辑真、逻辑假，以及逻辑判断表达式等，如"TRUE"或"FALSE"。
- 单元格引用参数：主要包括引用单个单元格和引用单元格区域等。
- 函数式：在 Excel 中可以使用一个函数式的返回结果作为另外一个函数式的参数，这种方式称为函数嵌套。
- 数组参数：函数参数既可以是一组常量，也可以为单元格区域的引用。

> **提示**
> 当一个函数式中有多个参数时，需要用英文状态的逗号将其隔开。

3. 函数的分类

Excel 的函数库中提供了多种函数，在"插入函数"对话框中可以查找到。按函数的功能，可以将其分为以下几类。

- 文本函数：用来处理公式中的文本字符串。如 TEXT 函数可将数值转换为文本，LOWER 函数可将文本字符串的所有字母转换成小写形式等。
- 逻辑函数：用来测试是否满足某个条件，并判断逻辑值。这类函数只有 6 个，其中 IF 函数使用非常广泛。
- 日期和时间函数：用来分析或操作公式中与日期和时间有关的值。如 DAY 函数可返回以序列号表示的某日期在一个月中的天数等。
- 数学及三角函数：用来进行数学和三角方面的计算。其中三角函数采用弧度作为角的单位，如 RADIANS 函数可以把角度转换为弧度等。
- 财务函数：用来进行有关财务方面的计算。如 DB 函数可返回固定资产的折旧值，IPMT 函数可返回投资回报的利息部分等。
- 统计函数：用来对一定范围内的数据进行统计分析。如 MAX 函数可返回一组数值中的最大值，COVAR 函数可返回协方差等。

- 查看和引用函数：用来查找列表或表格中的指定值。如 VLOOKUP 函数可在表格数组的首列查找指定的值，并由此返回表格数组当前行中其他列的值等。
- 数据库函数：主要用来对存储在数据清单中的数值进行分析，判断其是否符合特定的条件。如 DSTDEVP 函数可计算数据的标准偏差。
- 信息函数：用来帮助用户鉴定单元格中的数据所属的类型或单元格是否为空等。
- 工程函数：用来处理复杂的数字，并在不同的计数体系和测量体系中进行转换，主要用在工程应用程序中。使用这类函数，还必须执行加载宏命令。
- 其他函数：Excel 还有一些函数没有出现在"插入函数"对话框中，它们是命令、自定义、宏控件和 DDE 等相关的函数。此外，还有一些使用加载宏创建的函数。

12.3.2　输入函数

在工作表中使用函数计算数据时，如果对所使用的函数及其参数类型比较熟悉，可直接输入函数。此外，也可以通过"插入函数"对话框选择插入需要的函数。

1．通过编辑栏输入

如果知道函数名称及语法，可直接在编辑栏内按照函数表达式输入。具体方法为：选择要输入函数的单元格，左键单击编辑栏，输入等于号"="，然后输入函数名和左括号，紧跟着输入函数参数，最后输入右括号。函数输入完成后单击编辑栏上的"输入"按钮或按下"Enter"键即可。如在单元格内输入"=SUM(F2:F5)"，即对"F2"到"F5"单元格区域中的数值求和。

2．通过快捷按钮插入

对于一些常用的函数式，如求和（SUM）、平均值（AVERAGE）、计数（COUNT）等，可以利用"开始"或"公式"选项卡中的快捷按钮来实现输入。

- 利用"开始"选项卡的快捷按钮：选中需要求和的单元格区域，单击"开始"选项卡的"编辑"组中的"自动求和"下拉按钮，在弹出的下拉菜单中选择"求和"命令即可。
- 利用"公式"选项卡的快捷按钮：选中需要显示求和结果的单元格，然后切换到"公式"选项卡。在"函数库"组中单击"自动求和"下拉按钮，在弹出的下拉菜单中单击"求和"命令，然后拖动鼠标选中作为参数的单元格区域，按下"Enter"键即可将计算结果显示到该单元格中。

3. 通过"插入函数"对话框输入

如果对函数不熟悉，那么使用"插入函数"对话框将有助于工作表函数的输入，具体操作方法如下。

原始文件	职工工资统计表 4.xlsx
结果文件	职工工资统计表 5.xlsx
视频教程	输入函数.avi

01 打开"职工工资统计表 4.xlsx"工作簿，选中要显示计算结果的单元格，如"F4"单元格，单击编辑栏中的"插入函数"按钮。

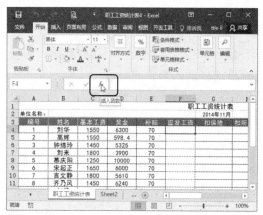

02 打开"插入函数"对话框，在"或选择类别"下拉列表框中选择函数类别，默认为"常用函数"，在"选择函数"列表框中选择需要的函数，如"SUM"求和函数，单击"确定"按钮。

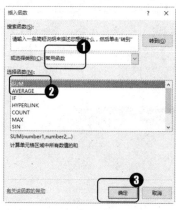

03 弹出"函数参数"对话框，默认在"Number1"文本框中显示了函数参数，可根据需要对其设置，单击"确定"按钮。

04 返回工作表，即可在"F4"单元格中显示出计算结果。

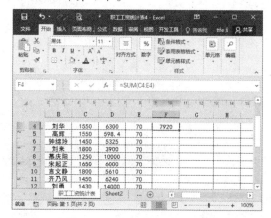

12.3.3　使用嵌套函数

使用一个函数或者多个函数表达式的返回结果作为另外一个函数的某个或多个参数，这种应用方式的函数称为嵌套函数。

例如函数式"=IF(AVERAGE(A1:A3) >20,SUM(B1:B3),0)"，即一个简单的嵌套函数表达式。该函数表达式的意义为：在"A1:A3"单元格区域中数字的平均值大于 20 时，返回单元格区域"B1:B3"的求和结果，否则将返回"0"。

嵌套函数一般通过手动输入，输入时可以利用鼠标辅助引用单元格。以上面的函数式为例，输入方法为：选中目标单元格，输入"=IF("，然后输入作为参数插入的函数的首字母"A"，在出现的相关函数列表中双击函数"AVERAGE"，如图所示，此时将自动插入该函数及前括号，函数式变为"=IF(AVERAGE("，手动输入字符"A1:A3) >20,"，然后仿照前面的方法输入函数"SUM"，最后输入字符"B1:B3),0)"，按下"Enter"键即可。

12.3.4　查询函数

在 Excel 2010 的功能区中，可以通过快捷按钮插入大部分常用函数。如果在其中找不到需要的函数，或者不知道该插入具体哪个函数时，则可以通过"插入函数"对话框进行查询与插入。

打开工作簿，单击数据编辑栏中的"插入函数"按钮，在"插入函数"对话框中查询函数的具体操作方法如下。

- 在"或选择类别"下拉列表框中选择函数类别，在"选择函数"列表框中单击函数选项即可看到对该函数的功能描述，以此来查询需要的函数。
- 在"搜索函数"文本框中简要描述需要的函数的用途，然后单击"转到"按钮即可。

12.3.5　【案例】计算采购表的采购总金额

结合本节所学函数的输入等知识，练习使用函数计算"办公用品采购表"的采购总金额。

原始文件	办公用品采购表 1.xlsx
结果文件	办公用品采购表 2.xlsx
视频教程	计算采购表的采购总金额.avi

01 打开"办公用品采购表 1.xlsx"，选中"C15"单元格，在"公式"选项卡中单击"函数库"组中的"自动求和"下拉按钮，在弹出的下拉列表中单击"求和"命令。

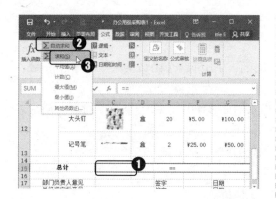

02 在返回的工作表中选中"G5:G13"单元格区域，按下"Enter"键确认，即可得到计算结果。

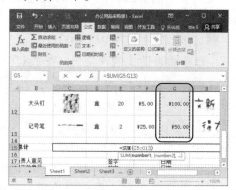

 12.4 常用函数的应用

在对单元格引用，以及公式、数组公式和函数的使用等有了一定程度的了解之后，下面将向读者介绍一些在实际工作中可能用到的函数。

12.4.1 使用 IF 函数计算个人所得税

IF 函数的功能是根据指定条件的计算结果为 TRUE 或 FALSE，返回不同的结果。使用 IF 函数可对数值和公式执行条件检测。

IF 函数的语法为：IF(logical_test, value_if_true,value_if_false)，其中各个函数参数的含义如下。

- 参数 logical_test：表示计算结果为 TRUE 或 FALSE 的任意值或表达式。如"A10=100"是一个逻辑表达式，若单元格"A10"中的值等于 100，则计算结果为 TRUE，否则为 FALSE。
- 参数 value_if_true：是 logical_test 参数为 TRUE 时返回的值。例如，若此参数是文本字符串"预算内"，而且 logical_test 参数的计算结果为 TRUE，则 IF 函数显示文本"预算内"；若 logical_test 为 TRUE 而 value_if_true 为空，则此参数返回 0（零）。
- 参数 value_if_false：是 logical_test 为 FALSE 时返回的值。例如，若此参数是文本字符串"超出预算"，而 logical_test 参数的计算结果为 FALSE，则 IF 函数显示文本"超出预算"；若 logical_test 为 FALSE 而 value_if_false 被省略，即 value_if_true 后面没有逗号，则会返回逻辑值 FALSE；若 logical_test 为 FALSE 且 value_if_false 为空，即 value_if_true 后面有逗号且紧跟着右括号，则会返回值 0（零）。

打开"职工工资统计表 5"工作簿，利用 IF 函数计算员工应扣除的个人所得税。其具体操作如下。

01 切换到"职工工资统计表"工作簿的"Sheet1"工作表，在"H4"单元格中输入公式"=IF(F4<=500,F4*0.05, IF(F4<=2000,F4*0.1-25,IF(F4<=5000,F4*0.15-125,IF(F4<=20000,F4*0.2-375))))"，完成后按下"Enter"键确认。

02 选中"H4"单元格，利用填充柄将公式快速复制到"H5:H15"单元格区域中即可。

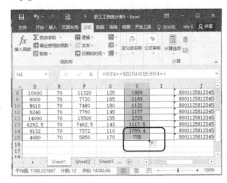

> 😊 **提示**
>
> 本书假定公民全月工资不超过2000元的部分不必纳税，即公民工资在2000元以下的可以免征个人所得税。因此本节中的全月应纳税所得额的计算方法为：全月应纳税所得额=每月收入额－2000－各项社会保险费。

需要注意的是，公式中的 25、125 和 375 是本书假定的标准个人所得税速算扣除数。在个人所得税计算中，速算扣除数是指采用超额累进税率计税时，简化计算应纳税额的一个数据。如某人工资扣除 2000 元后的应纳税所得额是 1200 元，则税款计算方法为：500×5%＋700×10%＝95 元。而利用速算扣除数，可以将应纳税所得额直接按对应的税率来速算。如某人工资扣除 2000 元后的应纳税所得额是 1200 元，1200 元对应的税率是 10%，则税款速算方法为：1200×10%－25＝95 元。

12.4.2 使用 CONCATENATE 函数合并电话号码的区号和号码

CONCATENATE 函数的功能是将多个文本字符串合并成一个。其连接项可以是文本、数字、单元格引用或这些项的组合。

CONCATENATE 函数的语法为：CONCATENATE(text1, [text2], ...)。其中各个函数参数的含义如下。

- 参数 text1：是要连接的第一个文本项，是函数中必需的参数。
- 参数 text2, ...：是其他文本项，最多为 255 项。项与项之间必须用逗号隔开。

下面打开"客户资料管理表"工作簿，利用 CONCATENATE 函数合并客户电话区号和号码的具体操作方法如下。

01 打开"客户资料管理表.xlsx"工作簿，选中"G3"单元格，输入公式"=CONCATENATE(D3,"-",E3)"，完成后按下"Enter"键确认。

02 选中"G3"单元格,利用填充柄将公式快速复制到"G4:G54"单元格中。

03 选中"G3:G54"单元格区域,按下"Ctrl+C"组合键复制该区域,选中"E3:E54"单元格区域,在"开始"选项卡的"剪贴板"组中单击"粘贴"下拉按钮,打开下拉菜单,在"粘贴数值"栏中单击"值"命令。

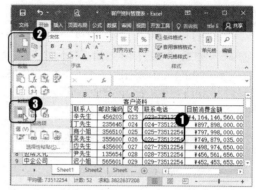

04 选中"D"列和"G"列,单击鼠标右键,在弹出的快捷菜单中单击"删除"命令,即可删除表格中多余的列。

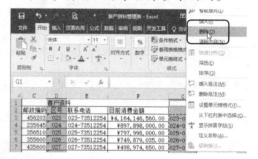

12.4.3 使用 DAYS360 函数根据生日计算年龄

DAYS360 函数的功能是按照一年 360 天的算法(每个月以 30 天计,一年共计 12 个月),计算两日期间相差的天数。这在一些会计计算中将会用到。

DAYS360 函数的语法为:DAYS360(start_date,end_date,[method]),其中各个函数参数的含义如下。

- 参数 start_date:表示要计算两个日期之间相差天数的起始日期。

- 参数 end_date:表示要计算两个日期之间相差天数的结束日期。如果 start_date 在 end_date 之后,则 DAYS360 将返回一个负数,应使用 DATE 函数来输入日期,或者将日期作为其他公式或函数的结果输入。例如,使用函数 DATE(2012,6,1)可返回2012-6-1。如果日期以文本形式输入,则会出现问题。

- 参数 method:表示一个逻辑值,它指定在计算中是采用欧洲方法还是美国方法。若为 FALSE 或省略,则采用美国方法。即如果起始日期是一个月的最后一天,则等于同月的 30 号。如果终止日期是一个月的最后一天,并且起始日期早于 30 号,则终止日期等于下一个月的 1 号。否则,终止日期等于本月的 30 号。若为 TRUE,则采用欧洲方法,即起始日期和终止日期为一个月的 31 号,都将等于本月的 30 号。

下面打开"职员档案表"工作簿,利用 DAYS360 函数计算员工年龄的具体操作方法如下。

01 打开"职员档案表.xlsx"工作簿，选中"E4"单元格，并输入公式"=ROUND(DAYS360(D4,$I$2)/360,0)"，完成后按下"Enter"键确认。

02 选中"E4"单元格，利用填充柄将公式快速复制到"E5:E31"单元格中即可。

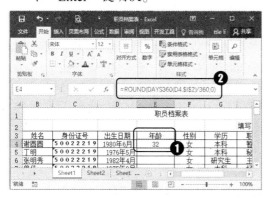

公式中使用的 ROUND 函数的功能是按要求进行四舍五入。其语法为：ROUND(number, num_digits)。其中参数 number 是需要四舍五入的数字，参数 num_digits 为指定的位数，数字将按此位数进行四舍五入。在该公式中，若 num-digits 大于 0，则四舍五入到指定的小数位；若 num-digits 等于 0，则四舍五入到最接近的整数；若 num-digits 小于 0，则在小数点左侧进行四舍五入。

12.4.4 使用 COUNTIFS 函数计算符合分数范围的人数

COUNTIFS 函数的功能是统计一组给定条件所指定的单元格数目。其语法为：COUNTIFS(criteria_range1, criteria1, [criteria_range2, criteria2]…)，其中各个函数参数的含义如下。

- 参数 criteria_range1：表示在其中计算关联条件的第一个区域。
- 参数 criteria1：表示关联条件。条件的形式为数字、表达式、单元格引用或文本。可用来定义将对哪些单元格进行计数。例如，条件可以表示为">32"、"B4"、"苹果"或"32"。
- 参数 criteria_range2, criteria2, …：表示附加的区域及其关联条件。最多允许 127 个区域/条件对。同时，每一个附加的区域都必须与参数 criteria_range1 具有相同的行数和列数。这些区域无需彼此相邻。

下面打开"夏令营成绩表"工作簿，利用 COUNTIFS 函数计算英语成绩在 90 分以上的哈二学院化工专业学生人数，具体操作方法如下。

01 打开"夏令营成绩表.xlsx"工作簿，在工作表中输入指定条件，如"英语"、">90"、"学院"、"哈二"、"专业"、"化工"、"人数"等。

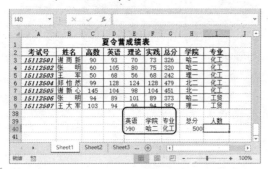

02 在"I40"单元格输入公式=COUNTIFS (D2:D37,E40,H2:H37," 哈 二 ",I2:I37," 化工")，完成后按下"Enter"键即可。

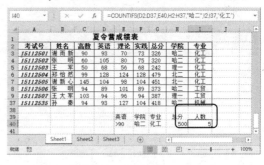

12.4.5　使用 LOOKUP 函数根据姓名查找银行账号

LOOKUP 函数的功能是从单行区域或单列区域或数组中查找一个值。LOOKUP 函数具有两种语法形式：向量形式和数组形式。

LOOKUP 函数的向量形式是在单行区域或单列区域（称为"向量"）中查找值，然后返回第二个单行区域或单列区域中同位置的值。其语法为：LOOKUP(lookup_value, lookup_vector,result_vector)，其中各个函数参数的含义如下。

- 参数 lookup_value：即要查找的值。可以为数字、文本、逻辑值或包含数值的名称或引用。
- 参数 lookup_vector：为只包含一行或一列的区域，其数值可以是文本、数字或逻辑值。
- 参数 result_vector：指定函数返回值的单元格区域，其大小必须与 lookup_vector 相同。

> **提示**
> 需要注意的是，lookup_vector 的数值必须按升序排列，否则 lookup_vector 函数不能返回正确的结果。

打开"职工工资统计表"工作簿，利用 LOOKUP 函数根据职工姓名查找其银行账号和实发工资。具体操作方法如下。

01 打开"职工工资统计表.xlsx"工作簿，在工作表中输入查询需要的数据，如"姓名"、"银行账号"、"实发工资"，在"D17"单元格输入职工姓名，如"刘勇"。

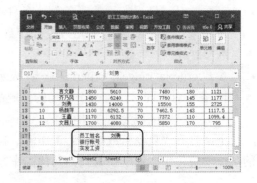

02 在 "D18" 单元格中输入公式 =LOOKUP (C17,B3:B13,J3:J13)，完成后按下 Enter 键。

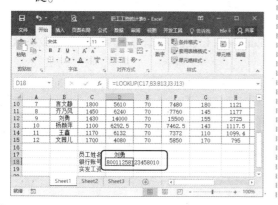

03 在 "D19" 单元格中输入公式 =LOOKUP (C17,B3:B13,I3:I13)，按下 "Enter" 键，在 "D17" 单元格输入职工姓名后即可查找其银行账号和实发工资。

12.4.6　使用 DSUM 函数计算总成绩

DSUM 函数的功能是计算列表或数据库中满足指定条件的记录字段（列）中的数字之和。

DSUM 函数的语法为：DSUM(database, field, criteria)，其中各个函数参数的含义如下。

- 参数 database：是构成列表或数据库的单元格区域。数据库是包含一组相关数据的列表，其中包含相关信息的行为记录，而包含数据的列为字段。列表的第一行包含每一列的标签。

- 参数 field：是指定函数所使用的列。输入两端带双引号的列标签，如"语文"或者"理论"；或是代表列在列表中的位置的数字（不带引号）。

- 参数 criteria：是包含指定条件的单元格区域。用户可以为参数 criteria 指定任意区域。只要此区域包含至少一个列标签，并且列标签下方包含至少一个指定列条件的单元格。

下面打开"夏令营成绩表"工作簿，利用 DSUM 函数计算"哈二学院化工专业学生中高于 90 分的英语成绩总分"，具体操作方法如下。

01 打开"夏令营成绩表.xlsx"工作簿，在"E39:G40"单元格区域中输入指定条件，如"英语"、">90"、"学院"、"哈二"、"专业"、"化工"。

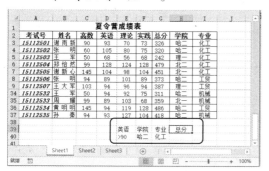

02 输入公式 "=DSUM(A2:I37,"英语",E39: G40)"，完成后按下 "Enter" 键即可。

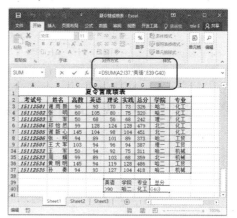

12.4.7 使用 DPRODUCT 函数计算员工销售额

DPRODUCT 函数的功能是计算列表或数据库中满足指定条件的记录字段（列）中的数值的乘积。

DPRODUCT 函数的语法为：DPRODUCT(database, field, criteria)，其中各个函数参数的含义与 12.4.6 中 DSUM 函数的参数含义相同。

下面打开"销售提成"工作簿，利用 DPRODUCT 函数计算员工的销售额，具体操作方法如下。

01 打开"销售提成.xlsx"工作簿，在工作表前插入两行空白单元格，在"A1:F1"单元格区域中输入指定条件，如"品种"、"王林"、"赵芳"、"沈燕"、"秦晓"、"白双"。

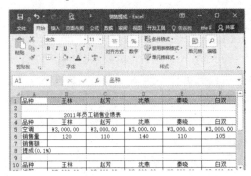

02 在"B7"单元格中输入公式"=DPRODUCT($A$4:$F$6,"王林",$A$1:$F$2)"，按下"Enter"键，在"B13"单元格中输入公式"=DPRODUCT($A$10:$F$12,"王林",$A$1:$F$2)"，按下"Enter"键。

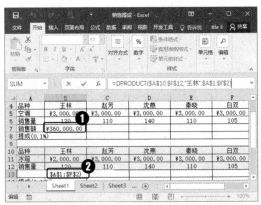

03 选中"B7"单元格，利用填充柄将公式快速复制到"C7:F7"单元格中，选中"B13"单元格，利用填充柄将公式快速复制到"C13:F13"单元格中，在复制的公式中将"王林"修改为相应的"赵芳"、"沈燕"、"秦晓"或"白双"即可。

12.4.8 使用 DCOUNT 函数统计公司 30 岁以上员工人数

COUNT 函数的功能是从满足指定条件的记录字段（列）中计算数值单元格的数目。

DCOUNT 函数的语法为：DCOUNT(database, field, criteria)，其中各个函数参数的含义如下。

- 参数 database：是构成列表或数据库的单元格区域。

- 参数 field：是指定函数所使用的列。输入两端带双引号的列标签，如"使用年数"或"产量"，或是代表列在列表中的位置的数字（不带引号）。
- 参数 criteria：是包含所指定条件的单元格区域。用户可以为参数 criteria 指定任意区域，只要此区域包含至少一个列标签，并且列标签下方包含至少一个指定列条件的单元格。

下面打开"职员档案表.xlsx"工作簿，利用 DCOUNT 函数计算公司 30 岁以上员工的人数。具体操作方法如下。

01 打开"职员档案表.xlsx"工作簿，在工作表中输入指定条件，如"年龄"、">30"、"人数"等。

02 在"F34"单元格中输入公式"=DPRODUCT(E3:E31,"年龄",E3:E34)"，完成后按下"Enter"键即可。

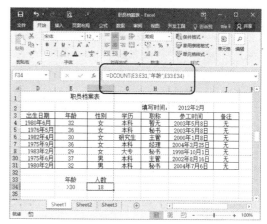

12.4.9 使用 FV 函数计算投资的未来值

通过 Excel 的财务函数，可以轻松完成利息、支付额、利率和收益率等复杂的财务计算。比如计算贷款的月支付额、累计偿还金额，计算年金的各期利率，计算资产折旧值，计算证券价格和收益等。

例如需要知道某项投资的未来收益情况，如 N 年后的存款总额，我们可以通过 FV 函数实现。

FV 函数的语法为：=FV(rate,nper,pmt,pv,type)。其中各参数的含义如下。

- rate：各期利率。
- nper：总投资期，即该项投资的付款期总数。

- pmt：各期所应支付的金额，其数值在整个年金期间保持不变，通常 pmt 包括本金和利息，但不包括其他费用及税款，如果忽略 pmt，则必须包括 pv 参数。
- pv：现值，即从该项投资开始计算时已经入账的款项，或一系列未来付款的当前值的累积和，也称为本金。如果省略 PV，则假设其值为零，并且必须包括 pmt 参数。

- **type**: 数字 0 或 1，用以指定各期的付款时间是在期初还是期末。如果省略 type，则假设其值为零。

下面给定条件：年利率为 6%，总投资期为 10 年，各期应付 500 元，现值为 500 元，计算未来值。

> ☺ **提示**
>
> 由于投资是先付出金额，因此在输入计算公式时，参数"pmt"和参数"pv"应为负数，这样得出的计算结果才为正数，即未来的收益金额。

12.5 高手支招

12.5.1 快速显示工作表中所有公式

问题描述：某用户在编辑 Excel 工作表中单元格时，发现默认是显示公式计算的结果。为了方便修改、查看公式内容，希望显示出完整公式。

解决方法：切换"公式"选项卡，单击"公式审核"组中的"显示公式"按钮，单元格中的公式即可被显示出来。

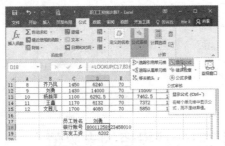

12.5.2 将公式计算结果转换为数值

问题描述：某用户在完成 Excel 的编辑后，发现选中所计算的结果很容易因为一些小小的误操作而改变公式结果，如果能够将所计算的结果全部转换为数值会方便很多。

解决方法：选中需要转换为文本的单元格，按下"Ctrl+C"组合键复制单元格，然后鼠标右键单击该单元格，在弹出的菜单中单击"选择性粘贴"选项。弹出"选择性粘贴"对话框，然后在"粘贴"栏下选中"值"单选项，完成后单击"确定"按钮即可。

12.5.3 复制公式

问题描述：某员工在计算数据后，将设置好的公式复制到其他单元格，发现其计算结果与原单元格一样，即使修改了引用单元格的数据，计算结果也一样，如果可以只复制公式的话操作会方便很多。

解决方法：可以在"Excel 选项"对话框中单击"公式"按钮，在弹出对话框的"计算选项"区域选择"自动重算"单选项，设置完成后单击"确定"按钮。然后在"公式"选项卡的"计算"组中单击"计算选项"下拉按钮，在弹出的菜单中选中"自动"命令即可。

12.6 综合案例——使用函数统计学生成绩

对工作表中的数据进行统计和分析是 Excel 的功能之一，下面以"学生成绩表"为例，运用本章所学知识统计工作表中的总成绩、平均分，以及"语文"成绩的最高分和最低分。

01 打开"学生成绩表.xlsx"，选中"G3"单元格，在其中输入公式"=SUM(C3+D3+E3+F3)"，按下"Enter"键确认。

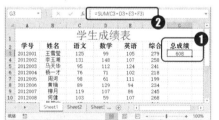

02 使用填充柄功能复制公式到该列的其他单元格中。

03 选中"C13"单元格，在其中输入公式"=AVERAGE(C3:C12)"，按下"Enter"键确认，得到"语文"平均分。

04 用填充柄功能复制公式到该行的其他单元格中。

215

05 选中"D15"单元格,在其中输入公式
"=MAX(C3:C12)",按下"Enter"键确
认,得到成绩表中的"语文"最高分。

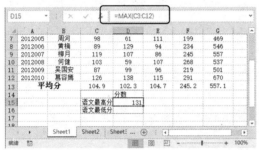

06 选中"D16"单元格,在其中输入公式
"=MIN(C3:C12)",按下"Enter"键确认,
得到成绩表中的"语文"最低分。

第 13 章

使用图表展现数据

》》 **本章导读**

在 Excel 中，图表的存在是为数据服务的。我们使用图表为数据做诠释，让图表直观、生动、一目了然地展示出数据想要向我们传达的信息。本章将详细介绍在 Excel 中使用图表的基本方法。

》》 **知识要点**

- ✓ 创建与编辑图表
- ✓ 使用迷你图
- ✓ 定制图表外观

本章配套资源

素材文件：访问 http://www.broadview.com.cn/29628 下载本书配套资源包，在"素材文件\第 13 章\"与"结果文件\第 13 章\"文件夹中可查看本章配套文件。

教学视频：访问 http://res.broadview.com.cn/v.php?id=29628&vid=13，或用手机扫描右侧二维码，可查阅本章各案例配套教学视频。

13.1 创建与编辑图表

认识了图表之后，就可以尝试为表格数据创建图表了。在 Excel 2016 中，可以轻松地创建有专业外观的图表。图表创建完成后，如果对图表的大小、位置、类型不满意，还可以及时调整，制作出用户满意的图表。

13.1.1 图表的组成

Excel 图表是由各图表元素构成的，以簇状柱形图为例，常见的图表构成如下。

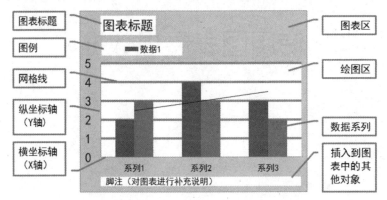

Excel 图表元素远不止上面展示的这些，因为不同类型的图表，其构成元素有一定的差别，一个图表中不可能出现所有的图表元素。下面我们将常见的图表元素归纳整理一下，并补充说明。

- 图表区：即整个图表所在的区域。
- 绘图区：包含数据系列图形的区域。
- 图表标题：顾名思义，在 Excel 中默认使用系列名称作为图表标题，建议根据需要修改。
- 图例：标明图表中的图形代表的数据系列。
- 数据系列：根据源数据绘制的图形，生动形象地反映数据是图表的关键部分。
- 数据标签：用于显示数据系列的源数据的值，为避免图表变得杂乱，可以选择在数据标签和 Y 轴刻度标签中择一而用。
- 网格线：有水平网格线和垂直网格线两种，分别与纵坐标轴（Y 轴）、横坐标轴（X 轴）上的刻度线对应，是用于比较数值大小的参考线。
- 坐标轴：包括横坐标轴（X 轴）和纵坐标轴（Y 轴），坐标轴上有刻度线、刻度标签等，某些复杂的图表有时会用到次坐标轴，一个图表最多可以有 4 个坐标轴，即主 X 轴、Y 轴和次 X 轴、Y 轴。
- 坐标轴标题：用于标明 X 轴或 Y 轴的名称，一般在散点图中使用。
- 插入到图表中的其他对象：例如在图表中插入的自选图形、文本框等，用于进一步阐释图表。

- 数据表：在 X 轴下绘制的数据表格，有占用大量图表空间的缺点，一般不建议使用。

😊 **提示**

在使用三维类型的图表时，还可能出现背景墙、侧面墙、底座等图表元素，由于三维图表一般不在商务场合使用，我们在这里略过不再叙述。

此外，Excel 还为用户提供了一些数据分析中很实用的图表元素，在"图表工具/布局选项卡"的"分析"组中，我们可以轻松设置这些图表元素。

- 趋势线：用于时间序列的图表，是根据源数据按照回归分析法绘制的一条预测线，有线性、指数等多种类型，不熟悉统计知识的朋友建议不要轻易使用。
- 折线：在面积图或折线图中，显示从数据点到 X 轴的垂直线，是用于比较数值大小的参考线，日常工作中较少使用。
- 涨/跌柱线：在有两个以上系列的折线图中，在第一个系列和最后一个系列之间绘制的柱形或线条，即涨柱或跌柱，常见于股票图表。
- 误差线：用于显示误差范围，提供标准误差线、百分比误差线、标准偏差误差线等选项，常见于质量管理方面的图表。

13.1.2　创建图表

在制作或打开一个需要创建图表的表格后，就可以开始创建图表了。在 Excel 中，创建图表的方法主要有以下 3 种。

- 利用"图表"组中的命令按钮创建：打开工作簿，选中用来创建图表的数据区域，切换到"插入"选项卡，在"图表"组中选择要插入的图表类型，如单击"饼图"下拉按钮，在弹出的下拉菜单中，选择饼图样式即可。
- 利用"插入图表"对话框创建：选中用来创建图表的数据区域，切换到"插入"选项卡，单击"图表"组右下角的功能扩展按钮，打开"插入图表"对话框，在其中选择需要的图表类型和样式，然后单击"确定"按钮即可。

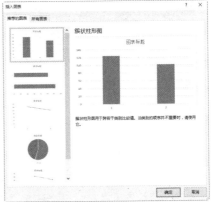

- 利用快捷键创建：在 Excel 中，默认的图表类型为簇状柱形图。选中用来创建图表的数据区域，然后按下"Alt+F1"组合键，即可快速嵌入图表。

> 😊 **提示**
>
> 在创建图表时，如果选择了一个单元格，Excel 会自动将紧邻该单元格的包含数据的所有单元格作为数据系列创建图表。如果要创建的图表数据系统的数据源于不连续单元格，可以先选中不相邻的单元格或单元格区域，再创建图表。

13.1.3　调整图表大小和位置

创建图表后，用户可以根据实际需要调整图表的大小和位置，方法与调整图片的大小和位置相似。

单击图表上的空白区域选中整个图表，此时将显示图表的边框，在该边框上可见 8 个控制点。

- 调整图表大小：将光标指向控制点，当鼠标指针变为双向箭头形状时，按住鼠标左键拖动即可调整图表大小。
- 调整图表位置：将光标指向图表的空白区域，当鼠标指针变为 形状时，按住鼠标左键拖动图表到目标位置，释放鼠标左键即可。

但某些时候为了表达图表数据的重要性，或为了能清楚分析图表中的数据，需要将图表放大并单独制作为一张工作表，此时可以使用"移动图表"功能。下面将"生活超市销售统计"工作簿中的图表单独制作成一张工作表，具体操作步骤如下。

原始文件	生活超市销售统计.xlsx
结果文件	生活超市销售统计 1xlsx
视频教程	调整图表大小和位置.avi

01 打开"生活超市销售统计.xlsx"工作簿，选中其中的图表，然后在"图表工具/设计"选项卡中单击"位置"组中的"移动图表"按钮。

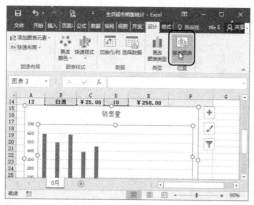

02 在打开的"移动图表"对话框中选中"新工作表"单选按钮，在右侧的文本框中输入工作表名称，然后单击"确定"按钮。

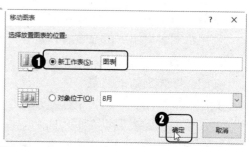

03 完成后即可在工作簿中创建放置图表的新工作表。

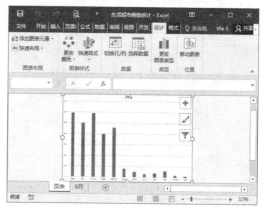

13.1.4　复制和删除图表

创建图表之后，也可以对图表进行复制、粘贴和删除的操作。

1. 复制图表

复制图表的方法有以下两种。

- 复制命令：选中图表后，单击"开始"选项卡上的"复制"命令，或按下"Ctrl+C"组合键，再选择左上角单元格，单击"粘贴"命令，或按下"Ctrl+V"组合键，即可将图表复制到目标位置。

- 快捷复制：选中图表，出现图表容器框，将光标移动到图表容器框上，此时光标变为，按住鼠标不放，将图表拖动到想要的位置即可。

2. 删除图表

如果工作表中不再需要图表，可以及时删除，删除的方法如下。

- 在图表上单击鼠标右键，在弹出的快捷菜单中选择"剪切"命令，或在选中图表之后按下"Delete"键，即可删除工作表中的图表。

- 如果要删除图表工作表，操作方法与删除工作表完全相同，操作方法是：切换到图表工作表后，用鼠标单击"开始"选项卡上的"删除"下拉按钮，在弹出的扩展菜单中单击"删除工作表"命令即可删除工作表。也可以鼠标右键单击工作表标签，在弹出的快捷菜单中单击"删除"命令将其删除。

13.1.5　修改或删除数据

创建图表之后，有时需要对单元格中的数据进行修改或删除。需要注意的是，图表与单元格中的数据是同步显示的，即修改单元格中的数据时图表上的图形也在同步进行改变。

下面将"生活超市销售统计 1"工作表中"薯片"的数量更改为"400"，并删除"白酒"的销售数据，操作方法如下。

原始文件	生活超市销售统计.xlsx
结果文件	生活超市销售统计 2xlsx
视频教程	修改或删除数据.avi

01 打开"生活超市销售统计.xlsx"工作簿，选中 D4 单元格，然后输入"400"，完成后单击"Enter"键。

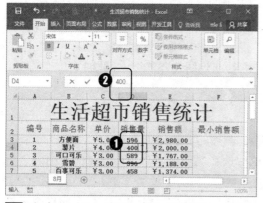

02 选中 A14：E14 单元格区域，按下"Delete"键删除数据。

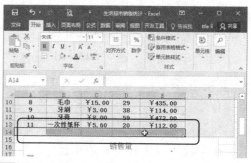

03 修改完成后图表的内容即发生变化，具体效果如图所示。

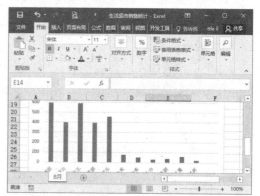

13.1.6 更改数据源

如果需要重新选择工作表中的数据作为数据源，图表中的相应数据系列也会发生变化。下面修改"生活超市销售统计 1"工作表中图表的数据源为"B2：B14"和"E2：E14"单元格区域，具体操作方法如下。

原始文件	生活超市销售统计 1.xlsx
结果文件	生活超市销售统计 3..xlsx
视频教程	更改数据源.avi

01 打开"生活超市销售统计 1.xlsx"工作簿，选择图表，然后在"图表工具/设计"选项卡中单击"数据"组中的"选择数据"按钮。s

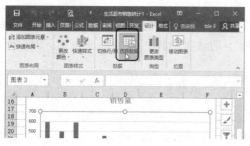

02 在弹出的"选择数据源"对话框中单击"图表数据区域"文本框后的"折叠"按钮。

03 返回工作表中选择 E2：E14 单元格区域，然后在"选择数据源"对话框中再次单击"折叠"按钮。

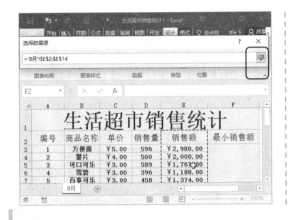

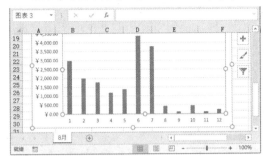

04 返回"选择数据源"对话框后单击"确定"按钮，关闭该对话框后返回工作簿中。

13.1.7　更改图表类型

创建图表后，若对图表类型不满意，还可以更改图表类型。具体操作方法为：选中整个图表，切换到"图表工具/设计"选项卡，单击"类型"组中的"更改图表类型"按钮；然后在弹出的"更改图表类型"对话框中选择需要的图表类型和样式，单击"确定"按钮即可。

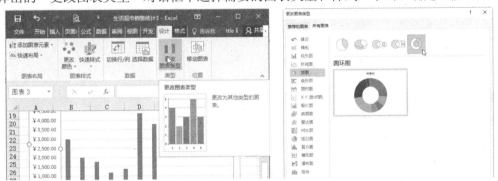

13.1.8　添加并设置图表标签

为了使所创建的图表更加清晰、明确，用户可以添加并设置图表标签。方法为：选中整个图表，单击图表控制框右侧出现的 ➕ 按钮，在打开的快捷菜单中勾选"数据标签"复选框，并单击右侧的扩展按钮 ▶ 展开"数据标签"子菜单，设置数据标签显示位置即可。

此外，选中需要设置格式的数据标签，使用鼠标右键单击，在弹出的快捷菜单中单击"设置数据标签格式"命令，即可打开"设置数据标签格式"窗格，在其中可以对数据标签进行相应的设置，设置完成后单击"关闭"按钮即可。

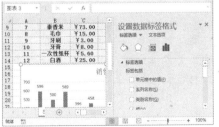

13.1.9　添加图表标题

在 Excel 2016 中，图表标题在创建图表时已自动插入图表上方并自动命名，如果要更改图表标题，操作方法如下：选中图表标题，然后单击图表标题文本框，进入编辑状态，直接输入想要的图表标题即可。

如果默认插入的图表标题被删除，也可以通过以下方法添加图表标题：选中整个图表，单击图表控制框右侧出现的 按钮，在打开的快捷菜单中勾选"图表标题"复选框，并展开"图表标题"子菜单，设置图表标题显示位置，即可看到在图表中添加一个"图表标题"文本框，在文本框中输入需要的图表标题即可。

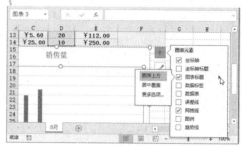

13.1.10　修改系列名称

在创建图表时如果选择的数据区域中没有包括标题行或标题列，系列名称会显示为"系列 1"、"系列 2"等，此时用户可以根据需要修改系列名称。下面以修改"蔬菜进购单 2"中各系列的名称为例，其具体操作方法如下。

原始文件	蔬菜进购单.xlsx
结果文件	蔬菜进购单 1.xlsx
视频教程	修改系列名称.avi

01 打开"生活超市销售统计 1.xlsx"工作簿，选中整个图表，单击控制框右侧的 按钮，在打开的快捷菜单中单击"系列 1"右侧的"编辑序列"按钮 。

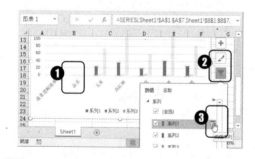

02 弹出"编辑数据系列"对话框，在"系列名称"文本框中，设置系列名称选择区域为 B2 单元格，单击"确定"按钮。

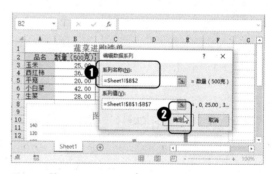

03 返回工作表，可以看到数据系列 1 名称"系列 1"被修改为"数量"，"系列 2"和"系列 3"的修改方法与之相同。

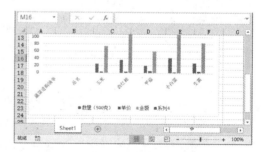

13.2 定制图表外观

创建和编辑好图表后，用户可以根据自己的喜好对图表布局和样式进行设置，美化图表。下面将向读者介绍设置图表布局和样式、更改图表文字、设置图表背景等知识点。

13.2.1 设置图表布局

一个完整的图表通常包括图表标题、图表区、绘图区、数据标签、坐标轴和网格线等部分，合理布局可以使图表更加美观。

通过 Excel 提供的内置布局样式，用户可以快速对图表进行布局。具体操作方法为：选中需要更改布局的图表，切换到"图表工具/设计"选项卡，在"图表布局"组中单击"快速布局"下拉按钮，在弹出的下拉列表中选择需要的布局样式，即可将该布局方案应用到图表中。

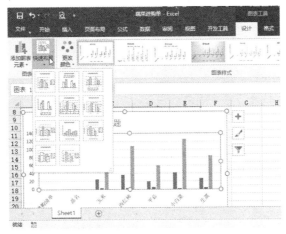

13.2.2 自定义图表布局和颜色

如果对系统内置的布局和颜色不能满足工作的需要，也可以自定义布局和颜色，操作方法如下。

原始文件	蔬菜进购清单 1.xlsx
结果文件	蔬菜进购清单 2.xlsx
视频教程	自定义图表布局和颜色.avi

 01 打开"蔬菜进购清单 1.xlsx"工作簿，选中整个图表，在"图表工具/设计"选项卡的"图表布局"选项组中单击"快速布局"命令，在弹出的下拉列表中选择想要的布局样式。

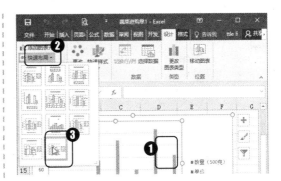

02 单击"图表工具/设计"选项卡，在"图表样式"组中单击"更改颜色"命令，在弹出的下拉列表中选择想要的颜色。

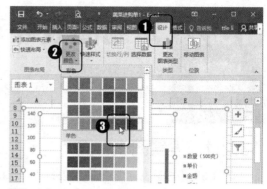

03 选择完成后图表即可发生改变。

13.2.3 设置图表文字

在对图表进行美化的过程中，用户可以根据实际需要，对图表中的文字大小、文字颜色和字符间距等进行设置。操作方法如下。

原始文件	蔬菜进购清单 2 xls
结果文件	蔬菜进购清单 3 xls
视频教程	设置图表文字.avi

01 打开"蔬菜进购清单 2.xlsx"工作簿，选中整个图表，单击鼠标右键，在弹出的快捷菜单中单击"字体"命令。

02 在弹出的"字体"对话框中，对图表中文字的字体、字号和字体颜色等进行设置，完成后单击"确定"按钮。

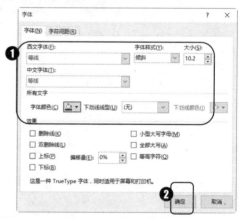

03 设置完成后图表的字体即发生改变，效果如图所示。

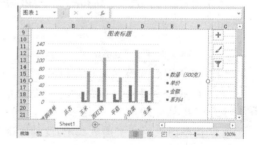

13.2.4 设置图表背景

为了进一步美化图表，用户可以根据需要为其设置背景，具体操作方法如下。

原始文件	蔬菜进购清单 3.xlsx
结果文件	蔬菜进购清单 4.xlsx
视频教程	设置图表背景.avi

01 打开"蔬菜进购清单 3.xlsx"工作簿，选中整个图表，单击鼠标右键，在弹出的快捷菜单中单击"设置图表区域格式"命令。

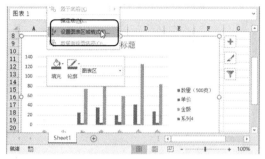

02 打开"设置图表区格式"窗格，在"填充线条"选项卡的"填充"栏中进行相

应设置，例如选择"渐变填充"单选项，并设置渐变类型、方向等，完成后单击"关闭"按钮即可。

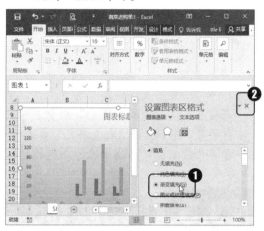

13.2.5 【案例】利用柱形图直观显示学生成绩

使用图表显示数据，可以让单调的数据变得更加一目了然，下面将通过一个小例子来演练一下。

原始文件	学生成绩表.xlsx"
结果文件	学生成绩表 1.xlsx"
视频教程	利用柱形图直观显示学生成绩.avi

01 打开"学生成绩表.xlsx"工作簿，选中图表标题，在"开始"选项卡内设置标题文字字体格式。

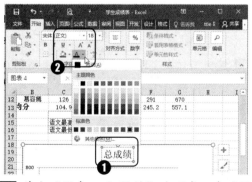

02 单击"图表工具/设计"选项卡，在"图

表样式"组中单击"更改颜色"命令，在弹出的下拉列表中选择想要的颜色。

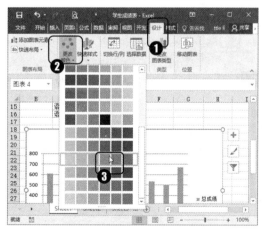

03 选中整个图表，单击鼠标右键，在弹出的快捷菜单中单击"设置图表区域格式"命令。

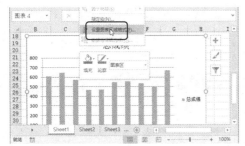

04 打开"设置图表区格式"窗格，在"填充线条"选项卡的"填充"栏中进行相应设置，例如选择"渐变填充"单选项。在"预设渐变"色块中选择合适的预设

渐变色，完成后单击"关闭"按钮即可。

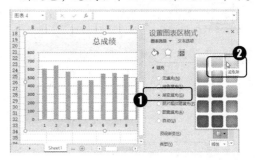

13.3 使用迷你图

迷你图与 Excel 中的其他图表不同，它不是对象，而是一种放置到单元格背景中的微缩图表。在数据旁边放置迷你图可以使数据表达更直观、更容易被理解。

13.3.1 创建迷你图

迷你图是创建在工作表单元格中的一个微型图表，可以直观地显示数据。在创建迷你图时，可以为工作表中的一行或一列数据创建迷你图，也可以为多行或多列数据创建一组迷你图，下面分别介绍。

原始文件	洗涤用品月销售情况.xlsx
结果文件	洗涤用品月销售情况 1.xlsx
视频教程	创建迷你图.avi

01 打开"洗涤用品月销售情况.xlsx"工作簿，选中要显示迷你图的单元格如"I4"单元格，在"插入"选项卡中单击"迷你图"组中的"折线图"按钮。

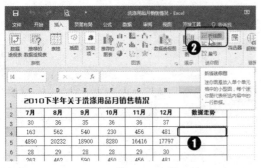

02 弹出"创建迷你图"对话框，在"数据范围"文本框中设置迷你图的数据源，完成后单击"确定"按钮。

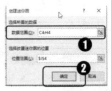

03 返回工作表，即可看见当前单元格创建了迷你图。

提示

创建迷你图时，其数据源只能是同一行或同一列中相邻的单元格，否则无法创建迷你图。而单个迷你图也只能使用一行或一列数据作为源数据，如果使用多行或多列数据，Excel 会提示"位置引用或数据区域无效"错误。

13.3.2　更改迷你图类型

在创建了迷你图之后，也可以随时更改迷你图类型。具体操作方法如下。

原始文件	洗涤用品月销售情况 1xlsx
结果文件	洗涤用品月销售情况 2.xlsx
视频教程	更改迷你图类型.avi

01 打开"洗涤用品月销售情况 1.xlsx"工作簿，选中迷你图组中的任意单元格或单个迷你图，然后在"设计"选项卡中的"类型"组中选择迷你图类型。

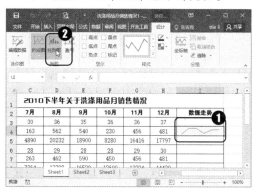

02 选择完成后迷你图类型即可更改，效果如图所示。

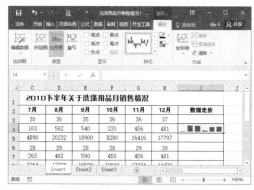

提示

改变一组迷你图中的单个迷你图类型时，需要先将该迷你图独立出来，再改变迷你图的类型，方法为：选中迷你图中的一个单元格，然后单击"设计"选项卡中的"取消组合"按钮即可。

13.3.3　突出显示数据点

为迷你图标记数据点，可以让数据的显示更醒目，让人一目了然。

- 标记数据点：标记数据点只能用于折线图类型的迷你图。操作方法是：选中需要设置数据点的单元格，勾选"设计"选项卡中的"标记"复选框即可为迷你图标记数据点。

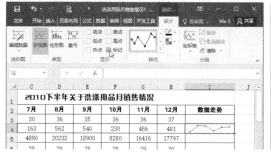
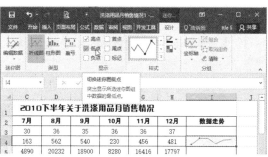

- 突出显示高点和低点：突出显示高点和低点的操作方法为，选择要设置的单元格，分别勾选"设计"选项卡中的"高点"复选框和"低点"复选框，即可完成一组迷你图的高点和低点突出显示。

13.3.4 设置迷你图样式

在工作表中创建迷你图之后，功能区中将显示"迷你图工具/设计"选项卡，通过该选项卡，可以对迷你图进行相应地编辑或美化操作。

原始文件	洗涤用品月销售情况 2.xlsx
结果文件	洗涤用品月销售情况 3.xlsx
视频教程	设置迷你图样式.avi

01 打开"洗涤用品月销售情况 2.xlsx"工作簿，选中更改样式的迷你图，然后单击"设计"选项卡中的"样式"下拉按钮 ，在弹出的迷你图样式库中选择想要更改的迷你图样式。

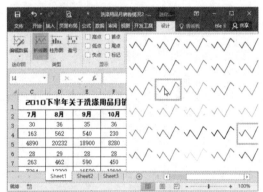

02 单击"设计"选项卡中的"迷你图颜色"下拉按钮，在弹出的下拉列表中选择想要的颜色。

> 😊 **提示**
>
> 如果想要删除迷你图，选中迷你图所在单元格，然后单击"设计"选项卡中的"清除"下拉按钮，在弹出的下拉列表中选择"清除所选的迷你图"或"清除所选的迷你图组"命令删除迷你图。

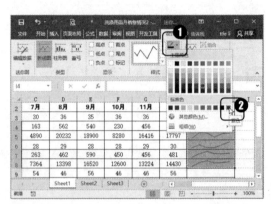

03 单击"样式"组中的"标记颜色"按钮，在弹出的下拉列表中依次选择"高点"→"紫色"，操作完成后即可将高点设置为红色。如果要设置其他标记的颜色，操作方法与之相同。

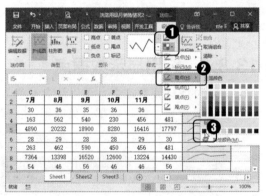

13.3.5 【案例】创建日化销售情况统计图

本节将练习制作一个日化销售情况统计图，以便分析销售情况，使读者能更好地运用本节所学。

原始文件	日化销售.xlsx
结果文件	日化销售 1.xlsx
视频教程	创建日化销售迷你图.avi

01 打开"日化销售.xlsx"工作簿,选中"I4"、"I7"、"I10"单元格,然后切换到"插入"选项卡,在"迷你图"组中单击"柱形图"命令。

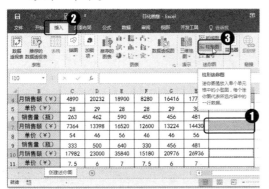

02 弹出"创建迷你图"对话框,在"数据范围"文本框中设置迷你图对应的数据源,如"C4:H4,C7:H7,C10:H10",完成后单击"确定"按钮。

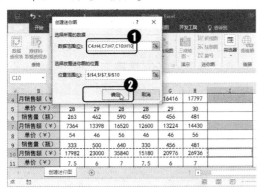

03 在设计选项卡的"样式"组中选择合适的图表样式。

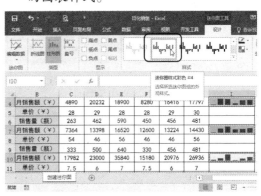

04 单击"设计"选项卡中的"迷你图颜色"下拉按钮,在弹出的下拉列表中选择想要的颜色。

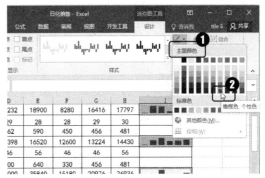

05 设置完成后即可查看最终效果。

13.4 高手支招

13.4.1 突出显示柱形图中的某一柱形

问题描述:某用户想要出去旅游,所以制作了一份各城市最近的最高气温对比柱形图表,其中柱形图中的某一柱形表示最高温度,用户想突出显示这一柱形。

解决方法：可以单独设置该柱形的格式。操作方法是：选中图表数据区，然后双击需要突出显示的柱形，选中该柱形，单击"开始"选项卡中"字体"组中的"填充"下拉按钮，在弹出的下拉列表中选择填充颜色即可突出显示该柱形。

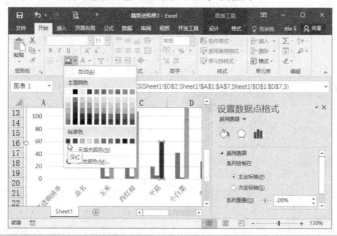

😊 **提示**

选中柱形，然后单击鼠标右键，在弹出的快捷菜单中选择"设置数据点格式"，然后在右侧的"设置数据点格式"扩展窗口中设置更多的柱形格式。

13.4.2　使用图片装饰图表背景

问题描述：某用户觉得默认的白色图表背景过于单调，想要使用图片装饰图表背景，应该怎样操作。

解决方法：在图表区单击鼠标右键，在弹出的快捷菜单中选择"设置图表区域格式"命令。在右侧打开"设置图表区格式"窗格，切换到"填充线条"选项卡，单击"填充"选项打开折叠菜单，选择"图片或纹理填充"选项。然后单击下方的"文件"按钮。最后在弹出的菜单中选择图片文件，选择完成后单击确定按钮即可成功设置图表背景为图片。

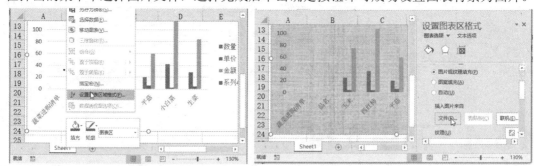

13.4.3　更改条形图表排列顺序

问题描述：某大学举办游泳比赛，裁判将比赛成绩制作成为条形图，如下左图所示。现在，裁判想将条形图表按游泳时间排列。

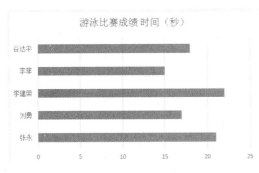

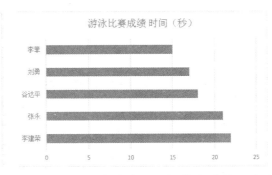

解决方法：将条形图表按顺序排列，可以通过对数据排序来完成。操作方法是：选中"A2：B7"单元格区域，然后单击"数据"选项卡中的"排序"按钮。在打开的"排序"窗口中，设置"主要关键词"为"时间"，"排序依据"为"数值"，"次序"为"降序"，设置完成后单击"确定"按钮即可成功将图表排序。

13.5 综合案例——使用函数统计学生成绩

用图表显示数据，可以让原本单调的数据之间的差距一目了然，方便我们进行对比和分析，下面以将"采购预算表"中的数据用图表显示为例，通过实例来进行演练。

01 打开"采购预算图表.xlsx"工作簿，选中"F3"单元格，在"插入"选项卡中单击"迷你图"组中的"折线图"按钮。

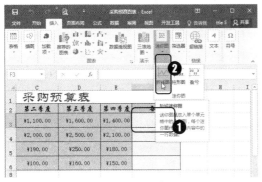

02 弹出"创建迷你图"对话框，在"数据范围"文本框中设置迷你图对应的数据源，如"B3：E3"，完成后单击"确定"按钮。

03 选中"F3"单元格，为折线图添加标记，本例为折线图添加不同颜色的高点和低点。

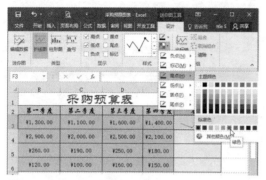

04 使用填充柄功能复制折线图到该列中的其他单元格中。

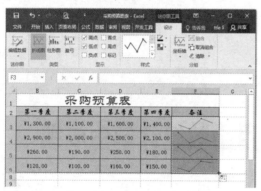

05 选中"A2:E6"单元格区域，切换到"插入"选项卡，单击"图表"组中的"折线图"下拉按钮，在下拉列表中选中一种折线图样式。

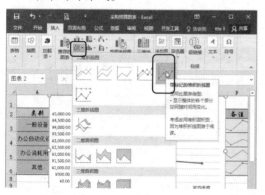

06 选中添加的折线图图表，在"设计"选项卡的"样式"组中单击"其他"下拉按钮，在弹出的下拉列表中选择需要的布局样式。

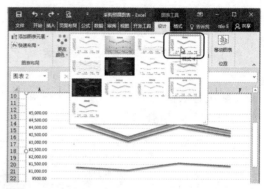

07 设置完成后单击"保存"按钮保存图表即可。

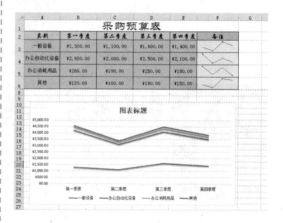

第 14 章

条 件 格 式

» **本章导读**

　　条件格式是指当单元格中的数据满足某一个设定的条件时，系统会自动地将其以设定的格式显示出来。通过条件格式的设置与清除、单元格样式和工作表样式的套用等操作，可以快速美化表格。

» **知识要点**

　　✓ 使用条件格式　　　　　　　　✓ 使用"条件格式规则管理器"

　　✓ 编辑与查找条件格式　　　　　✓ 复制与删除条件格式

本章配套资源

素材文件：访问 http://www.broadview.com.cn/29628 下载本书配套资源包，在"素材文件\第 14 章\"与"结果文件\第 14 章\"文件夹中可查看本章配套文件。

教学视频：访问 http://res.broadview.com.cn/v.php?id=29628&vid=14，或用手机扫描右侧二维码，可查阅本章各案例配套教学视频。

14.1 使用条件格式

条件格式是指当单元格中的数据满足某一个设定的条件时，系统会自动地将其以设定的格式显示出来。通过条件格式的设置与清除、单元格样式和工作表样式的套用等操作，可以快速美化表格。

14.1.1 设置条件格式

在 Excel 中，条件格式就是指当单元格中的数据满足某一个设定的条件时，以设定的单元格格式显示出来。

在"开始"选项卡的"样式"组中单击"条件格式"下拉按钮，打开下拉菜单，可以看到其中包含有"突出显示单元格规则"、"项目选取规则"、"数据条"、"色阶"、"图标集"等子菜单。

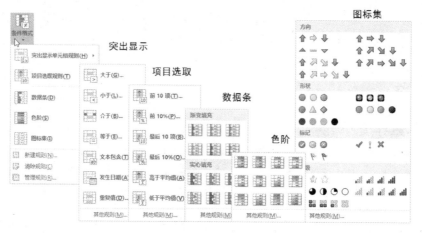

14.1.2 使用突出显示单元格规则

如果要在 Excel 中突出显示单元格中的一些数据，如大于某个值的数据、小于某个值的数据、等于某个值的数据等，可以使用突出显示单元格规则来实现。下面以在工作簿中显示销售数量大于"20"的单元格为例进行讲解。

原始文件	空调销售情况.xlsx
结果文件	空调销售情况 1.xlsx
视频教程	使用突出显示单元格规则.avi

01 打开"空调销售情况.xlsx"工作簿，选择 D3:D11 单元格区域，然后单击"开始"选项卡"样式"组中的"条件格式"按钮，在弹出的下拉菜单中选择"突出显示单元格规则"选项，在弹出的扩展菜单中选择"大于"命令。

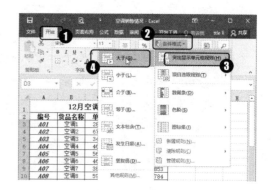

02 打开"大于"对话框，在数值框中输入"20"，在"设置为"下拉列表框中选择"浅红填充色深红色文本"选项，完成后单击"确定"按钮。

03 返回工作簿中即可查看到 D3:D11 单元格区域中大于 20 的数值已经以"浅红色填充色深红色文本"的单元格格式突出显示。

14.1.3 使用项目选取规则

使用项目选取规则，可以帮助用户识别项目中最大或最小的百分数或数字所指定的项，或者指定大于或小于平均值的单元格，下面以在"空调销售情况"工作簿中，分别设置销售金额前 3 位的单元格和低于平均销售额的单元格为例，介绍使用项目选取规则的方法。

原始文件	空调销售情况.xlsx
结果文件	空调销售情况 2.xlsx
视频教程	使用项目选取规则.avi

01 打开"空调销售情况.xlsx"工作簿，选择 E3:E11 单元格区域，然后单击"开始"选项卡"样式"组中的"条件格式"按钮，在弹出的下拉菜单中选择"项目选取规则"选项，在弹出的扩展菜单中选择"前 10 项"命令。

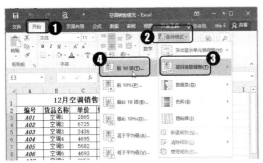

02 弹出"前 10 项"对话框，在数值框中输入"3"，在"设置为"下拉列表框中选择"浅红填充深红色文本"选项，完

成后单击"确定"按钮即可为所选区域突出显示前 3 位的单元格。

03 保持单元格区域的选定，然后单击"开始"选项卡"样式"组中的"条件格式"按钮，在弹出的下拉菜单中选择"项目选取规则"选项，在弹出的扩展菜单中选择"低于平均值"命令。

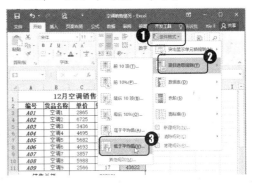

04 弹出"低于平均值"对话框，在"针对选定区域，设置为"下拉列表框中选择"绿填充色深绿色文本"选项，完成后单击"确定"按钮。

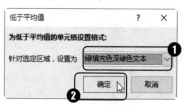

05 返回工作簿中即可查看到已经对 E3：E11 单元格区域中前 3 的数值和低于平均值的单元格进行设置。

14.1.4 使用数据条设置条件格式

用于查看某个单元格相对于其他单元格的值。数据条的长度代表单元格中的值，数据条越长，表示值越高；数据条越短，表示值越低。在分析大量数据中的较高值和较低值时，数据条很有用。

下面以在"空调销售情况"工作簿中使用数据条来显示 D3：D11 单元格区域的数值为例，介绍使用数据条设置条件格式的方法。

原始文件	空调销售情况.xlsx
结果文件	空调销售情况 3.xlsx
视频教程	使用数据条设置条件格式.avi

01 打开"空调销售情况.xlsx"工作簿，选择 D3:D11 单元格区域，然后单击"开始"选项卡"样式"组中的"条件格式"按钮，在弹出的下拉菜单中选择"数据条"选项，在弹出的扩展菜单中选择数据条样式。

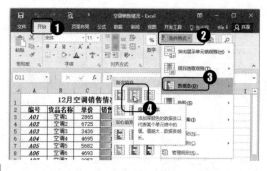

02 返回工作簿中即可看到 D3:D11 单元格区域已经根据数值大小填充了数据条，效果如图所示。

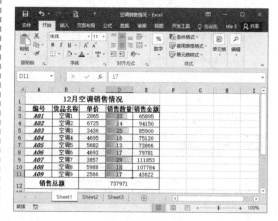

14.1.5 使用色阶设置条件格式

色阶是一种直观的指示，可以帮助用户了解数据的分布和变化。Excel 默认使用双色刻度和三色刻度来设置条件格式，通过颜色的深浅程度比较某个区域的单元格，颜色的深浅表示值的高低。

下面以"空调销售情况"工作簿为例，将 C3:C11 单元格区域使用双色刻度来显示，将 D3:D11 单元格区域使用三色刻度来显示，操作方法如下。

原始文件	空调销售情况.xlsx
结果文件	空调销售情况 4.xlsx
视频教程	使用色阶设置条件格式.avi

01 打开工作簿，选择 C3:C11 单元格区域，然后单击"开始"选项卡"样式"组中的"条件格式"按钮，在弹出的下拉菜单中选择"色阶"选项，在弹出的扩展菜单中选择"绿-黄色阶"命令。

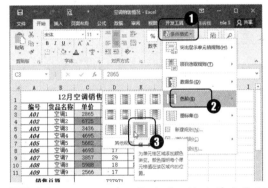

02 选择 D3:D11 单元格区域，然后单击"开始"选项卡"样式"组中的"条件格式"按钮，在弹出的下拉菜单中选择"色阶"选项，在弹出的扩展菜单中选择"绿-黄-红色阶"命令。

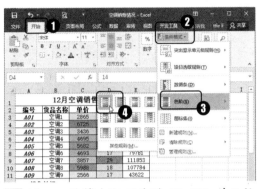

03 返回工作簿中即可看到 C3:C11 单元格区域与 D3:D11 单元格区域已经根据数值大小填充了选定的颜色，效果如图所示。

14.1.6 使用图标集设置条件格式

图标集用于对数据进行注释，并可以按值的大小将数据分为 3~5 个类别，每个图表代表一个数据范围。例如在"三向箭头"图标集中，绿色的上箭头表示较高的值，黄色的横向箭头表示中间值，红色的下箭头表示较低的值。

下面以"空调销售情况"工作簿为例，为 C3:C11 单元格区域使用图标集设置条件格式，操作方法如下。

原始文件	空调销售情况.xlsx
结果文件	空调销售情况 5.xlsx
视频教程	使用图标集设置条件格式.avi

01 打开"空调销售情况.xlsx"工作簿，选择 C3:C11 单元格区域，然后单击"开始"选项卡"样式"组中的"条件格式"

按钮，在弹出的下拉菜单中选择"图标集"选项，在弹出的扩展菜单中选择图标样式。

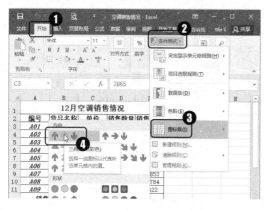

02 返回工作簿中即可看到 C3:C11 单元格区域已经根据数值大小设置了图标，效果如图所示。

😊 **提示**

图标集中的图标是以不同的形状或颜色来表示数据的大小，用户可以根据自己的需要进行设置。

14.1.7 【案例】为新员工计划表设置条件格式

结合本节所学，练习在"新员工培训计划表"工作簿中对"培训员"列设置条件格式，具体操作方法如下。

原始文件	新员工培训计划表.xlsx
结果文件	新员工培训计划表 1.xlsx
视频教程	为新员工计划表设置条件格式.avi

01 打开的"新员工培训计划表.xlsx"工作簿中，选中"F7:F12"单元格区域，在"开始"选项卡中单击"样式"组中的"条件格式"下拉按钮，弹出下拉菜单，单击"突出显示单元格规则"命令，弹出子菜单，单击"重复值"命令。

02 弹出"重复值"对话框，在"设置为"

下拉列表框中设置突出显示重复值的样式，如单击"自定义格式"命令。

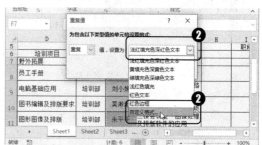

03 弹出"设置单元格格式"对话框，在"字形"列表框中选中"加粗"选项，单击"确定"按钮，在返回的"重复值"对话框中，单击"确定"按钮。

04 返回工作表，即可将所有单元格区域中的重复值以"加粗"字形显示。

14.2 使用"条件格式规则管理器"

使用"条件格式规则管理器"用户可以自定义条件格式的样式、编辑条件格式、删除条件格式，以及控制规则的优先级，让用户创建出适合自己的条件格式。

14.2.1 新建条件格式

用户可以通过新建规则自定义适合自己的条件格式和规则。要新建条件格式规则，需要在"条件格式规则管理器"对话框中单击"新建规则"按钮，打开"条件格式规则管理器"的方法是：单击"开始"选项卡"样式"组中的"条件格式"按钮，在弹出的下拉菜单中选择"管理规则"命令即可。

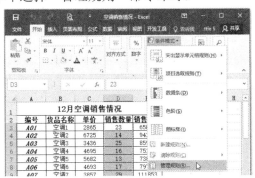

下面以"空调销售情况"工作簿为例，为 C3:C11 单元格区域新建条件格式，将单价高于 5000 的数据用"绿色复选符号" ✔ 显示，操作方法如下。

原始文件	空调销售情况.xlsx
结果文件	空调销售情况 6.xlsx
视频教程	新建条件格式.avi

01 打开"空调销售情况.xlsx"工作簿，选择 C3:C11 单元格区域，然后单击"开始"选项卡"样式"组中的"条件格式"按钮，在弹出的下拉菜单中选择"新建规则"选项，打开"新建格式规则"对话框。

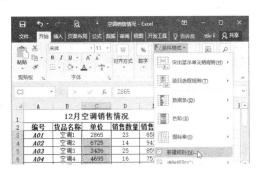

02 在"编辑规则说明"列表框的"格式样式"下拉列表中选择"图标集"。在"根据以下规则显示各个图标"组合框中的"类型"下拉列表框中选择"数字",在"值"编辑框中输入"5000",在"图标"下拉列表框中选择"绿色复选符号"。在"当<5000"和"当<33"两行的"图标"下拉列表框中选择"无单元格图标"。

03 设置完成后单击"确定"按钮,返回工作簿中即可看到 C3:C11 单元格区域大于 5000 的数值已标记了绿色复选符号,效果如图所示。

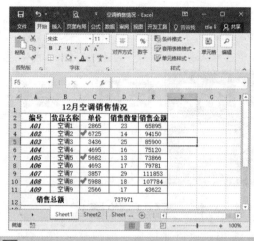

> **提示**
> 在"条件格式"下拉菜单中选择对应的条件格式,然后在弹出的扩展菜单中选择"其他规则",可以打开对应的"新建格式规则"对话框。

14.2.2 使用公式新建条件格式

除了可以使用内置的自定义格式之外,我们还可以使用公式来新建条件格式。下面以"学生成绩表"为例,需要标示出总分最高的学生姓名,操作方法如下。

原始文件	学生成绩表.xlsx
结果文件	学生成绩表 1.xlsx
视频教程	使用公式新建条件格式.avi

01 打开"学生成绩表.xlsx"工作簿,选中"A3:A7"单元格区域,然后单击"开始"选项卡"样式"组中的"条件格式"按钮,在弹出的快捷菜单中选择"新建规则"命令。

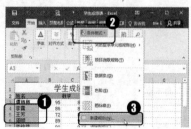

02 打开"新建格式规则"对话框,在"选择规则类型"列表框中选定"使用公式确定要设置格式的单元格",在"为符合此公式的值设置格式"编辑框中输入公式:"=sum($b3: $d3)=max($e$3:$e$7)",然后单击"格式"按钮。

03 弹出"设置单元格格式"对话框，切换到"填充"选项卡，选取"红色"为背景色，然后单击"确定"按钮。

04 完成设置后，总分最高的学生姓名单元格即标示为红色，效果如图所示。

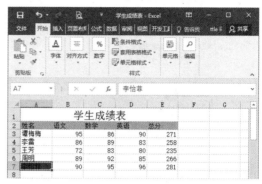

14.3 编辑与查找条件格式

为表格设置了条件格式之后，如果对所设置的条件格式不满意，则可以通过编辑修改条件格式，以及单独查找哪些单元格设置了条件格式。

14.3.1 编辑条件格式

对于已经设置好的条件格式，也可以进行修改，下面以"学生成绩表 1"为例，要将已经设置好的条件格式更改为标记总分小于"250"的学生姓名，操作方法如下。

原始文件	学生成绩表 1.xlsx
结果文件	学生成绩表 2.xlsx
视频教程	编辑条件格式.avi

01 打开"学生成绩表 1.xlsx"工作簿，选中需要修改条件格式的单元格区域，然后单击"开始"选项卡"样式"组中的"条件格式"按钮，在弹出的快捷菜单中选择"管理规则"命令。

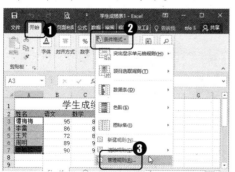

02 弹出"条件格式规则管理器"对话框，选中需要编辑的规则项目，然后单击"编辑规则"按钮。

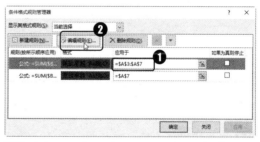

03 弹出"编辑格式规则"对话框，在"为符合此公式的值设置格式"编辑框中输入"=$E3<250"，然后单击"确定"按钮。

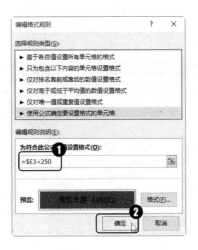

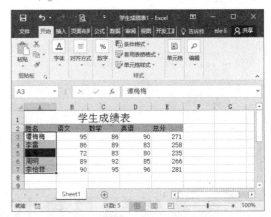

04 完成设置后，总分低于"250"的学生姓名单元格即标示为红色，效果如图所示。

14.3.2　查找条件格式

在工作中，有时候会需要查找设置了条件格式的单元格区域，下面以"学生成绩表1"为例，介绍如何在工作簿中查找设置了条件格式的单元格区域。

01 打开工作簿，单击"开始"选项卡"编辑"组中的"查找和选择"按钮，在弹出的下拉菜单中单击"定位条件"命令。

02 打开"定位条件"对话框，选择"条件格式"单选项，然后单击"确定"按钮。

03 返回工作簿后即可发现设置了条件格式的单元格区域已经被选中，效果如图所示。

14.4 复制与删除条件格式

在为单元格设置了条件格式之后，如果有其他工作簿需要使用相同的条件，可以使用复制操作，如果不再需要使用条件格式，也可以删除条件格式。

14.4.1 使用格式刷复制条件格式

复制条件格式可以通过格式刷或者选择性粘贴两种方法来实现，下面以复制"空调销售情况 1"工作簿中 D3 单元格的条件格式到 E3:E7 单元格区域为例，介绍使用格式刷复制格式的方法。

原始文件	空调销售情况 1.xlsx
结果文件	空调销售情况 7.xlsx
视频教程	使用格式刷复制条件格式.avi

01 打开"空调销售情况 1"工作簿，选中需要复制条件格式的源区域，然后单击"开始"选项卡中"剪贴板"组的格式刷按钮 。

02 鼠标将激活格式刷模式 ，在目标区域拖动格式刷即可复制条件格式到目标区域。

03 复制完成后效果如图所示。

14.4.2 删除条件格式

如果需要删除单元格区域的条件格式，使用"样式"组中的清除命令可以删除条件格式，下面以删除"空调销售情况 1"工作簿中"C3:C4"单元格的条件格式为例，介绍删除条件格式的操作方法。

原始文件	空调销售情况 1.xlsx
结果文件	空调销售情况 8.xlsx
视频教程	删除条件格式.avi

01 打开"空调销售情况 1"工作簿，选中需要删除条件格式的单元格，然后单击"开始"选项卡"样式"组中的"条件格式"按钮，在弹出的下拉菜单中选择"清除规则"命令，在弹出的扩展菜单中选择"清除所选单元格的规则"。

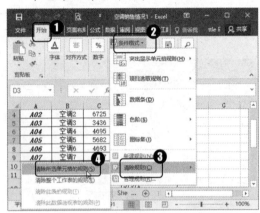

02 操作完成后，所选单元格的条件格式即可删除，效果如图所示。

提示
如果需要删除工作表中所有单元格区域的条件格式，可以任意选中一个单元格，然后在"清除规则"命令的扩展菜单中单击"清除整个工作表的规则"命令即可。

14.5 高手支招

14.5.1 复制由条件格式产生的颜色

问题描述：某工厂产品合格率的情况如下所示，设置的条件是当数值小于 95% 时填充橄榄色底纹。现在数据已定，想要删除设置的条件格式，但要求保留填充的橄榄色底纹。

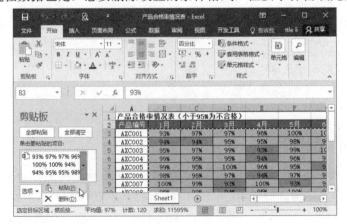

解决方法：复制单元格区域之后，使用 Office 剪贴板进行操作可以既删除条件格式，又保留填充的底纹，选定所有包含数据的单元格区域，然后按下"Ctrl+C"组合键两次，以复制并调出 Office 剪贴板。如果未调出 Office 剪贴板，可以单击"开始"选项卡"剪贴板"组的斜向箭头 。单击粘贴项目的按钮，在下拉菜单中选择"粘贴"选项，完成后表格虽然看起来并没有变化，但条件格式已经被删除，填充的颜色也得到了保留。

14.5.2　标记出员工管理表中的重复姓名

问题描述：某公司要招聘一批职员，人事部工作人员在统计报名人数之前，为了防止报名表重复录入，需要把重复的姓名标记出来，以便删除后进行统计。

解决方法：可以使用条件格式中"突出显示单元格规则"的"重复值"命令进行标记。具体操作方法为：选定需要标记的单元格区域，单击"开始"选项卡"样式"组中的"条件格式"按钮，在弹出的下拉菜单中选择"突出显示单元格规则"选项，在弹出的扩展菜单中选择"重复值"命令。弹出"重复值"对话框，在"值"下拉列表框中选择"重复"，"设置为"下拉列表框中选择"浅红填充色深红色文本"选项，完成后单击"确定"按钮即可。

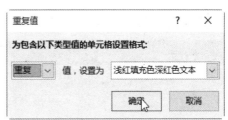

14.5.3　利用条件格式凸显双休日

问题描述：某公司职员把自己每个月的在办事件和待办事件用 Excel 做备忘录，为了方便查看哪几天是双休日，以便申报加班工资，需要把双休日的行用红色底纹标记出来。

解决方法：在条件格式中使用 WEEKDAY 函数可以判断日期是否为双休日，操作步骤如下。

01 选定需要的日期单元格区域，单击"开始"选项卡"样式"组中的"条件格式"按钮，在弹出的下拉菜单中选择"新建规则"命令。

02 弹出"新建格式规则"对话框，在"选择规则类型"列表框中选择"使用公式确定要设置格式的单元格"选项，在"为符合此公式的值设置格式"文本框中输入公式："=WEEKDAY($A3,2)>5"。

03 单击"格式"按钮，在弹出的"设置单元格格式"对话框的"填充"选项卡中选择填充色为"红色"，然后单击"确定"按钮即可。

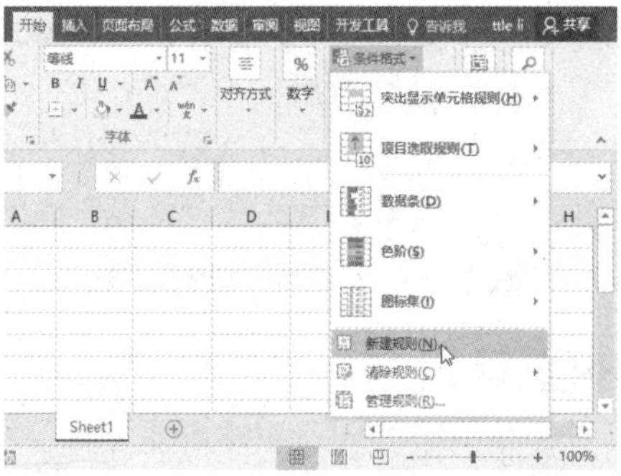

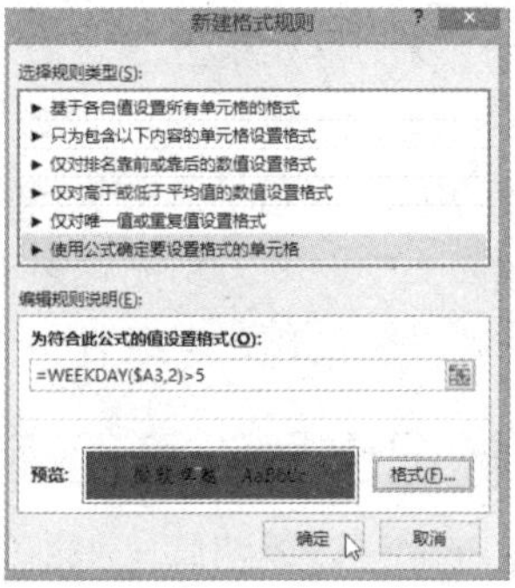

14.6 综合案例——使用图标集标记不及格成绩

用条件格式显示数据，可以突出单元格的某类数据，方便我们进行对比和分析，下面以将使用图标集标记“银行业资格考试成绩表”中不及格成绩。

01 打开“银行业资格考试成绩表 xlsx”工作簿，选定 B3:D22 单元格区域，单击“开始”选项卡“样式”组中的“条件格式”按钮，在弹出的下拉菜单中选择“新建规则”命令。

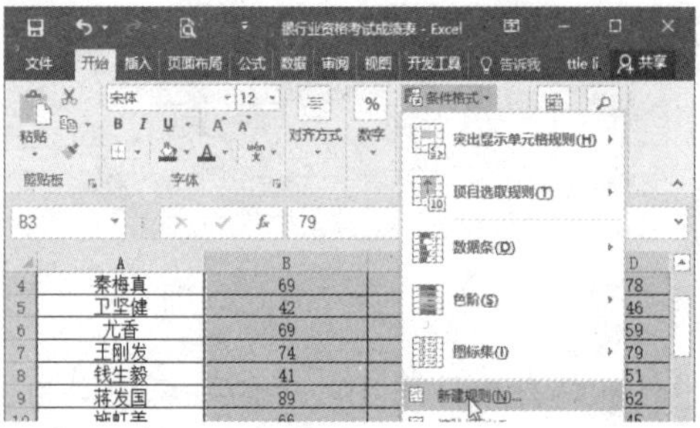

02 打开“新建格式规则”对话框，在“格式样式”下拉列表中选择“图标集”，在“图标样式”下拉列表中选择一种打叉的样式；在“类型”组第一个下拉列表框中选择“数字”，“值”组的第一个文本框中输入一个大于 60 的数字，如“100”；在“类型”组第二个下拉列表框中选择“数字”，“值”组的第二个文本框中输入数字“60”，完成后单击“确定”按钮。

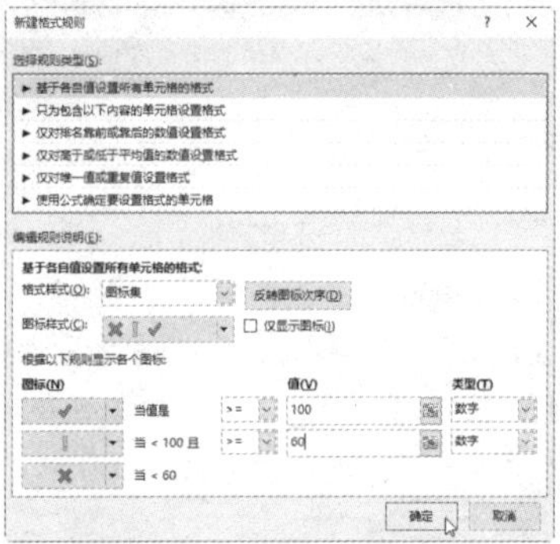

03 保持 B3:D22 单元格区域的选定状态，再次打开“新建格式规则”对话框，在“选择规则类型”列表框中选择“使用公式确定要设置格式的单元格”，在“为符合此公式的值设置格式”文本框中输入公式：=B3>=60，完成后单击“确定”按钮。

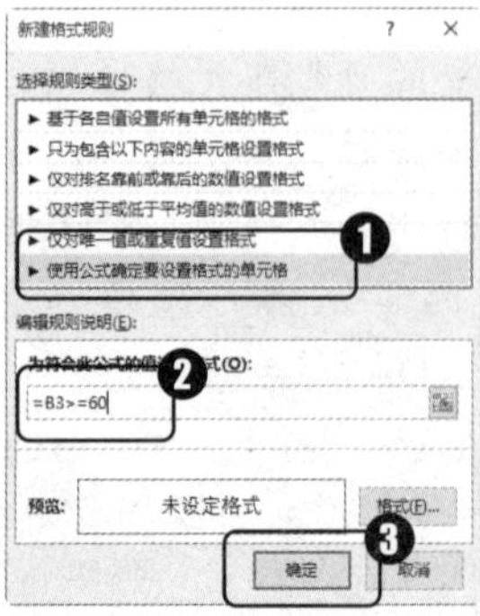

04 保持 B3:D22 单元格区域的选定状态，单击"开始"选项卡"样式"组中的"条件格式"按钮，在弹出的下拉菜单中选择"管理规则"选项。

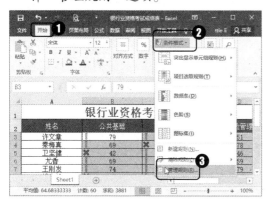

05 选中规则"公式：=B3>=60"中"如果为真则停止"复选框，然后单击"确定"按钮即可将不及格的成绩以图标标记，而及格的成绩不改变格式。

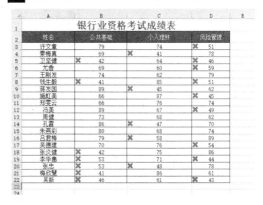

06 设置完成后即可查看最终效果。

姓名	公共基础	个人理财	风险管理
许文章	79	74	51
秦梅真	69	41	78
卫坚健	42	64	46
尤香	69	60	59
王刚发	74	62	79
钱生毅	41	85	51
蒋发国	89	45	62
施虹美	66	87	45
郑雯云	66	76	74
冯美	89	67	49
周健	73	68	62
孔霞	86	47	70
朱燕彩	80	68	74
吕君梅	79	58	89
吴德建	70	76	54
张炎健	42	75	86
李华惠	53	71	44
张忠	53	48	78
梅欣慧	41	86	61
吴新	46	61	43

第 15 章

电子表格的保护与打印

》》 **本章导读**

当电子表格制作完成后，用户需要保护好电子表格，避免被他人误操作而更改。如果有需要，还可以将其打印出来，在打印之前，可以先为表格设置页面和页眉、页脚，设置之后再进行打印工作表可以让表格看起来更美观。

》》 **知识要点**

- ✓ 使用链接和超链接
- ✓ 页面设置与打印
- ✓ 保护工作表和工作簿

本章配套资源

素材文件：访问 http://www.broadview.com.cn/29628 下载本书配套资源包，在"素材文件\第 15 章\"与"结果文件\第 15 章\"文件夹中可查看本章配套文件。

教学视频：访问 http://res.broadview.com.cn/v.php?id=29628&vid=15，或用手机扫描右侧二维码，可查阅本章各案例配套教学视频。

15.1 使用链接和超链接

在 Excel 中，如果需要引用其他工作簿的数据，可以使用链接。如果需要在 Excel 的不同位置、不同对象之间实现跳转，类似网页链接的效果，可以使用超链接。

15.1.1 建立链接的常用方法

所谓链接，是指在一个工作簿中引用另一个工作簿中的单元格内容。引用的目标可以是单元格或单元格区域，也可以是名称。如果一个工作簿被另一个工作簿引用，则对于引用它的工作簿而言，可称之为源工作簿。因为工作簿之间可以互相引用，所以源只是一个相对的说法。

使用选择性粘贴也可以创建外部引用链接，使用同样要求源工作簿处于打开状态，具体操作方法如下。

原始文件	新员工培训计划表.xlsx
结果文件	新员工培训计划表 1.xlsx
视频教程	常用建立链接的方法.avi

01 打开源工作簿"新员工培训计划表.xlsx"和目标工作簿"新员工培训计划.xlsx"，在源工作簿中复制要引用的单元格。

02 在目标工作簿中选定用于存放链接的单元格，然后单击鼠标右键，在弹出的快捷菜单中选择"选择性粘贴"命令。

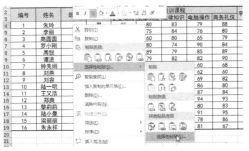

03 弹出"选择性粘贴"对话框，单击"粘贴链接"按钮。

04 复制的单元格将链接至目标工作簿的单元格中，效果如图所示。

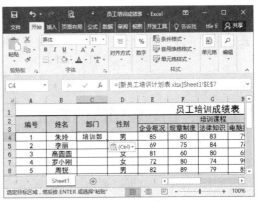

15.1.2 编辑链接

将源工作簿的单元格链接到目标工作簿后，如果源工作簿没有打开，或源工作簿不存在，用户使用时需要进行相应设置，编辑链接可以通过以下方法来操作。

原始文件	新员工培训计划表 1.xlsx
结果文件	新员工培训计划表 2.xlsx
视频教程	编辑链接.avi

01 打开"新员工培训计划表1.xlsx"工作簿，然后单击"数据"选项卡"连接"组中的"编辑链接"按钮。

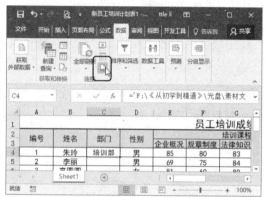

02 打开"编辑链接"对话框，单击"更改源"按钮。

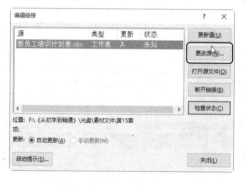

03 弹出"更改源：新员工培训计划表"对话框，重新选择源工作簿后单击"确定"按钮。

04 返回"编辑链接"对话框，状态栏显示"确定"，源工作簿更新完成，效果如图所示。

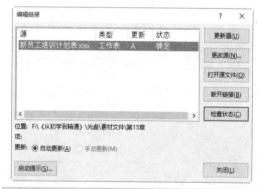

> **提示**
>
> 如果用户收到一份包括链接的工作簿文件，而链接的源文件已不存在，可以选择"断开链接"的方式一次性将所有的链接公式转变为相应的值，防止因源文件不存在造成目标文件数据丢失。

15.1.3 创建超链接的方法

所谓超链接，是指为了快速访问而创建的指向一个目标的连接关系。在浏览网页时，如果单击某些文字或图片就会打开另一个网页，这就是超链接。

在 Excel 中，也可以利用文字、图片等轻松地创建这种具有跳转功能的超链接。

1．创建指向网页的超链接

如果用户要创建指向网页的超链接，操作方法如下。

原始文件	日常常用网站.xlsx
结果文件	日常常用网站 1.xlsx
视频教程	创建指向网页的超链接.avi

01 打开"日常常用网站.xlsx"工作簿，选中 B6 单元格，然后单击"插入"选项卡"链接"组中的"超链接"按钮。

02 弹出"插入超链接"对话框，选择"链接到"列表框中的"现有文件或网页"，在"地址"栏输入要链接到的网页地址。

03 单击"屏幕提示"按钮，在弹出的"设置超链接屏幕提示"对话框中的"屏幕提示文字"文本框中输入提示文字，完成后依次单击"确定"按钮即可创建超链接。

04 回到工作表后，将鼠标悬停在超链接处，光标会变成"手形"，同时出现所输入的提示信息。单击该超链接，Excel 会启动当前计算机上的默认浏览器程序，打开目标网页。

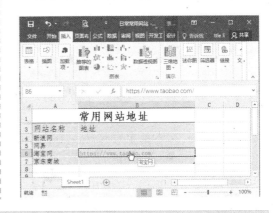

> 💡 **提示**
>
> 在"插入超链接"对话框中，在"地址"文本框中输入的内容会同时出现在"要显示的文字"文本框中，用户可以根据需要修改要显示的文字。

2．创建指向现有文件的超链接

如果用户要创建指向现有文件的超链接，操作方法如下。

原始文件	员工培训成绩表 2.xlsx
结果文件	员工培训成绩表 3.xlsx
视频教程	创建指向文件的超链接.avi

01 打开"员工培训成绩表"工作簿，然后单击"插入"选项卡"链接"组中的"超链接"按钮。

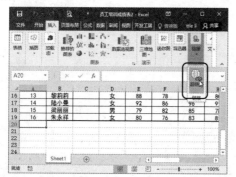

02 弹出"插入超链接"对话框，选择"链接到"列表框中的"现有文件或网页"，在"当前文件夹"列表中选择要引用的工作表。

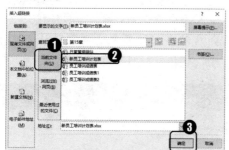

03 单击"屏幕提示"按钮，在弹出的"设置超链接屏幕提示"对话框中的"屏幕提示文字"文本框中输入提示文字，完成后单击"确定"按钮。

04 返回"插入超链接"对话框，单击"书签"按钮。

05 弹出"在文档中选择位置"对话框，在"或在此文档中选择一个位置"列表框中选择相关引用工作表，如"Sheet1"，在"请键入单元格引用"中输入放置超链接的单元格地址，如 A20，完成后依次单击"确定"按钮。

06 回到工作表后，将鼠标悬停在超链接处，光标会变成"手形"，同时出现所输入的提示信息，单击该超链接，Excel 会打开所引用的文件。

15.1.4　编辑超链接

插入超链接后，还可以根据需要对其进行编辑操作。

1. 选择超链接，但不激活该链接

当鼠标单击超链接时，会激活该链接触发跳转，如果用户希望只选中包含超链接的单元格，而不激活触发跳转，可以使用鼠标选中该单元格，并按住鼠标左键不放，几秒钟之后鼠标由"手形" 👆 变为"空心十字" ➕ 即可选中该单元格。

2. 更改超链接文本的外观

如果要对超链接文本的外观进行修改，可以通过以下方法操作。

原始文件	日常常用网站链接.xlsx
结果文件	日常常用网站链接 1.xlsx
视频教程	更改超链接文本的外观.avi

01 打开"日常常用网站链接.xlsx"工作簿，然后单击"开始"选项卡"样式"组中的"单元格样式"命令，在弹出的下拉菜单中用鼠标右键单击"数据和模型"中的"超链接"选项，在弹出的快捷菜单中选择"修改"命令。

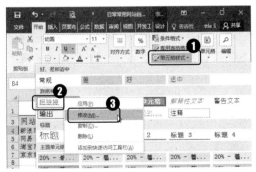

02 打开"样式"对话框，单击"格式"按钮，打开"设置单元格格式"对话框。

03 切换到"字体"选项卡，需要设置"字体"、"字形"和"字号"等文本格式，设置完成后依次单击"确定"按钮。

04 返回工作表后，超链接的字体格式已更改，效果如图所示。

3. 更改超链接属性

创建超链接之后，通过"编辑超链接"对话框，可以设置超链接显示的文字，或通过相应按钮进行变更链接文件、删除超链接、添加书签等操作。具体操作方法如下。

原始文件	员工培训成绩 3.xlsx
结果文件	员工培训成绩 4.xlsx
视频教程	更改超链接属性.avi

01 打开"员工培训成绩 3.xlsx"对话框，使用鼠标右键单击插入的超链接，在弹出的快捷菜单中单击"编辑超链接"命令。

03 返回工作表，即可看到超链接显示文字发生了相应的变化，效果如图所示。

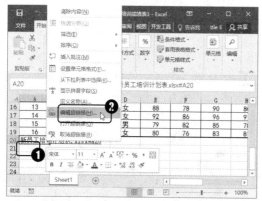

02 弹出"编辑超链接"对话框，在"地址"文本框中输入需要显示的文字，然后单击"确定"按钮。

15.1.5 【案例】创建指向新文件的超链接

如果在创建超链接时，文件还没有建立，Excel 允许用户创建指向新文件的超链接，具体操作方法如下。

原始文件	花卉培育方法.xlsx
结果文件	花卉培育方法 1.xlsx
视频教程	创建指向新文件的超链接.avi

01 打开"花卉培育方法.xlsx"工作簿，在图片上单击鼠标右键，在弹出的快捷菜单中选择"超链接"命令。

02 弹出"插入超链接"对话框，在"新建文档名称"文本框中输入文件名，然后单击"屏幕提示"按钮。

03 在弹出的"设置超链接屏幕提示"对话框中的"屏幕提示文字"文本框中输入提示文字，完成后单击"确定"按钮。

04 返回"插入超链接"对话框，如果不想立即编辑新文档，可以在"何时编辑"选项中选择"以后再编辑新文档"选项，完成后单击"确定"按钮。

05 回到工作表后，将鼠标悬停在图片上，光标会变成"手形"，同时出现所输入的提示信息。单击该图片，Excel 会打开创建的新文件。

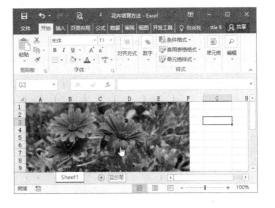

15.2 保护工作表和工作簿

在工作中，有时为了防止工作表和工作簿因为误操作而被更改，或者不想让工作表中的数据被他人查阅时，可以对工作表和工作簿设置保护措施。

15.2.1 锁定工作表

单元格是否允许被编辑，取决于单元格是否被设置为"锁定"状态，和当前的工作表是否执行了"工作表保护"命令。因为 Excel 单元格的默认状态都是"锁定"状态，所以当执行了"工作表保护"命令后，工作表将不允许再被编辑。锁定工作表的操作方法如下。

原始文件	日常常用网站链接.xlsx
结果文件	日常常用网站链接 2.xlsx
视频教程	锁定工作表.avi

01 打开"日常常用网站链接.xlsx"工作表，然后单击"审阅"选项卡"更改"组中的"保护工作表"命令。

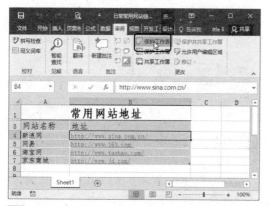

02 弹出"保护工作表"对话框，在"取消工作表保护时使用的密码"文本框中输入密码"123"，然后单击"确定"按钮。

03 弹出"确认密码"对话框，再次输入密码"123"后单击"确定"按钮。

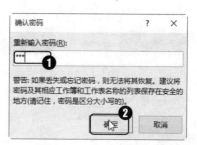

04 返回工作表，如果试图编辑工作表，则会弹出拒绝提示框。

05 如果要取消锁定工作表，可以单击"审阅"选项卡"更改"组中的"撤销工作表保护"命令。

06 弹出"撤销工作表保护"对话框，在密码文本框中输入密码"123"，然后单击"确定"按钮即可解除工作表的锁定。

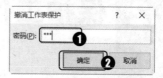

15.2.2 设置工作表的可用编辑方式

对工作表执行锁定操作时，在弹出的"保护工作表"对话框中有很多选项，勾选这些选项决定了工作表在进入保护状态后，除了禁止编辑锁定的单元格以外，还可以进行哪些操作。"保护工作表"对话框中各选项的含义如下。

- 选定锁定单元格：使用鼠标或键盘选定设置为锁定状态的单元格。
- 选定未锁定的单元格：使用鼠标或键盘选定未被锁定的单元格。
- 设置单元格：设置单元格的格式（无论单元格是否被锁定）。
- 设置列格式：设置列的宽度或者隐藏列。
- 设置行格式：设置行的高度或者隐藏行。
- 插入列：插入列。
- 插入行：插入行。
- 插入超链接：插入超链接。
- 删除列：删除列。
- 删除行：删除行。
- 排序：对选定区域进行排序（该区域中不能有锁定单元格）。
- 使用自动筛选：使用现有的自动筛选，但不能打开或关闭现有表格的自动筛选。
- 使用数据透视表：创建或修改数据透视表。
- 编辑对象：修改图表、图形、图片，插入或删除批注。
- 使用方案：使用方案。

15.2.3 凭密码或权限编辑工作表的不同区域

Excel 的"保护工作表"功能默认情况下作用于整张工作表，如果用户希望为工作表中的不同区域设置密码或权限来进行保护，可以使用以下的方法来操作。

原始文件	日常常用网站链接.xlsx
结果文件	日常常用网站链接 3.xlsx
视频教程	凭密编辑工作表区域.avi

01 打开"日常常用网站链接.xlsx"工作簿，单击"审阅"选项卡"修改"组中的"允许用户编辑区域"按钮。

02 弹出"允许用户编辑区域"对话框，单击"新建"按钮。

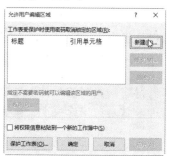

03 弹出"新区域"对话框，在"标题"文本框中输入标题，在"引用单元格"文

本框中输入或选择单元格区域，在"区
域密码"中输入密码"123"，完成后单
击"确定"按钮。

04 弹出"确认密码"对话框，再次输入密
码"123"后单击"确定"按钮。

05 返回"允许用户编辑区域"对话框，单
击"确定"按钮返回工作表即可。

15.2.4 保护工作簿结构和窗口

在"审阅"选项卡上单击"保护工作簿"按钮，将弹出"保护结
构和窗口"对话框，在此对话框中，用户可为当前工作簿设置两项保
护内容。

- 结构：勾选此复选框后，禁止在当前工作簿中插入、删除、移动、
  复制、隐藏或取消隐藏工作表，禁止重新命名工作表。
- 窗口：勾选此复选框后，当前工作簿的窗口按钮不再显示，禁止
  新建、放大、缩小、移动和分拆工作簿窗口，使用"全部重排"
  命令也对此工作簿不再有效。

用户可以根据自身的需要勾选相应的复选框，然后单击"确定"按钮即可。如果有必
要，也可以设置密码，此密码与工作表保护和工作簿打开密码没有任何关系。

15.2.5 加密工作簿

为了防止他人浏览、修改或删除用户工作簿及其工作表，可以对工作簿加以保护。Excel
2016 提供了各种方式限定用户查看或改变工作簿中的数据。

1. 设置打开工作簿密码

为了防止他人修改或浏览自己的工作簿，可以为工作簿设置打开密码，方法如下。

01 在工作簿中切换到"文件"选项卡，默
认打开"信息"子选项卡，单击"保护
工作簿"→"用密码进行加密"命令。

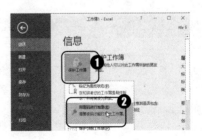

02 弹出"加密文档"对话框，输入要设置的密码，单击"确定"按钮。

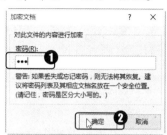

03 弹出"确认密码"对话框，重新输入一遍密码，单击"确定"按钮即可。

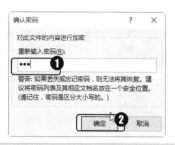

> 😊 **提示**
>
> 如果要取消设置的工作簿密码，可以再次单击"用密码进行加密"命令，在弹出的"加密文档"对话框中删除设置的密码，然后单击"确定"按钮即可。

2. 设置修改密码

将工作簿标记为最终状态后，其他用户很容易就可以取消设置的"只读"方式，因此建议为工作簿设置修改密码，这样只有输入正确的密码才能输入工作簿内容。设置修改密码的方法如下。

01 在工作簿中切换到"文件"选项卡，执行"另存为"→"浏览"命令。

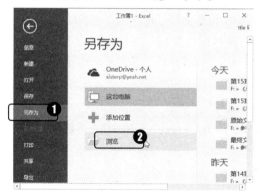

02 在弹出的"另存为"对话框中单击"工具"下拉按钮，在打开的下拉菜单中单击"常规选项"命令。

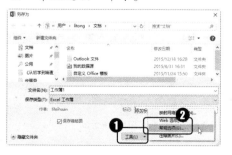

03 弹出"常规选项"对话框，在"修改权限密码"文本框中输入密码"123"，单击"确定"按钮。

04 弹出"确认密码"对话框，重新输入一遍密码，单击"确定"按钮。返回"另存为"对话框，单击"保存"按钮即可。

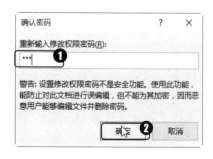

15.3 页面设置与打印

将工作表制作完成后，通常需要将其打印出来查看和使用，在打印之前，还需要对页面版式进行设置，如页面设置、页眉页脚设置等，以达到更加美观的效果。

15.3.1 页面设置

页面设置主要包括设置纸张方向、纸张大小等，这些参数的设置取决于打印机所使用的打印纸张和打印表格的区域大小。

页面设置的操作方法为：在要进行页面设置的工作表中，切换到"页面布局"选项卡，然后在"页面设置"组中通过单击某个按钮可进行相应的设置，如页边距、纸张方向和纸张大小等。

- 单击"页边距"按钮，可在弹出的下拉列表中选择页边距方案，以确定表格在纸张中的位置。

- 单击"纸张方向"按钮，可在弹出的下拉列表中设置纸张方向。

- 单击"纸张大小"按钮，可在弹出的下拉列表中设置纸张大小。

- 单击"打印区域"按钮，在弹出的下拉列表中单击"设置打印区域"选项，可将选中的单元格区域设置为打印区域，以便在打印时只打印该区域。

- 单击"打印标题"按钮，可弹出"页面设置"对话框，并自动定位在"工作表"选项卡，此时可设置是否打印网格线、行号和列标等。

> ☺ **提示**
> 若单击"页面设置"组中的"功能扩展"按钮，可在弹出的"页面设置"对话框中进行更为详细的设置。

15.3.2 设置页眉与页脚

通常情况下，页眉位于每一页的顶端，用于标明名称和报表标题等信息；页脚位于每一页的底部，用于标明页码及打印日期、时间等信息。Excel 提供了大量的页眉和页脚的格式，用户可根据操作需要进行选择。对工作表设置页眉页脚的具体操作步骤如下。

原始文件	空调销售情况 xlsx
结果文件	空调销售情况 1. xlsx
视频教程	设置页眉和页脚.avi

01 打开"空调销售情况.xlsx"工作簿，切换到"页面布局"选项卡，然后单击"页面设置"组中的"功能扩展"按钮。

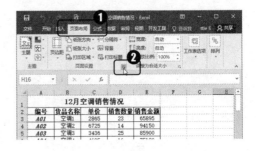

02 弹出"页面设置"对话框后切换到"页
眉/页脚"选项卡,在"页眉"下拉列表
框中选择需要的页眉样式,在"页脚"
下拉列表框中选择需要的页脚样式,设
置完成后单击"确定"按钮即可。

> ☺ **提示**
>
> 在"页面设置"对话框的"页眉/页脚"选项卡
> 中,若单击"自定义页眉"按钮,可在弹出的"页
> 眉"对话框中自定义设置页眉;若单击"自定义页
> 脚"按钮,可在弹出的"页脚"对话框中自定义设
> 置页脚。此外,页眉和页脚独立于工作表数据,只
> 有在预览打印效果或打印工作表时才会显示出来。

15.3.3 打印预览

通过 Excel 的打印预览功能,用户可以在打印工作表之前先预览工作表的打印效果。

预览打印效果的方法为:打开需要打印的工作表,切换到"文件"选项卡,单击"打
印"命令,即可在打开的页面中预览工作表的打印效果。

> ☺ **提示**
>
> 单击"快速访问工具栏"右侧的下拉按钮,在打开的下拉菜单中勾选"打印预览和打印"命令,将
> 其添加到快速访问工具栏中之后,只要单击快速访问工具栏中的"打印预览和打印"按钮,也可预览打
> 印效果。

15.3.4 打印工作表

通过预览工作表确认打印效果之后,可以根据需要返回工作表中进行修改,当工作表
符合要求后就可以开始打印了。

打印工作表的方法为:打开需要打印的工作表,然后切换到"文件"选项卡,单击"打
印"命令,在打开的窗格中的"副本"数据框中输入需要打印的份数,在"页数"数据框
中输入要打印的页码范围,设置好后单击"打印"按钮,即可开始打印。默认情况下,"副

本"数据框中的打印份数为 1 份,"页数"数据框中的打印页码范围为全部打印。

15.3.5 设置打印区域

在工作中,有时只需要打印工作表中的部分区域,通过 Excel 的打印设置可以轻松实现这一目的。

方法为:选中需要打印的表格区域,在"页面布局"选项卡的"页面设置"组中单击"打印区域"下拉按钮,在打开的下拉菜单中单击"设置打印区域"命令即可。

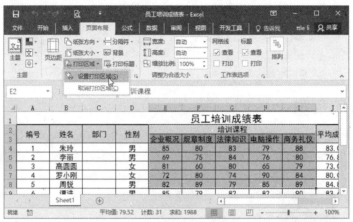

> ☺ **提示**
>
> 设置打印区域后,再次在"页面布局"选项卡的"页面设置"组中单击"打印区域"下拉按钮,在打开的下拉菜单中单击"取消打印区域"命令即可取消设置,打印整个工作表。

15.3.6 打印多张工作表

在实际工作中有时需要打印多张不同的工作表,此时,只要同时选中需要打印的多张工作表然后再执行打印操作即可。

如果要打印一个工作簿中的所有工作表,方法为:打开需要打印的工作簿,在"文件"选项卡中单击"打印"命令,然后在打开的窗格中单击"设置"栏下方的下拉按钮,在打开的下拉列表中选择"打印整个工作簿"选项即可。

15.4 高手支招

15.4.1 不打印零值

问题描述：某用户制作的 Excel 表格中有数值为零的情况，如果我们不希望打印出表格中的这些数值，那么可以设置在打印时隐藏零值。

问题描述：打开工作簿，切换到"文件"选项卡，单击其中的"选项"命令，弹出"Excel 选项"对话框，切换到"高级"选项卡，在"此工作表的显示选项"栏中取消勾选"在具有零值的单元格中显示零"复选框，完成后单击"确定"按钮即可。

15.4.2 不打印错误值

问题描述：某用户在编辑工作表时，因为数据空缺或数据不全等原因导致返回错误值。需要设置避免打印出工作表中的错误值。

问题描述：打开工作簿，切换到"页面布局"选项卡，单击"页面设置"组右下角的功能扩展按钮，打开"页面设置"对话框，然后切换到"工作表"选项卡，在"错误单元格打印为"下拉列表框中选择"空白"选项，完成后单击"确定"按钮即可。

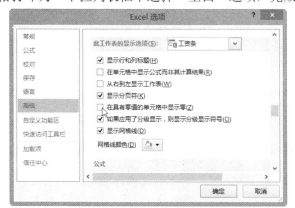

15.4.3 阻止 Excel 自动创建超链接

问题描述：某用户需要将员工联系方式制作成为表格，在填写电子邮箱时会自动生成为超链接，不小心按到超链接时会自动打开发送邮件的窗口。为了避免误操作，需要设置在输入邮件、网页等数据时阻止 Excel 自动创建超链接。

解决方法：可以在"Excel 选项"对话框中进行设置，打开工作簿，进入"Excel 选项"对话框，切换到"校对"选项卡，单击"自动更正选项"区域的"自动更正选项"按钮，弹出"自动更正"对话框，取消勾选"键入时替换"中的"Internet 及网络路径替换为超链接"单选项，然后单击"确定"按钮。

返回工作簿后，再次输入电子邮箱时将不再自动创建超链接，但是之前已经输入的电子邮箱不会因此取消超链接。

15.5 综合案例——设置并打印工资条

打印普通的工资表比较简单，如果要将其打印成工资条就需要在每一张工资条中显示标题，本节将结合前面所学设置文档页面以及打印等知识点，练习设置并打印工资条。

01 打开"工资条.xlsx"工作簿，切换到"页面布局"选项卡，然后单击"页面设置"组中的"打印标题"按钮。

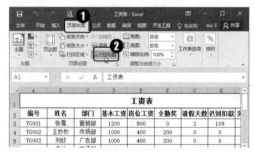

02 弹出"页面设置"对话框，在"工作表"选项卡中单击"顶端标题行"参数框右侧的收缩按钮。

03 "页面设置"对话框将呈收缩状态，此时可拖动鼠标在工作表中选择标题行的数据区域，然后单击展开按钮展开对话框。

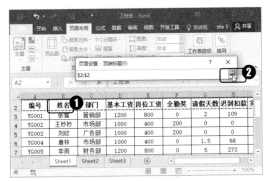

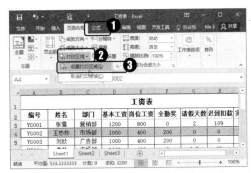

04 返回"页面设置"对话框,单击"确定"按钮,在返回的工作表中选中需要打印的员工工资数据,切换到"页面布局"选项卡,然后单击"页面设置"组中的"打印区域"按钮,在弹出的下拉列表中单击"设置打印区域"选项,将其设置为打印区域。

05 在"文件"选项卡的预览栏中,将预览该工资条的打印效果,单击中间窗格的"打印"按钮可打印该员工的工资条。

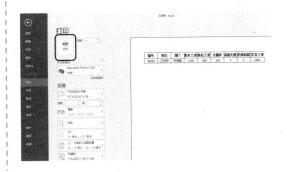

第 3 篇　PowerPoint 篇

第 16 章

演示文稿的基本操作

》》 **本章导读**

PowerPoint 2016 是 Office 系列办公软件中的另一重要组件,用于制作和播放多媒体演示文稿,也叫 PPT。本章将讲解 PPT 的一些基本操作,以及如何丰富幻灯片的内容等知识,以帮助读者快速掌握演示文稿的制作方法。

》》 **知识要点**

- ✓ 幻灯片的基本操作
- ✓ 使用内置主题
- ✓ 在幻灯片中输入文字

本章配套资源

素材文件:访问 http://www.broadview.com.cn/29628 下载本书配套资源包,在"素材文件\第 16 章\"与"结果文件\第 16 章\"文件夹中可查看本章配套文件。

教学视频:访问 http://res.broadview.com.cn/v.php?id=29628 &vid=16,或用手机扫描右侧二维码,可查阅本章各案例配套教学视频。

16.1 幻灯片的基本操作

演示文稿通常是由多张幻灯片组成的，因此我们需要掌握幻灯片的选择、添加、复制和移动等操作，接下来将讲解幻灯片的基本操作。

16.1.1 认识幻灯片的各种视图模式

视图模式是显示演示文稿的方式，分别应用于创建、编辑、放映或预览演示文稿等不同阶段，主要 5 种视图模式。

- 普通视图：PowerPoint 2016 默认的视图模式，主要用于撰写或设计演示文稿。
- 幻灯片浏览视图：在该视图模式下，可浏览当前演示文稿中的所有幻灯片，以及调整幻灯片排列顺序等，但不能编辑幻灯片中的具体内容。
- 备注页：以上下结构显示幻灯片和备注页面，主要用于撰写和编辑备注内容。
- 幻灯片放映：主要用于播放演示文稿，在播放过程中可以查看演示文稿的动画、切换等效果。
- 阅读视图：该视图以窗口的形式查看演示文稿的放映效果，在播放过程中同样可以查看演示文稿的动画、切换等效果。

若要切换到需要的视图模式，可以通过以下两种方式实现。

- 切换到"视图"选项卡，在"演示文稿视图"组中，单击某个按钮即可切换到对应的视图模式。
- 在 PowerPoint 窗口的状态栏右侧提供了视图按钮，该按钮共有 4 个，分别是"普通视图"按钮、"幻灯片浏览"按钮、"阅读视图"按钮和"幻灯片放映"按钮，单击某个按钮便可切换到对应的视图模式。

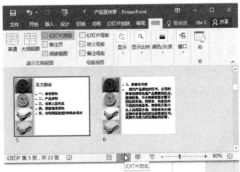

16.1.2 选择幻灯片

对幻灯片进行相关操作前必须先将其选中。选中要操作的幻灯片时，主要分选择单张幻灯片、选择多张幻灯片等几种情况。

1. 选择单张幻灯片

选择单张幻灯片的方法主要有以下两种。

- 在视图窗格中单击某张幻灯片的缩略图，即可选中该幻灯片，同时会在幻灯片编辑区中显示该幻灯片。
- 在视图窗格中单击某张幻灯片相应的标题或序列号，可选中该幻灯片，同时会在幻灯片编辑区中显示该幻灯片。

> ☺ **提示**
>
> 在幻灯片编辑区右侧的滚动条下端，单击"上一张幻灯片"按钮或"下一张幻灯片"按钮，可选中当前幻灯片的上一张或下一张幻灯片。

2. 选择多张幻灯片

选择多张幻灯片时，分以下两种情况。

- 选择多张连续的幻灯片：在视图窗格中选中第一张幻灯片后按住"Shift"键不放，同时单击要选择的最后一张幻灯片，即可选中第一张和最后一张幻灯片之间的所有幻灯片。
- 选择多张不连续的幻灯片：在视图窗格中选中第一张幻灯片，然后按住"Ctrl"键不放，依次单击其他需要选择的幻灯片即可。

3. 选择全部幻灯片

在视图窗格中按下"Ctrl+A"组合键，即可选中当前演示文稿中的全部幻灯片。

16.1.3 添加与删除幻灯片

默认情况下，在新建的空白演示文稿中只有一张幻灯片，而一篇演示文稿通常需要使用多张幻灯片来表达需要演示的内容，这时就需要在演示文稿中添加新的幻灯片。

此外，将演示文稿编辑完成后，在后期检查中如果发现有多余的幻灯片，还可将其删除掉。

1. 添加幻灯片

添加幻灯片的方法为：在视图窗格中选择某张幻灯片后，在"开始"选项卡的"幻灯片"组中直接单击"新建幻灯片"按钮，可在该幻灯片的后面添加一张同样版式的幻灯片。

此外，还可以通过以下几种方法添加新幻灯片。

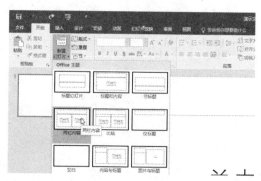

- 在视图窗格中使用鼠标右键单击某张幻灯片，在弹出的快捷菜单中单击"新建幻灯片"命令，即可在当前幻灯片的后面添加一张同样版式的幻灯片。
- 在视图窗格中选择某张幻灯片后按下"Enter"键，可快速在该幻灯片的后面添加一张同样版式的幻灯片。

- 在"幻灯片浏览"视图模式下选中某张幻灯片，然后执行上面任意一种操作，也可在当前幻灯片的后面添加一张新幻灯片。
- 打开要进行编辑的演示文稿，在视图窗格中选择某张幻灯片，例如第 3 张，在"开始"选项卡的"幻灯片"组中单击"新建幻灯片"按钮下方的下拉按钮，在弹出的下拉列表中选择需要的幻灯片版式，例如选择"比较"，则第 3 张幻灯片的后面即可添加一张"比较"版式的新幻灯片。

2．删除幻灯片

在编辑演示文稿的过程中，对于多余的幻灯片，可将其删除，方法为：选中需要删除的幻灯片，单击鼠标右键，在弹出的快捷菜单中单击"删除幻灯片"命令即可。

> ☺ 提示
>
> 选中需要删除的幻灯片，按下"Delete"键也可快速删除多余幻灯片。

16.1.4 移动与复制幻灯片

在编辑演示文稿时，可将某张幻灯片复制或移动到同一演示文稿的其他位置或其他演示文稿中，从而加快制作幻灯片的速度。

为了便于查看效果，下面将在"幻灯片浏览"视图模式下讲解幻灯片的复制与移动方法。在状态栏中单击"幻灯片浏览"按钮即可切换到"幻灯片浏览"视图模式。

1．移动幻灯片

在 PowerPoint 2016 中，我们可通过下面两种方法对演示文稿中的某张幻灯片进行移动操作。

- 选中要移动的幻灯片，按下"Ctrl+X"组合键剪切，将光标定位在需要移动的目标幻灯片前，按下"Ctrl+V"组合键粘贴即可。
- 选中要移动的幻灯片，按住鼠标左键不放并拖动鼠标，当拖动到需要的位置后释放鼠标左键即可。

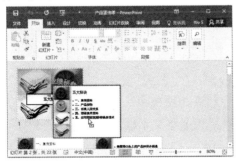
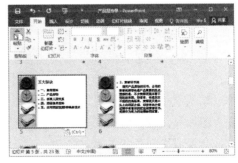

2．复制幻灯片

如果要在演示文稿的其他位置或其他演示文稿中插入一页已制作完成的幻灯片，可通过复制操作大大提高工作效率。

复制幻灯片的方法为：选中需要复制的幻灯片，在"开始"选项卡的"剪贴板"组中单击"复制"按钮进行复制，然后将光标插入点定位到目标位置，单击"剪贴板"组中的"粘贴"按钮即可。

16.2 在幻灯片中输入文字

文本在 PPT 内通常只有提示、注释和装饰的作用，所以在输入文字后，凡是不属于该类作用的文字都应予以处理。

16.2.1 两种文本框

PowerPoint 的文本框有默认文本框和自定义文本框两种。在新建一个 PPT 文档时幻灯片上自动出现的文本框就是默认文本框，它主要包括标题框和内容框；而自定义文本框则需要通过工具栏上方的"插入"选项卡进行手动插入。

1．默认文本框

在做纯文本的 PPT 时，使用默认文本框是非常合适的，而且制作起来也很方便。在母版视图里可以对文本框中文字进行统一编辑，如果文字过多字号也会自动调整，在大纲里就能清晰地看到幻灯片页的文字内容。

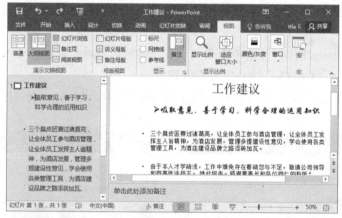

不过默认文本框中文字往往缺乏个性，文字格式也比较单一，所以在该类幻灯片中进行图表、图片和动画设计并不容易。若需要更换模板或将文本框复制到另外的 PPT 内，所有文本都会换成新模板里的默认效果。

2．自定义文本框

如果想要制作效果精美的 PPT，推荐使用自定义文本框。该类文本框设计便捷，通过复制、移动等操作可以制作各式各样的效果，而且和图表、图片、动画等配合使用也比较方便。如果需要更换模板或复制到另外的 PPT 中，所有文本效果将保持原有状态。

在选择的自定义文本框上单击鼠标右键，在弹出的快捷菜单中可将该自定义文本设置为默认格式。这样当再次插入文本框时，就不需要二次编辑了。

16.2.2　使用文本框

用户可以根据实际需要在制作幻灯片的过程中绘制任意大小和方向的文本框。下面以在演示文稿中绘制文本框为例进行讲解，具体操作方法如下。

原始文件	请柬.pptx
结果文件	请柬 1.pptx
视频教程	绘制文本框输入文字.avi

01 打开"请柬.pptx"演示文稿，在"插入"选项卡中单击"文本"组中的"文本框"下拉按钮，在弹出的下拉列表中选择"竖排文本框"选项。

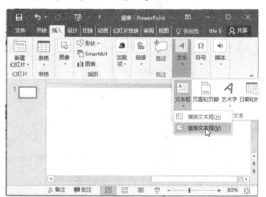

02 将光标移到需绘制文本框的位置处单击，拖动鼠标，释放鼠标即可完成文本框的绘制，文本插入点自动定位到绘制的文本框中，输入文本。

03 选择输入的文本，按照设置普通文本的方法，将文本更改为合适的格式。

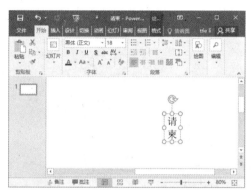

> 😊 **提示**
>
> 绘制文本框时如果选择"横排文本框"选项，绘制文本框后，在其中输入文字时，文字将从右往左竖直排列。

输入文本内容后将其选中，在"开始"选项卡中，通过"字体"组可对其设置字体、字号等字符格式，通过"段落"组可对其设置对齐方式、项目符号、编号和缩进等格式，其方法与 Word 中的设置方法相似，此处就不再赘述了。

16.2.3 添加艺术字

用户可以为已有的文本设置艺术字样式，也可以直接创建艺术字。下面以在演示文稿中添加艺术字为例进行讲解，具体操作方法如下。

原始文件	请柬 1.pptx
结果文件	请柬 2.pptx
视频教程	添加艺术字.avi

01 打开"请柬 1.pptx"演示文稿，在"插入"选项卡的"文本"组中单击"艺术字"下拉按钮，在弹出的下拉列表框中选择合适的艺术字样式。

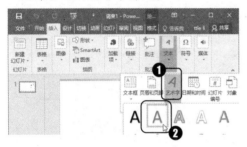

02 保持艺术字文本框中文本的选中状态，根据需要输入合适的文字，调整文字大小即可。

> 😊 **提示**
>
> 在一张幻灯片中不宜添加太多艺术字，要视情况而定，太多反而会影响演示文稿整体风格。

16.2.4 编辑艺术字

在制作演示文稿的过程中，可以根据演示文稿的整体效果来编辑艺术字，如设置艺术字带阴影、扭曲、旋转或拉伸等特殊效果。下面以在演示文稿中编辑艺术字为例进行讲解，具体操作方法如下。

原始文件	请柬 2.pptx
结果文件	请柬 3.pptx
视频教程	编辑艺术字.avi

01 打开"请柬 2.pptx"演示文稿，选择已插入的艺术字，在"格式"选项卡的"艺术字样式"组中单击"功能扩展"按钮。

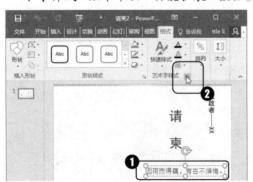

02 打开"设置形状格式"窗格，选择"三维旋转"选项卡，展开"发光"栏，在预设中选择合适的发光效果，关闭窗格，查看编辑后艺术字效果。

16.2.5 【案例】制作教学课件演示文稿

结合本章所学在演示文稿中输入及编辑文本等相关知识，练习对"教学课件"演示文稿内文本的编辑及美化操作。

原始文件	教学课件.pptx
结果文件	教学课件 1.pptx
视频教程	制作教学课件演示文稿.avi

01 打开"教学课件"演示文稿，在"插入"选项卡中单击"文本"组中的"文本框"下拉按钮，在弹出的下拉列表中选择"横排文本框"选项。

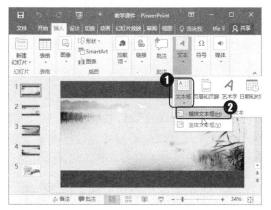

02 将光标移到需要绘制文本框的位置处单击拖动鼠标，释放鼠标即可完成文本框的绘制。文本插入点自动定位到绘制的文本框中，输入文本，并将文本更改为合适的格式。

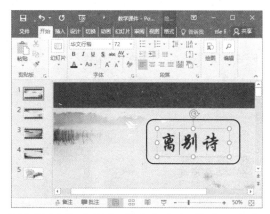

03 根据需要添加更多文本框并录入文本内容即可。

16.3 使用内置主题

幻灯片的"母版"、"模板"和"主题"共同构成幻灯片的外观，它们的关系是密不可分的。利用这些功能不仅可以快速统一演示文稿的内容、文字格式、形状样式及幻灯片配色，甚至能起到影响整个演示文稿风格的作用。

16.3.1 应用主题

每个演示文稿都包含了一个模板，默认的是 Office 主题，它具有白色背景，同时包含各种默认字体和不同深度的黑色。PowerPoint 2016 预置了许多好看的模板，我们可以直接使用，具体操作方法如下。

01 新建一个演示文稿，在"设计"选项卡内单击"主题"组右下角的"其他"按钮，在弹出的列表框中选择一种主题样式。

02 可以看到演示文稿被应用了新的主题样式，接下来输入内容即可。

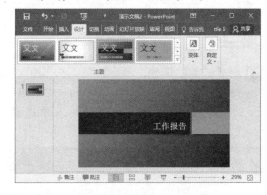

16.3.2 自定义主题颜色

幻灯片模板的颜色不是一成不变的，用户可以通过设置幻灯片的背景颜色的方式来改变。同时 PowerPoint 也内置了许多幻灯片模板的主题颜色，用户在需要时可以根据需要更改。具体操作步骤如下。

原始文件	工作报告 1.pptx
结果文件	工作报告 2.pptx
视频教程	自定义主题颜色.avi

01 打开"工作报告 1.pptx"演示文稿，选中需要更改幻灯片模板主题颜色的幻灯片，在"设计"选项卡，单击"变体"组中的"其他"按钮，在弹出的列表中选择"颜色"命令，再在展开的列表中根据需要选择合适的颜色样式。

02 返回幻灯片即可查看更改主题色后的效果。

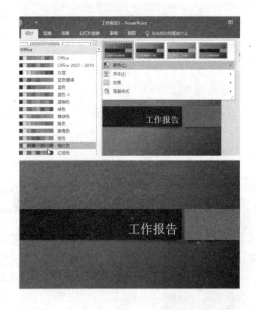

16.3.3 自定义主题字体

应用了内置主题后，有时候主题的默认文字并不能配合幻灯片内容，此时可以根据需要设置主题字体，具体操作方法如下。

原始文件	工作报告 2.pptx
结果文件	工作报告 3.pptx
视频教程	自定义主题字体.avi

01 打开"工作报告 2.pptx"演示文稿，单击"变体"组中的"其他"按钮，在弹出的列表中选择"字体"命令，在展开的字体样式组中选择"自定义字体"命令。

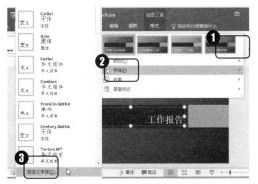

02 打开"新建主题字体"对话框，在"标题字体"下拉列表框中选中字体为"微软雅黑"。在"正文字体"下拉列表框

中选中字体为"楷体"，完成后单击"保存"按钮。

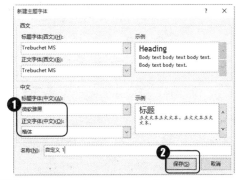

03 返回幻灯片页面即可查看设置字体后的效果。

16.3.4 设置主题背景样式

幻灯片是否美观，背景十分重要，下面就以为幻灯片添加背景为例进行讲解，具体操作方法如下。

原始文件	工作报告 3.pptx
结果文件	工作报告 4.pptx
视频教程	设置主题背景样式.avi

01 打开"工作报告 3.pptx"演示文稿，在"视图"选项卡中单击"母版视图"组中的"幻灯片视图"按钮。

02 进入"幻灯片母版"视图，在"编辑主题"组中依次单击"背景"→"背景样式"按钮，在展开的菜单中单击合适的背景样式。

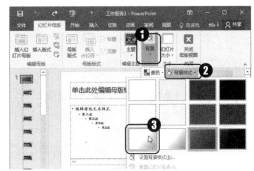

03 设置完成后单击"关闭母版视图"按钮。　　**04** 返回普通视图，即可查看最终效果。

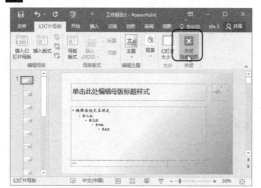 

16.3.5　制作幻灯片母版

幻灯片母版是用于存储模板信息的设计模板，这些模板信息包括字形、占位符大小和位置、背景设计和配色方案等，下面以制作一个简单样式的母版为例，讲解幻灯片母版的制作，具体操作方法如下。

01 新建一个演示文稿，切换到"视图"选项卡，单击"母版视图"组中的"幻灯片母版"按钮。

框，在弹出的下拉列表框中选择合适的背景样式，此时母版中所有页面将应用该样式。

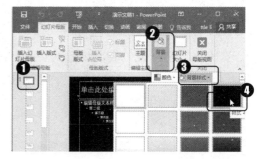

02 进入"幻灯片母版"界面，选中第一张母版，然后单击"背景样式"下拉列表

此时一个简单的模板就完成了。当然，为了更具美观度，还可以添加更多对象，如图形、图片、文本框等，而且还需要对字体格式等进行进一步美化。这几点将在之后展开分步详解。

16.3.6　快速统一文档风格

在制作演示文稿时，有时还需要设置统一的文本格式、背景或标志等，通过修改母版可以对演示文稿中所有使用同一母版的幻灯片进行批量修改，具体操作方法如下。

01 依次单击"视图"→"幻灯片母版"按钮，演示文稿将切换到"幻灯片母版"

视图，在左侧列表框中选中需要更改的幻灯片对应的母版。

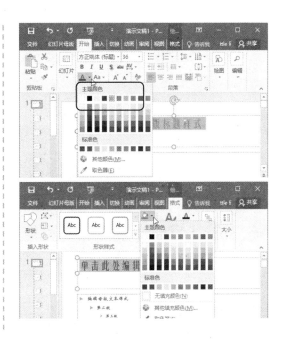

02 在右侧窗格中单击选中"标题"占位符，切换到"开始"选项卡，在字体组中单击相应按钮可对字体格式进行更改。

03 切换到"格式"选项卡，可对标题的"形状样式"、"艺术字样式"和"排列方式"等进行设置。

16.3.7 设置标题幻灯片背景

原始文件	工作建议 4.pptx
结果文件	工作建议 5.pptx
视频教程	设置标题幻灯片背景.avi

01 打开"工作建议 4.pptx"演示文稿，在"设计"选项卡中单击"自定义"组中的"设置背景格式"按钮。

02 弹出"设置背景格式"窗格，选中"图片或纹理填充"单选项，在展开的列表下单击"文件"按钮。

03 在弹出的"插入图片"对话框中选择需要作为背景的图片，然后单击"插入"按钮。

> **提示**
>
> 许多图片看上去非常漂亮，但若是直接当成 PPT 的背景，就不那么适合了。所以此时需要在 PPT 中通过一些简单的操作让背景图片在一定程度上保持透明化，以便于更好地衬托背景上方的文字。

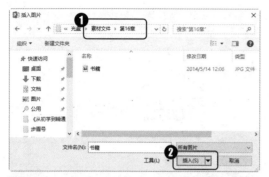

滑动块，调整背景透明度即可弱化该图片的视觉效果。

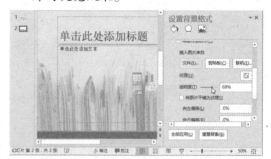

04 在"设置背景格式"窗格中拖动透明度

16.3.8 【案例】加工公司宣传册演示文稿

结合本章所学的设置幻灯片背景、应用主题等相关知识点，练习设计"公司宣传册"演示文稿的幻灯片效果。

原始文件	公司宣传册.pptx
结果文件	公司宣传册 1.pptx
视频教程	加工公司宣传册演示文稿.avi

01 打开"公司宣传册.pptx"演示文稿，在"设计"选项卡内单击"主题"组右下角的"其他"按钮，在弹出的列表框中选择一种主题样式。

02 依次单击"视图"→"幻灯片母版"按钮，演示文稿将切换到"幻灯片母版"视图。

03 在右侧窗格中单击选中标题占位符，切换到"开始"选项卡，在字体组中单击相应按钮可对字体格式进行更改。

04 设置完成后单击"关闭幻灯片母版"按钮返回普通视图，根据需要将页面中各个对象排列整齐即可。

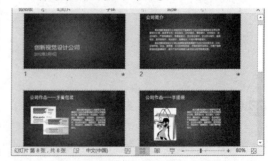

16.4　高手支招

16.4.1　旋转文本框

问题描述：某用户在编辑演示文稿时，为了契合主题，让文字在幻灯片中更具灵活性，需要将文本旋转。

解决方法：选中要旋转的文本框将鼠标指向文本框上方的绿色锚点，此时鼠标变为 ↻ 形状，按下鼠标左键并拖动鼠标使文本框旋转，旋转完成后释放鼠标左键即可。

16.4.2　禁止标题自动调整文本字号

问题描述：某用户在幻灯片中输入文本，PowerPoint 2016 会根据占位符框的大小自动调整文本的字号大小，需要禁止它们自动调整文本大小。

解决方法：首先在 PowerPoint 2016 窗口中切换到"文件"选项卡，在左侧的窗格中单击"选项"命令，然后在弹出的"PowerPoint 选项"对话框中切换到"校对"选项卡，单击"自动更正选项"栏中的"自动更正选项"按钮。接着，在弹出的"自动更正"对话框中切换到"键入时自动套用格式"选项卡，在"键入时应用"选项组中取消"根据占位符自动调整正文文本"复选框的勾选就可以禁止自动调整标题文本的字号大小；而取消"根据占位符自动调整正文文本"复选框的勾选就可以禁止自动调整正文文本的字号大小，设置好后单击"确定"按钮即可。

 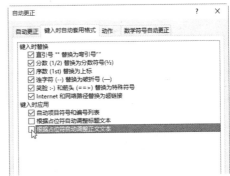

16.4.3　PPT 模板的收集与使用

问题描述：某用户在浏览网页时，发现一些制作精良的演示文稿，存储电脑后需要使用这些模板。

解决方法：收集模板后，如果要使用它们，操作也非常简单。方法为：打开需要应用模板的演示文稿，切换到"设计"选项卡，单击"主题"组的"其他"下拉按钮，在弹出的列表中选择"浏览主题"选项，在打开的对话框中找到所收集的模板，然后执行应用操作即可。

下面推荐几家比较受欢迎的 PPT 模板网站。

- 无忧 PPT：http://www.51ppt.com.cn/
- PPT 资源之家：http://ppthome.net/
- 扑奔 PPT：http://www.pooban.com/

16.5 综合案例——制作结婚请柬演示文稿

结合本章所学的插入幻灯片、输入文本、设置文本格式、添加艺术字、设置艺术字效果、设置文本框线型等相关知识点，练习制作一篇"请柬"演示文稿。

01 打开"结婚请柬.pptx"演示文稿，依次单击"视图"→"幻灯片母版"按钮，切换到"幻灯片母版"视图，在幻灯片页面中单击鼠标右键，在弹出的菜单中选择"设置背景格式"选项。

02 弹出"设置背景格式"窗格，选中"图片或纹理填充"单选项，在展开的列表下单击"文件"按钮。

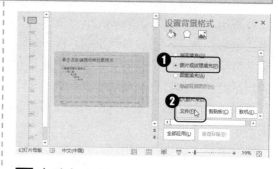

03 在弹出的"插入图片"对话框中选择需要作为背景的图片，然后单击"插入"按钮。

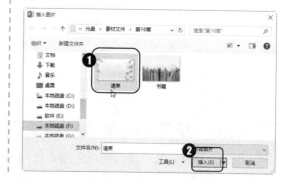

04 设置完成后单击"关闭幻灯片母版"按钮返回普通视图,在"插入"选项卡中单击"文本"组中的"文本框"下拉按钮,在弹出的下拉列表中选择"竖排文本框"选项。

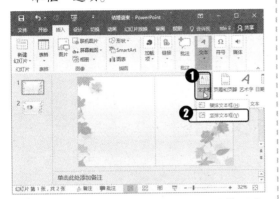

05 在文本框中输入文本,按照设置普通文本的方法,将文本更改为合适的格式。

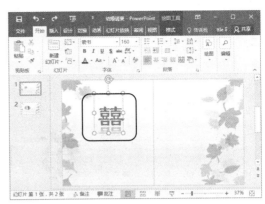

06 根据需要插入更多文本框,录入文本内容并设置合适的字体格式即可。

第 17 章

美化演示文稿

》》 **本章导读**

在实际使用中，为了让演示文稿更具美观和说服力，在幻灯片中添加图片、表格和图表就会让人更容易接受和理解了，此外还可以添加多媒体内容，幻灯片中一旦加入了多媒体元素，可以让幻灯片增色很多，极大地丰富了演示文稿的效果。

》》 **知识要点**

- ✓ 使用图形
- ✓ 使用 SmartArt 图形
- ✓ 使用图片
- ✓ 图表与多媒体的使用

本章配套资源

素材文件：访问 http://www.broadview.com.cn/29628 下载本书配套资源包，在"素材文件\第 17 章\"与"结果文件\第 17 章\"文件夹中可查看本章配套文件。

教学视频：访问 http://res.broadview.com.cn/v.php?id=29628&vid=17，或用手机扫描右侧二维码，可查阅本章各案例配套教学视频。

17.1 使用图形

PowerPoint 2016 提供了非常强大的绘图工具，包括线条、几何形状、箭头、公式形状、流程图形状、星、旗帜、标注，以及按钮等。用户可以使用这些工具绘制各种线条、箭头和流程图等图形。

17.1.1 绘制与设置自选图形

在 PPT 中非常实用的一种图表为概念图表，也就是多个形状组合后的效果，所以要掌握图表，首先需要熟练掌握各种图形的绘制。

在 PowerPoint 2016 中提供了多种类型的绘图工具，用户可以使用这些工具在幻灯片中绘制应用于不同场合的图形。

01 选择要绘制形状图形的幻灯片，在"插入"选项卡中单击"插图"组中的"形状"下拉按钮，在弹出的列表中单击需要的一种图形。

02 此时鼠标呈＋形状，按住鼠标左键并拖动即可绘制出图形。

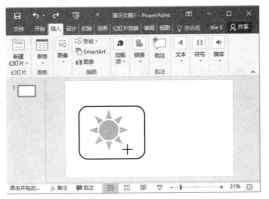

03 选中所绘形状，在格式选项卡内单击"形状填充"下拉按钮，在弹出的列表中根据需要选择合适的形状填充颜色。

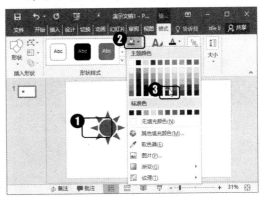

04 单击"形状轮廓"下拉按钮，在弹出的列表中根据需要选择合适的形状轮廓颜色。

17.1.2 合并常见形状

合并形状是 PowerPoint 2016 的一项新功能，对多个形状执行合并操作后，形状将变为一个新的自定义形状和图标，具体操作方法如下。

选中绘制的两个或多个形状，然后单击"绘图工具/格式"选项卡中"合并形状"下拉按钮，在弹出的列表中根据实际需要选择合适的合并效果，在幻灯片中将显示最终效果。

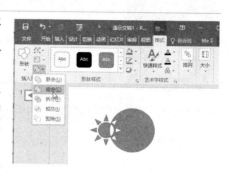

17.1.3 组合多个对象

当幻灯片中图形较多时，容易出现选择和拖动混乱，这时可以将属于一个整体的多个对象进行组合，使之成为一个独立的对象。

01 选中绘制的一个或多个形状图形，单击鼠标右键，在弹出的快捷菜单中单击"组合"→"组合"命令。组合后的多个图形将成为一个整体，可以同时被选择和拖动。

02 若需要取消图形的组合状态，只需在组合的图形上单击鼠标右键，然后在弹出的快捷菜单中单击"组合"→"取消组合"命令即可。

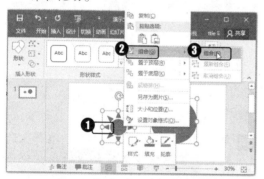

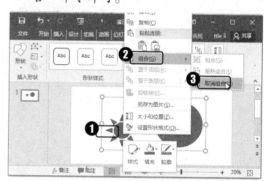

17.2 使用图片

PowerPoint 2016 中提供了丰富的图片处理功能，可以轻松插入电脑中的图片文件，并可以根据需要对图片进行裁剪、设置特殊效果等编辑操作。

17.2.1 插入电脑中的图片

演示文稿以展示为主，除了文本以外，图片是必不可少的。所以在制作演示文稿之前，一般都需要收集与此相关的图片，插入图片的具体操作方法如下。

原始文件	请柬.pptx
结果文件	请柬 1.pptx
视频教程	插入电脑中的图片.avi

01 打开"请柬.pptx"演示文稿,选择需插入图片的幻灯片,在"插入"选项卡中单击"图像"组中的"图片"按钮。

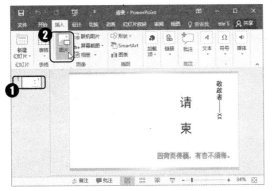

02 在打开的"插入图片"对话框中,选择需要插入的图片,然后单击"插入"按钮。

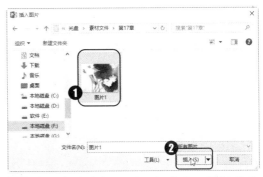

03 将所选图片插入到幻灯片中,根据需要调整图片大小和位置即可。

17.2.2 使用预设样式设置图片

PowerPoint 2016 具备了强大的图片处理功能,许多需要借助专业图片处理才能完成的操作,在 PowerPoint 中可以一步到位。例如要设置图片的样式,可以按照下面的操作步骤来完成。

原始文件	请柬 1.pptx
结果文件	请柬 2.pptx
视频教程	使用预设样式设置图片.avi

01 打开"请柬 1.pptx"演示文稿,选中需要更改样式的图片,在"格式"选项卡中单击"图片样式"组中的"其他"下拉按钮,显示出所有可用的图片样式,选择一种合适的图片样式,然后单击该样式。

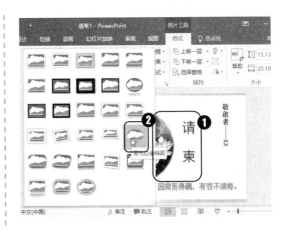

02 在页面中即可查看更改图片样式后的效果。

😊 **提示**

样式更改完成后，若需要更改图片的边框颜色，还可以单击"图片边框"下拉按钮，在弹出的列表中选择合适的颜色即可。

17.2.3 添加图片效果

这里所谓的图片效果即给图片设置特殊的显示效果，如发光、阴影等。下面以设置发光为例，介绍具体的操作步骤。

原始文件	请柬 2.pptx
结果文件	请柬 3.pptx
视频教程	添加图片效果.avi

01 打开"请柬 2.pptx"演示文稿，选中需要更改样式的图片，在"格式"选项卡中单击"图片样式"组中的"图片效果"下拉按钮，在弹出的菜单中根据需要选择合适的效果，如"发光"→"金色"。

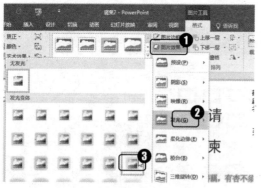

02 在页面中即可查看设置图片的效果。

😊 **提示**

单击"图片效果"下拉按钮后，在展开的列表中还可以根据需要设置另外的图片效果，如阴影、映像、柔化，以及三维旋转等。

17.2.4 调整多张图片的叠放次序

在放映幻灯片时，若幻灯片中的多张图片或图形重叠放置，放在下层的图片将被上层的图片遮挡部分内容，为了更好地显示出幻灯片内容，需要调整多个对象的叠放次序，具体操作方法如下。

01 选中需要放置在最顶层的图片，然后在该图片上单击鼠标右键，在弹出的下拉菜单中依次选择"置于顶层"→"置于顶层"选项。

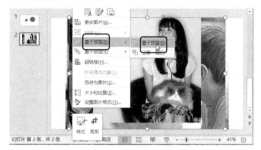

02 所选图片将被放置于最顶层，该图片将显示出来。

03 选择需要暂时隐藏的一张图片，单击鼠标右键，在弹出的快捷菜单中选择"置于底层"命令，再在展开的子菜单中选择"下移一层"选项。

04 此时，图片将向下移动一层，显示出被覆盖的图片。

17.2.5 设置图片遮罩效果

通过使用形状图形，为幻灯片添加遮罩效果能够对幻灯片的美化起到一定作用，在实际操作中非常的实用，具体操作如下。

原始文件	工作总结报告.pptx
结果文件	工作总结报告 1.pptx
视频教程	设置图片遮罩效果.avi

01 打开"作总结报告.pptx"演示文稿，在已添加图片的幻灯片中，单击"插入"选项卡中"形状"下拉按钮，在弹出的菜单中选择"矩形"形状，按住鼠标左键并拖动绘制出一个与图片大小相同的矩形形状图形，将图片覆盖。

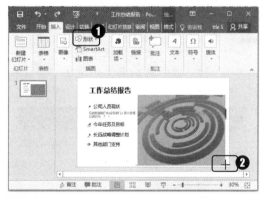

02 在所绘制的"矩形"形状上单击鼠标右键，在弹出的菜单中选择"设置形状格式"命令。

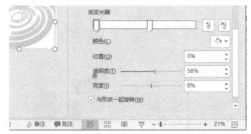

加白色色块，并设置透明度为"22%"。

03 打开"设置形状格式"窗格，在"填充"选项卡内选择"渐变填充"单选项。

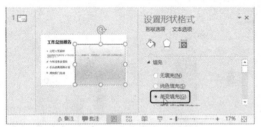

04 在下方的"渐变光圈"位置的最左侧设置颜色为"白色"，透明度为"56%"；按照类似的方法在 50%左右的位置添

05 在幻灯片界面中选中文本框，单击鼠标右键，在弹出的菜单中依次单击"置于顶层"→"置于顶层"选项，即可查看设置的遮罩效果，完成后关闭窗格即可。

17.2.6　制作相册

用常规的插入图片方法，虽然能快速地插入多张图片，但是并不能方便地将图片分配在不同的幻灯片中。当要制作一个以图片展示为主的演示文稿时，可以使用 PowerPoint 的相册功能，具体操作方法如下。

01 新建一个演示文稿，切换到"插入"选项卡，单击"图像"组中的"相册"下拉按钮，在打开的菜单中单击"新建相册"命令。

02 在弹出"相册"对话框中，左上角的"文件/磁盘"按钮。

03 弹出"插入新图片"对话框，按住"Ctrl"键不放，依次单击鼠标左键选中要插入的多张图片，完成后单击"插入"按钮。

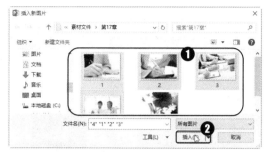

04 选中的图片被添加到"相册中的图片"列表中，选中某个图片可以在右侧预览，还可以利用下方的"上移"或"下移"按钮调整图片在幻灯片中的顺序

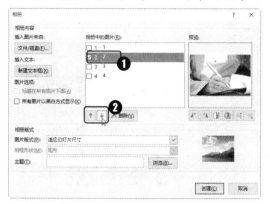

05 选中某个图片后，单击左侧的"新建文本框"按钮，可在该图片下方插入一个空文本框，这个文本框也会占一张图片的位置，可在生成相册后为图片添加说明。

06 在"图片版式"下拉列表中选择每张幻灯片中图片数量；在"相框形状"下拉列表中选择相框样式；在"主题"栏的"浏览"对话框中选择合适主题，设置完成后单击右下角的"创建"按钮。

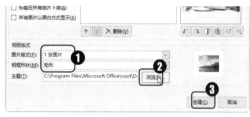

07 在返回的演示文稿中即可生成相册演示文稿。

17.2.7 【案例】制作"花卉展示秀"演示文稿

结合本节所学的制作相册演示文稿等知识，练习制作一个"花卉展示秀"演示文稿。

原始文件	无
结果文件	花卉展示秀.pptx
视频教程	制作"花卉展示秀"演示文稿.avi

01 新建一个空白演示文稿，在"插入"选项卡中单击"图像"组中的"相册"下拉按钮，在打开的菜单中单击"新建相册"命令。

02 在弹出的"相册"对话框中单击左上角的"文件/磁盘"按钮。

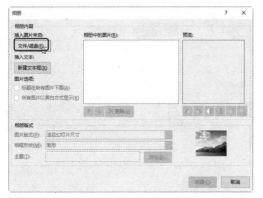

03 弹出"插入新图片"对话框，按住"Ctrl"键不放，依次单击鼠标左键选中要插入的多张图片，完成后单击"插入"按钮。

04 根据需要调整好相邻图片顺序，并选择一款合适的相册主题，单击"创建"按钮。

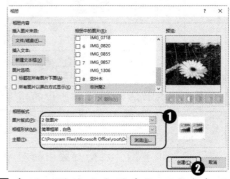

05 在返回的演示文稿中即可生成相册演示文稿，根据需要将其以"花卉展示秀"为名另存为。

17.3 使用 SmartArt 图形

SmartArt 图形主要用于表明单位、公司部门之间的关系，以及各种报告、分析之类的文件，并通过图形结构和文字说明有效地传达作者的观点和信息。

17.3.1 添加 SmartArt 图形到演示文稿

Word 2016 提供了多种样式的 SmartArt 图形，用户可根据需要选择合适的样式插入到文档中，插入 SmartArt 图形的具体操作步骤如下。

原始文件	小麦叶锈病病害循环图.pptx
结果文件	小麦叶锈病病害循环图 1.pptx
视频教程	添加 SmartArt 图形到演示文稿.avi

01 打开"小麦叶锈病病害循环图.pptx"演示文稿，在"插入"选项卡中单击"插图"组中的"SmartArt"按钮。

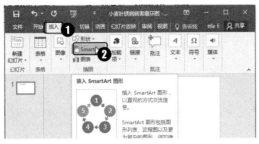

02 弹出"选择 SmartArt 图形"对话框，在左侧列表中选择分类，如"循环"分类；在右侧列表框中选择一种图形样式，如"基本循环"图形，单击"确定"按钮。

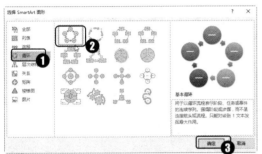

03 幻灯片中将生成一个结构图，结构图默认由 5 个形状对象组成，根据实际需要进行调整，如果要删除形状，只需在选中某个形状后按下"Delete"键即可。

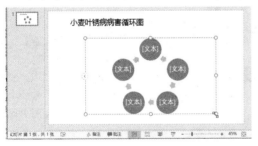

04 删除一个形状对象后的效果如下图所示。

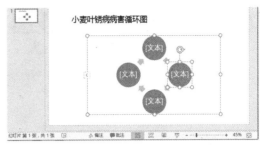

05 如果要添加形状，则在某个形状上单击鼠标右键，在弹出的快捷菜单中依次单击"添加形状"→"在后面添加形状"命令即可。

06 设置好 SmartArt 图形的结构后，接下来在每个形状对象中输入相应的文字即可。

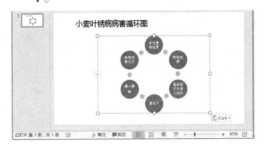

17.3.2　调整 SmartArt 图形布局

所谓布局就是更改和更换图形，利用"布局"的调整，可以将现有的 SmartArt 图形更改为其他的图形效果。

原始文件	小麦叶锈病病害循环图 1.pptx
结果文件	小麦叶锈病病害循环图 2.pptx
视频教程	调整 SmartArt 图形布局.avi

01 打开"小麦叶锈病病害循环图 1.pptx"演示文稿，选中组织结构图图形，在"设计"选项卡"布局"组中单击右下角的"其他"按钮，在打开的图形列表框中

重新选择一种图形样式，这里选择"文本循环"样式。

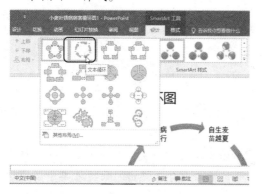

02 修改完成后即可查看最终效果。

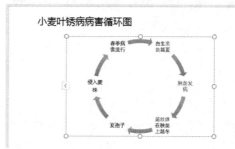

😊 **提示**

在"SmartArt 工具/设计"选项卡中，可以在 SmartArt 图形中调整形状的级别，以及设置样式等；在"SmartArt 工具/格式"选项卡中，既可对 SmartArt 图形进行编辑，也可对形状进行编辑。

17.3.3　在 SmartArt 图形中添加图片

在某些 SmartArt 图形中可以根据需要插入图片以便更好地表达图形的意思，以起到一定的美化效果，具体操作方法如下。

01 选中需要插入 SmartArt 图形的幻灯片，在"插入"选项卡中单击"插图"组中的"SmartArt"按钮。

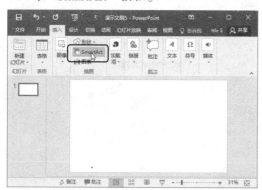

02 弹出"选择 SmartArt 图形"对话框，在左侧列表中选择"图片"分类，在右侧列表框中选择一种图形样式，如"螺旋图"图形，完成后单击"确定"按钮。

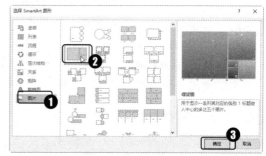

03 此时，幻灯片中将生成一个结构图，单击图形中的▦按钮，在打开的"插入图片"对话框中根据需要执行插入图片操作即可。

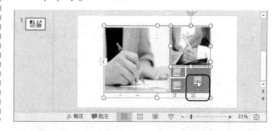

17.3.4　【案例】编辑"公司宣传册"演示文稿

结合本章所学的创建、编辑 SmartArt 图形等知识点，练习美化"公司宣传册"演示文稿。

原始文件	公司宣传册.pptx
结果文件	公司宣传册 1.pptx
视频教程	编辑"公司宣传册"演示文稿.avi

01 打开"公司宣传册.pptx"演示文稿，在第 7 张空白幻灯片中单击"SmartArt"按钮。

02 弹出"选择 SmartArt 图形"对话框，在左侧列表中选择"流程"分类，在右侧列表框中选择一种图形样式，完成后单击"确定"按钮。

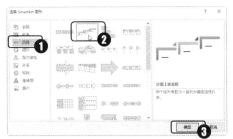

03 在某个形状上单击鼠标右键，在弹出的快捷菜单中依次单击"添加形状"→"在后面添加形状"命令，添加更多形状，并输入文字。

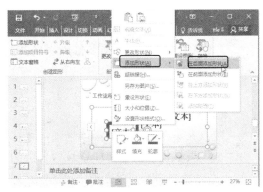

04 选中图形，在"设计"选项卡内单击"更改颜色"下拉按钮，在弹出的菜单中选择合适的颜色样式。

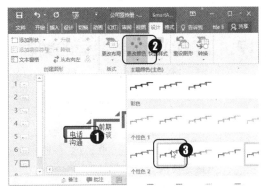

05 设置完成后即可查看最终效果。

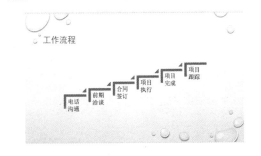

17.4 图表与多媒体的使用

在实际使用中，为了让演示文稿更具说服力，在幻灯片中添加表格和图表就会让人更容易接受和理解了，此外还可添加多媒体内容。幻灯片中一旦加入了多媒体元素，可以让幻灯片增色很多，极大地丰富了演示文稿的效果。

17.4.1 在幻灯片中使用表格

打开演示文稿，选择需要插入表格的幻灯片，在"插入"选项卡"表格"组中单击"表格"按钮，在弹出的下拉列表中单击相应的选项，即可通过不同的方法在文档中插入表格。

- "插入表格"栏：该栏下提供了一个虚拟表格，移动鼠标可选择表格的行、列值，单击鼠标左键即可插入表格。
- "插入表格"选项：单击该选项，可在弹出的"插入表格"对话框中任意设置表格的行数和列数，还可以根据实际情况调整表格的列宽。
- "绘制表格"选项：单击该选项，鼠标指针呈笔状，此时可根据需要"画"出表格。
- "Excel 电子表格"选项：单击该选项，可在 Word 文档中调用 Excel 电子表格。

17.4.2 创建一幅合适的图表

使用图表可以轻松地体现数据之间的关系。因此为了便于数据分析比较，可以使用 PowerPoint 提供的图表功能在幻灯片中插入图表，具体操作方法如下。

原始文件	国产空调销售分析 1.pptx
结果文件	国产空调销售分析 2.pptx
视频教程	创建一幅合适的图表.avi

01 打开"国产空调销售分析 1.pptx"演示文稿，选中第 2 张幻灯片，在"插入"选项卡内单击"插图"组中的"图表"按钮。

☺ 提示

如果要调整图表数据区域的大小，将鼠标指针移到数据区域的右下角，待鼠标指针呈双向箭头时拖动鼠标即可。

02 打开"插入图表"对话框，在对话框左侧选择"图表类型"，在右侧列表框中选择图表子类型，单击"确定"按钮。

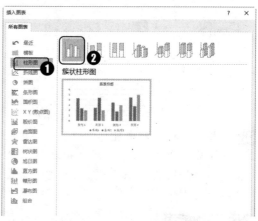

03 系统自动启动 Excel 2016，在蓝色框线内的相应单元格中输入数据，单击"关闭"按钮，退出 Excel 2016。

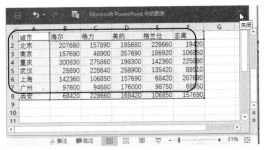

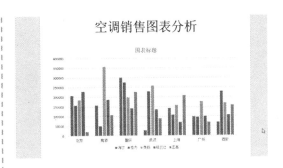

空调销售图表分析

04 返回当前幻灯片，即可看见插入的图表。

17.4.3 根据数据特点选择图表

不同的图表类型适合表现不同的数据，在选择图表时需要根据数据的特点来选用图表，下面简单介绍各种类型的图表。

- 条形图：用于强调各个数据之间的差别情况。
- 折线图：适用于显示某段时间内数据的变化及其变化趋势。
- 饼图：只适用于单个数据系列间各数据的比较，显示数据系列中每一项占该系列数值总和的比例关系。
- 圆环图：用来显示部分与整体的关系，但圆环图可以含有多个数据系列，它的每一环代表一个数据系列。
- 雷达图：由一个中心向四周辐射出多条数据坐标轴，每个分类都拥有自己的数值坐标轴，并由折线将同一系列中的值连接起来。

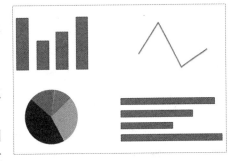

17.4.4 设置图表布局

除了通过在"设计/图表样式"选项组中使用样式快速更改图表的布局外，用户还可以通过"布局"选项卡中的命令根据需要自定义图表布局。

原始文件	国产空调销售分析 2.pptx
结果文件	国产空调销售分析 3.pptx
视频教程	设置图表布局.avi

01 打开"国产空调销售分析 2.pptx"演示文稿，选中幻灯片中的图表，在"设计"选项卡内单击"添加图表元素"按钮，在弹出的下拉列表中依次选择"图表标题"→"图表上方"选项。

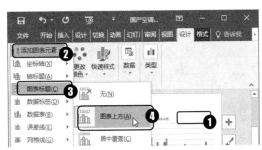

02 此时在图表上方将插入一个图表标题文本框，在文本框中输入图表标题。

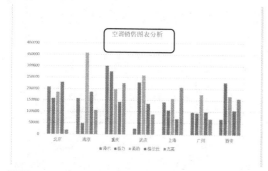

03 再次单击"添加图表元素"按钮，在弹出的下拉列表中依次选择"图例"→"右侧"选项。

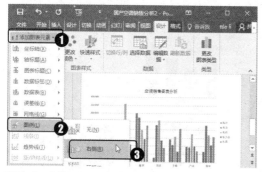

04 在图表右侧将自动生成图例信息文本框，拖动该文本框到图表中合适的位置，选中该图例在"开始"选项卡的"字体"组中，根据需要设置合适的字体格式。

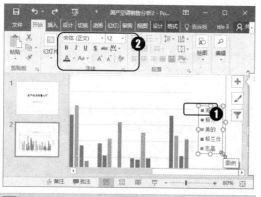

😊 **提示**

程序会自动从图表的数据源中提取图例信息，如果要更改图例信息，需要通过图表编辑功能在 Excel 程序中进行修改。

05 在默认设置下图表上不会显示具体数

据，如果需要显示，则可以单击"添加图表元素"按钮，在弹出的下拉列表中将鼠标指向"数据标签"选项，在展开的命令中根据需要选择合适的标签显示方式，如"数据标注"。

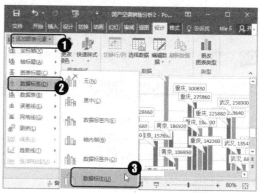

06 显示数据后还需要对其进行合适的设置，如字体大小、位置等，设置完成后即可查看最终效果。

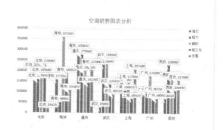

07 如果需要改变坐标轴显示方向，可以单击"添加图表元素"按钮，在弹出的下拉列表中依次选择"坐标轴"→"更多轴选项"命令。

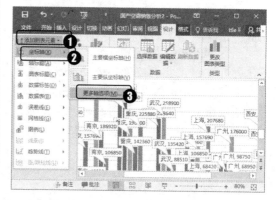

08 在打开的"设置坐标轴格式"窗格中可以根据需要改变横坐标轴显示方式。通过同样的方法可以改变纵坐标轴的显示方式。

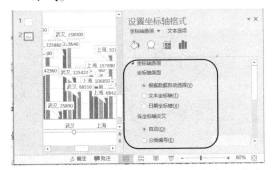

09 如果需要将图表网络线显示出来，单击"添加图表元素"按钮，在弹出的下拉列表中指向"网格线"选项，在展开的列表中选中合适的命令即可。

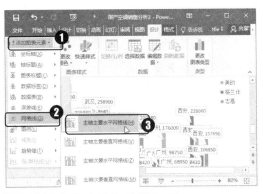

10 设置完成后最终效果如下。

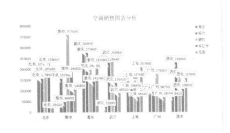

😊 提示

在美化图表时，并不是每一个图表都需要像以上步骤那样过于细致地设置。在实际操作时，只需要根据实际情况，设置得简洁、美观、大方就可以了。切忌过度追求完美，否则会耗费过多精力与时间。

17.4.5 设置图表背景

为了美化图表，我们可以为图表设置一个背景，图表的背景可以是纯色、渐变色、图案或是图片，下面介绍如何将图片设置为图表背景。

原始文件	第三季度销售情况.pptx
结果文件	第三季度销售情况 1.pptx
视频教程	设置图表背景.avi

01 打开"第三季度销售情况.pptx"演示文稿，在图表上单击鼠标右键，在弹出的快捷菜单中单击"设置图表区域格式"命令。

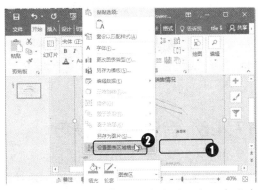

02 弹出"设置图表区格式"对话框，在"填充"选项卡中选择"图片或纹理填充"单选项，单击"文件"按钮。

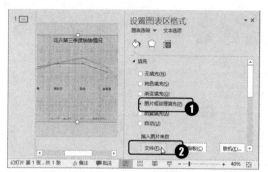

03 弹出"插入图片"对话框，选中与图表内容有关联的图片作为图表背景的图片文件，然后单击"插入"按钮。

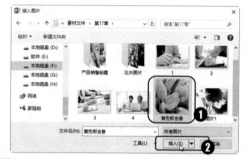

04 此时所选图片已插入图表区域，默认插入的图片会有一定的拉伸，且若所插入的图片过于炫目会影响图表效果。

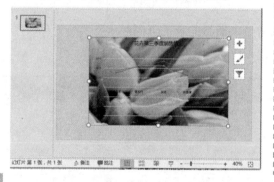

05 在窗格中调整图片的透明度以增加图表的可见性，然后勾选"将图片平铺为纹理"选项，调整图片的缩放量及对齐方式。

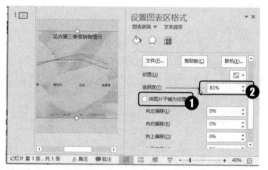

06 返回"设置图表区格式"对话框，单击"关闭"按钮，为图表设置背景后的效果如图所示。

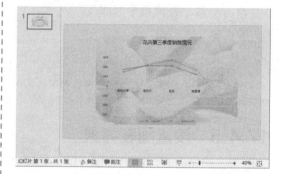

17.4.6 音乐的选择技巧

　　PPT 中的声音，从用途来说主要有三种，背景音乐，动作声音和真人配音。

　　背景音乐主要是为了营造气氛，而且在使用时常把片头背景音乐和内页背景音乐区分开，也就是使用不同的音乐。片头音乐往往节奏感较强，内页则适合轻柔类音乐，或者无音乐。譬如 LOGO 动画，如果再加上激昂的背景音乐，则会让观众印象深刻。

　　所谓动作声音，也就是动作发生的声音，包括幻灯片切换和自定义动画的两种声音，系统自带的动作声音一般比较单调，也不太实用。

真人配音的话，除非专业人士，一般不太使用。

17.4.7　插入媒体剪辑

为了让制作的幻灯片给观众带来视觉、听觉上的冲击，可在演示文稿中插入视频和声音。视频和声音的插入方法相似，只需要切换到"插入"选项卡，然后单击"媒体"组中的"视频"按钮即可插入视频，单击"音频"按钮即可插入声音。

在 PowerPoint 2016 中不仅可以插入电脑中的视频或音频文件，还可以插入网络中的视频或音频及自定义录制音频文件，以插入电脑中的音频文件为例，方法如下。

原始文件	家庭相册.pptx
结果文件	家庭相册 1.pptx
视频教程	插入媒体剪辑.avi

01 打开"家庭相册.pptx"演示文稿，选中要插入声音的幻灯片，在"插入"选项卡"媒体"组中单击"音频"按钮下方的下拉按钮，在打开的下拉菜单中单击"PC 上的音频"命令。

02 在弹出的"插入音频"对话框中选择需要插入的声音文件，单击"插入"按钮。

03 插入声音文件后，幻灯片中将出现声音图标，根据操作需要调整其大小和位置即可。

插入声音后选中声音图标，功能区中将显示"音频工具/格式"和"音频工具/播放"选项卡。在"音频工具/格式"选项卡中，可对声音图标的外观进行美化操作；在"音频工具/播放"选项卡中，可对声音进行预览、编辑，以及调整其放映音量、播放方式等操作。

17.5　高手支招

17.5.1　单独保存幻灯片中的图片

问题描述：某用户在观看别人的演示文稿时，想拥有其幻灯片中的漂亮图片，可通过

"另存为"的方法实现。

解决方法：在"普通视图"视图模式下，使用鼠标右键单击要保存的图片，在弹出的快捷菜单中单击"另存为图片"命令，在弹出的"另存为图片"对话框中设置保存路径、文件名及保存类型等参数，然后单击"保存"按钮即可。

17.5.2 在幻灯片中裁剪声音文件

问题描述：某用户在演示文稿中插入音频后，需要将音频进行剪裁以便更好地契合演示文稿主题。

解决方法：选中幻灯片中的声音模块，切换到"播放"选项卡，单击"编辑"组中的"剪裁音频"按钮，弹出"剪裁音频"对话框，分别拖动进度条两端的绿色和红色滑块来设置开始时间和结束时间，设置完成后单击"确定"按钮。

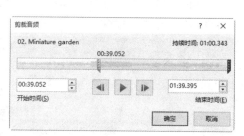

17.5.3 批量导出 PPT 内图片或多媒体

问题描述：某用户偶尔看到别人的 PPT 很漂亮，特别是图片、音乐、视频等，想一次性将其全部导出，但是又不知道怎么办，一张一张地保存很浪费时间。

解决方法：将需要保存素材的 PPT 另存为"PPTX"格式，找到另存 PPT 的文件夹，将其后缀名更改为 zip。该文件将变为压缩文件，然后将该文件解压，在解压后的文件中即可查看 PPT 内所有图片和多媒体等。

17.6 综合案例——编辑产品销售秘籍演示文稿

结合本章所学为幻灯片添加图片、形状等相关知识，练习编辑"产品销售秘籍"演示文稿。

01 打开"产品销售秘籍.pptx"演示文稿，选择需插入图片的幻灯片，在"插入"选项卡中单击"图像"组中的"图片"按钮。

02 在打开的"插入图片"对话框中，选择需要插入的图片，然后单击"插入"按钮

03 在"插入"选项卡内执行"形状"→"矩形"操作，绘制出一个与图片大小相同的矩形。

04 在所绘制的"矩形"形状上单击鼠标右键，在弹出的菜单中选择"设置形状格式"命令。

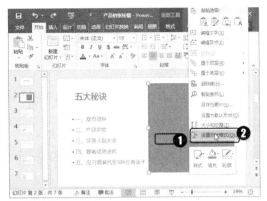

05 打开"设置形状格式"窗格，在"填充"选项卡内选择"纯色填充"单选项，在"颜色"色块中选择合适的颜色，拖动下方的"透明度"滑块，调整形状透明度，设置完成后关闭窗格可查看设置后的效果。

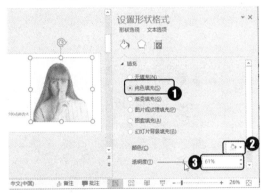

06 根据需要添加更多图片和形状，并设置其格式即可。

第 18 章

幻灯片的动画和交互

》》 **本章导读**

    为了增加幻灯片的趣味性,可以通过设置动画效果让幻灯片内各个对象呈动态演示画面。此外在演示文稿中插入超链接,还可以在放映幻灯片时实现互动效果。

》》 **知识要点**

- ✓ 设置幻灯片切换方式
- ✓ 常用动画效果
- ✓ 创建对象动画
- ✓ 实现交互

本章配套资源

素材文件: 访问 http://www.broadview.com.cn/29628 下载本书配套资源包,在"素材文件\第 18 章\"与"结果文件\第 18 章\"文件夹中可查看本章配套文件。

教学视频: 访问 http://res.broadview.com.cn/v.php?id=29628&vid=18,或用手机扫描右侧二维码,可查阅本章各案例配套教学视频。

18.1 设置幻灯片切换方式

幻灯片的切换方式是指在放映幻灯片时，一张幻灯片从屏幕上消失，另一张幻灯片显示在屏幕上的一种动画效果。一般在为对象添加动画后，可以通过"切换"选项卡来设置幻灯片的切换方式。

18.1.1 选择幻灯片的切换效果

幻灯片切换效果是在"幻灯片放映"视图中从一个幻灯片移到下一个幻灯片时出现的动画效果，为幻灯片添加动画效果的具体操作方法如下。

原始文件	旅游相册.pptx
结果文件	旅游相册 1.pptx
视频教程	选择幻灯片的切换效果.avi

01 打开"旅游相册.pptx"演示文稿，选择要设置的幻灯片，在"切换"选项卡单击"其他"按钮，在弹出的下拉列表中选择合适的切换效果，如"风"切换效果。

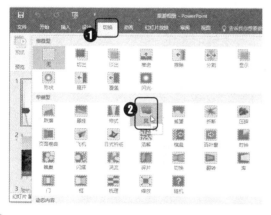

02 单击"效果选项"按钮，在弹出的下拉列表中选择该切换效果的切换方向，在"预览"组中单击"预览"按钮，即可查看幻灯片切换效果。

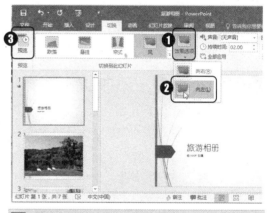

> 😊 **提示**
>
> 在"计时"组中单击"全部应用"按钮，可以将该切换方式应用到所有幻灯片中。

18.1.2 设置幻灯片切换方式

设置幻灯片的切换方式也是在"切换"选项卡中进行的，其操作方法如下。

选择需要进行设置的幻灯片，然后选择"切换/计时"组，在"换片方式"栏中显示了"单击鼠标时"和"设置自动换片时间"两个复选框，选中它们中的一个或同时选中均可完成幻灯片换片方式的设置。

在"设置自动换片时间"复选框右侧有

一个数值框，在其中可以输入具体数值，表示在经过指定秒数后自动移至下一张幻灯片。

18.1.3　删除切换效果

要删除演示文稿中所有幻灯片的切换效果，具体操作步骤如下。

选择要设置的幻灯片，切换到"切换"选项卡，在"切换到此幻灯片"中的列表框中选择"无"选项，然后单击"计时"组中的"全部应用"命令即可。

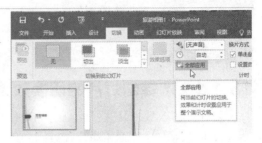

18.2　创建对象动画

一个好的演示文稿除了要有丰富的文本内容外，还要有合理的排版设计、鲜明的色彩搭配及得体的动画效果。本节将对动画的应用技巧进行相关讲解。

18.2.1　为对象添加动画效果

所谓动画，就是在幻灯片放映时，利用一种或多种动画方式让对象出现、强调及消失的一个过程，设置对象动画的具体操作方法如下。

在打开的演示文稿中选择需要设置动画效果的幻灯片，然后选中需要设置动画效果的对象，在"动画"选项卡单击"动画"组中的"其他"按钮，在弹出的下拉列表中选择合适的进入、强调及退出动画效果即可。

18.2.2　为同一对象添加多个动画效果

在播放产品展示等 PPT 时，十分讲究画面的流畅感，同时使用多个动画效果就能表现这种逻辑，也能让幻灯片中对象的动画效果更丰富、自然，具体操作方法如下。

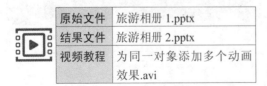

原始文件	旅游相册 1.pptx
结果文件	旅游相册 2.pptx
视频教程	为同一对象添加多个动画效果.avi

01 打开"旅游相册 1.pptx"演示文稿，选中已添加了动画效果的某个对象，在"动画"选项卡的"高级动画"组中单击"添加动画"按钮，在弹出的下拉列表中选择需要添加的第 2 个动画效果。

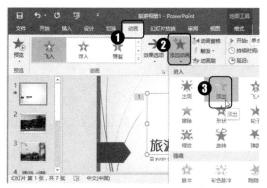

02 返回幻灯片即可查看为对象添加第二个强调动画后的效果，按照相同的方法

添加更多动画效果即可。

18.2.3 使用时间轴

时间轴是 PPT 用来控制各个对象动画时间的核心元素，当一页幻灯片中有多个对象，希望它们陆续出现时，使用时间轴绝对是个不错的选择，具体操作方法如下。

原始文件	旅游相册 2.pptx
结果文件	旅游相册 3.pptx
视频教程	使用时间轴.avi

01 打开"旅游相册 2.pptx"演示文稿，在"动画"选项卡中单击"动画窗格"按钮。

02 将鼠标指针移动到需要调整的动画上，当指针变为双箭头形状时，拖动鼠标，在不改变动画总长度的情况下调整动画的开始和结束时间。

03 指向动画窗格中动画的起始位置，当指针变为↔时，拖动鼠标即可更改动画开始的时间。

04 将鼠标指向动画的结束位置，当指针变为↔时，拖动鼠标可更改动画的结束时间。

> ☺ **提示**
>
> 当时间轴无法显示时，在动画窗格内单击鼠标右键，在弹出的快捷菜单中单击"显示高级日程表"即可。

18.2.4　设置动画效果

无论是进入、强调还是退出动画，每一种动画都有具体的设置，且设置方法类似，具体操作方法如下。

原始文件	旅游相册 3.pptx
结果文件	旅游相册 4.pptx
视频教程	设置动画效果.avi

01 打开"旅游相册 3.pptx"演示文稿，选中已设置动画后对象，在"动画"组中单击"效果选项"按钮，在打开的下拉列表中即可选择需要的效果。

02 如果需要设置更详细的动画效果，可在"动画窗格"中右击需要设置的动画效果，在弹出的菜单中单击"效果选项"命令。

03 打开相应的对话框，在"效果"选项卡内可以设置具体的动画效果；在"计时"选项卡内可设置动画的"开始"、"延迟"、"期间"、"重复"等选项，设置完成后单击"确定"按钮即可。

18.2.5　复制动画效果

PowerPoint 2016 内的"动画刷"功能与设置格式的"格式刷"功能类似，"格式刷"是复制文字格式，而"动画刷"则是复制设置好的动画效果。

选中已设置动画效果的对象，在"动画"选项卡的"高级动画"组中单击"动画刷"按钮，鼠标将会显示为一个带刷子的指针，单击需要应用相同动画的对象即可。

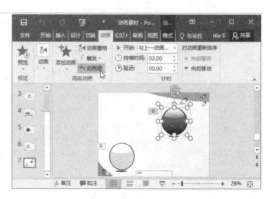

18.2.6 让对象沿轨迹运动

为了让指定对象沿轨迹运动，还可以为对象添加路径动画，PowerPoint 2016 共有三大类几十种动作路径，用户可以直接使用这些动作路径。设置动作路径的操作步骤如下。

原始文件	旅游相册 4.pptx
结果文件	旅游相册 5.pptx
视频教程	让对象沿轨迹运动.avi

01 打开"旅游相册 4.pptx"演示文稿，选中需要设置动画效果的对象，切换到"动画"选项卡，然后在"动画"组中单击列表框中的 按钮，在弹出的列表中选择"动作路径"栏中的任意动作效果。

02 返回幻灯片即可预览设置路径动画后的效果。

> 😊 **提示**
>
> 在弹出的列表中选择"动作路径"栏中的"自定义路径"选项，还可以根据需要绘制出自定义路径。

18.2.7 设置路径效果

路径设置完了，效果却怎么也不满意，想要它运动轨迹为向左上运动的，却老往右上运动，这时就需要一些其他的设置。

- 更改路径长度。选中路径，将鼠标指向绿色或红色图标，拖动鼠标即可调整动作的开始或结束位置及路径长度。将鼠标移动到上方的方向图标处，还可以调整路径方向。

- 移动对象时，如果不需要路径随着对象的位置改变，还可以在"效果选项"的下拉列表中选择"锁定"选项。

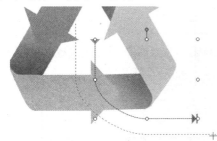

> :smiley: **提示**
>
> 选中设置路径动作后对象，在"动画"选项卡内单击"效果选项"按钮，在弹出的菜单中即可进行其他路径效果的设置。

- 反转路径：在选中已添加路径，单击鼠标右键在弹出的快捷菜单中选择"反转路径方向"选项，可以将路径的起始点和结束点对调。
- 在快捷菜单中选择"编辑顶点"选项，然后拖动顶点可以更改路径。

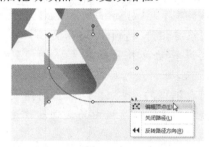

18.2.8 使多段动画依次自动播放

在播放动画效果时，有时不同的动作需要同时播放才能符合常识，比如物体由远及近的淡出与缩放；此外动作之间也需要具有连贯性，在这种情况下就需要设置动画依次自动播放，具体操作方法如下。

- 在"动画"窗格中选中需要设置的动作后，单击鼠标右键在弹出的快捷菜单中选择"从上一项之后开始"命令，该动作将在上一动作结束后开始。
- 在"动画"选项卡的"计时"组中，单击"开始"右侧的下拉按钮，在弹出的列表中选择"上一动画之后"选项即可。

18.2.9 【案例】制作动态黑板擦动画效果

PPT 的组合动画是一种非常强大的功能，但制作过程中需要遵循一定的自然法则，所谓自然也就是事物本来的变化规律，符合人的普遍认知，比如两个物体相撞会伴随着震动、物体在由远及近运动时会由小到大等，下面以制作黑板擦效果为例进行讲解。

原始文件	动态黑板擦.pptx
结果文件	动态黑板擦.pptx
视频教程	制作动态黑板擦动画效果.avi

01 打开"动态黑板擦.pptx"演示文稿，选中文本框，在"动画"选项卡"动画"组中单击按钮，选择"擦除"退出动画。

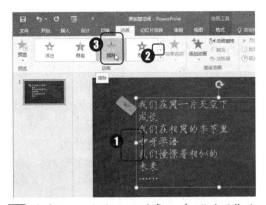

02 选中已设置动画后对象，在"动画"组中单击"效果选项"按钮，在打开的下拉列表中即可选择需要的效果，并设置序列为"按段落"。

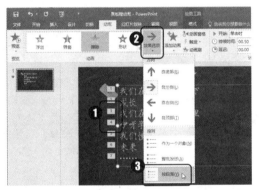

03 选中需要实现黑板擦功能的图片，在"动画"选项卡"动画"组中单击▽按钮，选择"自定义动作路径"选项。

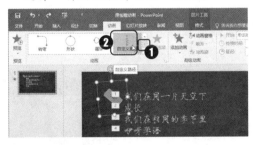

04 在页面绘制出如图所示的动作路径。

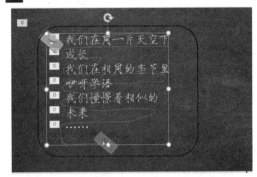

05 打开"动画窗格"拖动时间轴调整各个动画相继出现的时间。

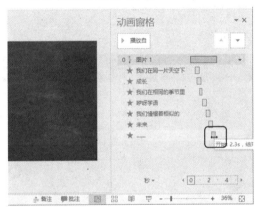

06 完成后在"动画"选项卡内单击"预览"按钮即可查看最终效果。

18.3 常用动画效果

了解了如何在幻灯片内添加各种动画效果，为了使多个动作运动时更加自然，还需要设置其先后顺序，本节将列举几个常用动画效果以便于读者对 PPT 的动画制作轻松上手。

18.3.1 让文字在放映时逐行显示

在放映演示文稿时，为了方便讲解，可以让幻灯片中的文字能够逐行显示，具体操作方法如下。

原始文件	工作总结报告.pptx
结果文件	工作总结报告 1.pptx
视频教程	让文字在放映时逐行显示.avi

01 打开"工作总结报告.pptx"演示文稿，将需要逐行显示的每行文字作为单独的一段，选中这些文字，在"动画"选项卡中单击"其他"按钮，在弹出的下拉列表中选择一种"进入"式动画方案中的某种动画效果，如"浮入"。

02 通过这样的操作后，每行文字都将分别添加一个动画效果，并在"计时"组中设置合适的动画开始放映时间。

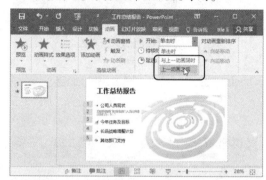

⊙ **提示**

在 PowerPoint 2016 中选中文本框添加动画效果后，文本框内的段落（一行的段落）便会逐行显示，若没有逐行显示，可进行设置，其方法为：在"动画"组中单击"效果选项"按钮，在弹出的下拉列表中单击"按段落"选项即可。

18.3.2 添加电影字幕式效果

用户可以将幻灯片中的文本设置成如电影字幕式的"由上往下"或"由下往上"的滚动效果，具体操作步骤如下。

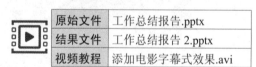

原始文件	工作总结报告.pptx
结果文件	工作总结报告 2.pptx
视频教程	添加电影字幕式效果.avi

01 打开"工作总结报告.pptx"演示文稿，选择要设置为字幕式滚动的文本内容，切换到"动画"选项卡，单击"动画"组中的"其他"按钮，在弹出的列表中选择"更多进入效果"命令。

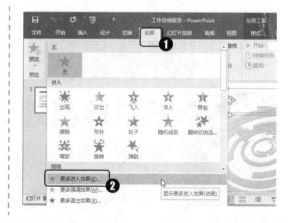

02 弹出"更改进入效果"对话框，在"华丽型"栏中选择"字幕式"选项，然后单击"确定"按钮即可。

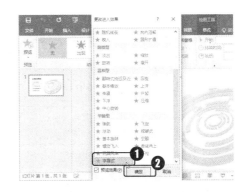

18.3.3　制作连续闪烁的文字效果

在需要突出某些内容时，可以将文字设置为比较醒目的颜色，然后添加自动闪烁的动画效果。设置闪烁动画效果的具体操作步骤如下。

原始文件	工作总结报告.pptx
结果文件	工作总结报告 3.pptx
视频教程	制作连续闪烁的文字效果.avi

01 打开"工作总结报告.pptx"演示文稿，选中需要添加"闪烁"动画效果的文字，在"动画"选项卡中单击"动画"组中的"其他"下拉按钮，在弹出的下拉列表中选择"更多强调效果"命令。

02 在打开的"更改强调效果"对话框中选择"闪烁"选项，单击"确定"按钮。

03 单击"高级动画"组中的"动画窗格"按钮，在打开的动画窗格中单击"闪烁"动画效果右侧的下拉按钮，在弹出的列表中选择"计时"命令。

04 在弹出的对话框中单击"重复"下拉按钮，在弹出的列表中根据需要选择重复次数，然后单击"确定"按钮，返回幻灯片根据需要设置闪烁动画效果即可。

18.3.4 制作拉幕式幻灯片

这里所谓的拉幕式幻灯片是指幻灯片中的对象，按照从左往右或者从右往左的方向依次向右或向左运动，形成一个拉幕的效果。

原始文件	工作总结报告.pptx
结果文件	工作总结报告 3.pptx
视频教程	制作拉幕式幻灯片.avi

01 打开"工作总结报告.pptx"演示文稿，选中靠左侧的图片，在"动画"选项卡单击"动画"组中的"其他"按钮，在弹出的下拉列表中选择"飞出"退出动画。

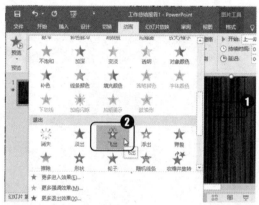

02 选中已设置动画后对象，在"动画"组中单击"效果选项"按钮，在打开的下拉列表中即可选择需要的效果。

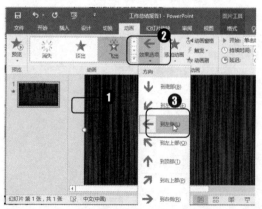

03 将播放触发点设置为"上一动画之后"，将播放速度设置为"慢速（3秒）"。

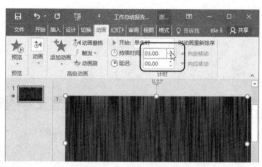

04 将该图片的动画效果设置好后，为靠右侧图片，添加一种"飞出"动画效果，其播放方向为"到右侧"。

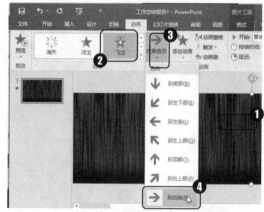

05 播放触发点为"上一动画同时"，播放速度为"慢速（3秒）"，设置完成后即可查看播放效果。

18.4 实现交互

放映幻灯片前，可在演示文稿中插入超链接，从而实现放映时从幻灯片中某一位置跳转到其他位置的互动效果。

18.4.1 使用超链接

在演示文稿中，若对文本或其他对象（如图片、表格等）添加超链接，此后单击该对象时可直接跳转到其他位置。添加超链接的方法如下。

原始文件	教学课件.pptx
结果文件	教学课件 1.pptx
视频教程	使用超链接.avi

01 打开"教学课件.pptx"演示文稿，在要设置超链接的幻灯片中选择要添加链接的对象，在"插入"选项卡中单击"链接"组中的"超链接"按钮。

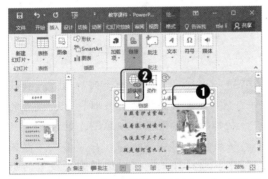

02 弹出"插入超链接"对话框，在"链接到"栏中选择链接位置，在"请选择文档中的位置"列表框中选择链接的目标位置，单击"确定"按钮。

03 返回幻灯片，可看见所选文本的下方出现下画线，且文本颜色也发生了变化，单击状态栏中的"幻灯片放映"按钮进入幻灯片放映模式。

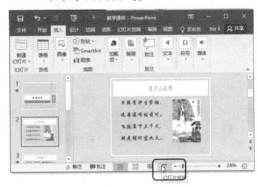

04 当演示到此幻灯片时，将鼠标指针指向设置了超链接的文本，鼠标指针会变为手形状，此时单击该文本可跳转到目标位置。

😊 **提示**

使用鼠标右键单击插入了超链接的对象，在弹出的快捷菜单中单击"取消超链接"命令即可取消超链接。

18.4.2 插入动作按钮

相对于 Office 其他组件中的自选图形，PowerPoint 额外提供了一组动作按钮，用户可任意添加，以便在放映过程中跳转到其他幻灯片，或者激活声音文件、视频文件等。插入动作按钮的方法如下。

原始文件	教学课件.pptx
结果文件	教学课件 2.pptx
视频教程	插入动作按钮.avi

01 打开"教学课件.pptx"演示文稿，选中演示文稿中要添加动作按钮的幻灯片，在"插入"选项卡中单击"插图"组中的"形状"按钮，在弹出的下拉列表中选择需要的动作按钮。

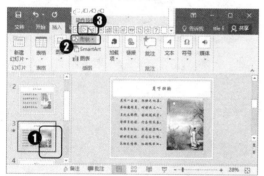

02 此时光标将呈十字状，在要添加动作按钮的位置按住鼠标左键不放并拖动，以绘制动作按钮，绘制完成后释放鼠标左键。

03 释放鼠标后将自动弹出"操作设置"对话框，并定位在"单击鼠标"选项卡，根据需要设置动作按钮的相关参数，完成设置后单击"确定"按钮。

04 进行上述设置后，切换到幻灯片放映状态，当放映到该幻灯片时，单击设置的动作按钮，便可以按照刚才的设置进行跳转。选中动作按钮，在"格式"选择卡"形状样式"组中选择需要设置的形状样式。

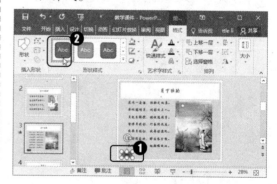

18.4.3 使用触发器

在 PowerPoint 的动画设置中，有一个"触发器"功能，利用这个功能可以制作出带有交互效果的幻灯片动画。所谓交互动画效果是指幻灯片的动画不是事先指定好的顺序，而是根据放映时的需要利用触发对象，像超链接一样点击哪个，便激发出相应动画。

原始文件	教学课件 1.pptx
结果文件	教学课件 3.pptx
视频教程	使用触发器.avi

01 打开"教学课件.pptx"演示文稿，选中正文文本，在"动画"选项卡内设置其动画效果为"随机线条"→"水平"。

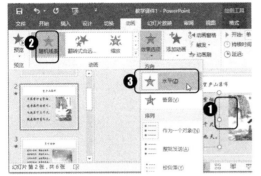

02 在"动画"选项卡内单击"动画窗格"按钮，打开动画窗格，在需要设置触发的动画效果上单击鼠标右键，在弹出的菜单中选择"计时"选项。

提示
在幻灯片中添加音、视频后，在动画窗格中单击"计时"选项，在打开的对话框中还可以根据需要设置音、视频的触发选项。

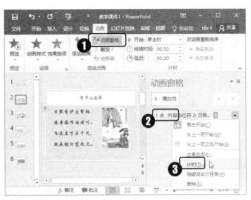

03 在打开的"效果选项"对话框中单击"触发器"按钮，单击"单击下列对象时启动效果"单选项，在右侧的下拉列表框中选择触发对象，设置完成后单击"确定"按钮即可。

18.4.4 【案例】制作"返回目录"动作按钮

结合本节所学在幻灯片中使用超链接、触发器等简历互动幻灯片的相关知识，练习为"产品销售秘籍"演示文本制作"返回目录"动作按钮。

原始文件	产品销售秘籍.pptx
结果文件	产品销售秘籍 1.pptx
视频教程	制作"返回目录"动作按钮.avi

01 打开"产品销售秘籍.pptx"演示文稿，在第4张幻灯片的左下角绘制一个矩形形状，设置形状样式，并输入相应的文字说明。

02 选中形状，在"插入"选项卡内单击"链接"组中"动作"按钮。

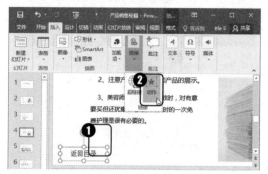

03 在打开的对话框中单击"超链接到"下拉列表框，在弹出的菜单中选择"下一张幻灯片"选项。

04 弹出"超链接到幻灯片"对话框，选中目录页幻灯片，单击"确定"按钮。

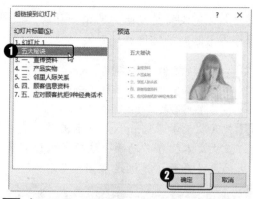

05 在返回的"操作设置"对话框中单击"确定"按钮。当演示到此幻灯片时，将鼠标指针指向设置了动作按钮的形状，鼠标指针会变为手形状，此时单击该形状可跳转到目标位置。

18.5 高手支招

18.5.1 为动画添加声音

问题描述：某用户在编辑演示文稿时，需要为设置的动画效果添加声音。

解决方法：为动画添加声音的方法很简单，方法为：打开"动画窗格"，在窗格中单击该动画效果右侧的下拉按钮，在弹出的列表中选择"效果选项"命令。再在弹出参数设置对话框的"声音"下拉列表框中选择需要的声音，单击"确定"按钮即可。

18.5.2 设置超链接不变色、不带下画线

问题描述：某用户为 PPT 内文字设置超链接后，文字会带下画线，虽然能够识别哪些文字带有链接，但偶尔会影响整个页面的风格不一致，为了使页面整体风格保持统一，此时可将文字链接变为图形链接，

解决方法：在幻灯片页面中插入并绘制出一个形状图形，如"矩形"，在其中输入需要创建超链接的文字，并将该图形的形状填充和形状轮廓分别设置为"无填充颜色"和"无轮廓"，然后选择该图形为其添加合适的超链接即可。

18.5.3 删除添加超链接

问题描述：用户创建或者添加动作按钮之后，根据需要重新设置超链接的对象或删除已经创建好的超链接。

解决方法：使用鼠标右键单击插入了超链接的对象，在弹出的快捷菜单中单击"取消超链接"命令即可取消超链接。

18.6 综合案例——加工教学课件类演示文稿

结合本章所学的为对象添加、设置动画效果及建立互动幻灯片等相关知识，练习为教学课件类演示文稿添加简单的动画效果。

01 打开"图像采集与处理.pptx"演示文稿，选择需要设置切换方式的幻灯片，在"切换"选项卡内单击"切换到此幻灯片"工具组的其他按钮，在弹出的列表中选择合适的切换方式，单击"全部应用"按钮。

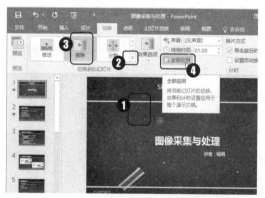

02 选择需要添加动画效果的幻灯片，选中正文占位符中的所有内容，在"动画"选项卡内选择进入效果，如"飞入"，并设置动画效果为"自左侧"。

03 选中需要设置链接的文本，在"插入"选项卡内单击"超链接"按钮。

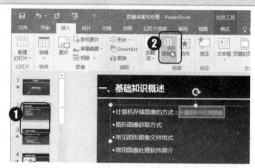

04 打开"插入超链接"对话框，在"链接到"栏下方单击"本文档中的位置"按钮，选择需要链接到的幻灯片，单击"确定"按钮。

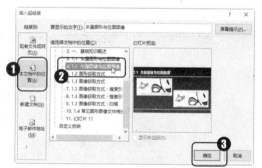

05 在第 10 张幻灯片的左下角绘制一个矩形形状，设置形状样式，选中形状，在"插入"选项卡内单击"超链接"组中"动作"按钮。

06 在打开的对话框中单击"超链接到"下
拉列表框，在弹出的菜单中选择"幻灯
片"选项。

07 弹出"超链接到幻灯片"对话框，选中
目录页幻灯片，单击"确定"按钮即可。

第 19 章

幻灯片的放映和输出

》》 **本章导读**

为演示文稿添加各种对象并进行美化，再为幻灯片添加各种精美的动画，目的只有一个，那就是为最终的放映做准备。演示文稿的放映是设置幻灯片的最终环节，也是最重要的环节，只有优秀的演示文稿加上完美的放映才能给观众带来一次难忘的视觉享受。

》》 **知识要点**

- ✓ 幻灯片的放映设置
- ✓ 演示文稿输出
- ✓ 幻灯片的放映控制

19.1 幻灯片的放映设置

PPT 演示文稿制作完成后，有的由演讲者播放，有的让观众自行播放，这需要通过设置放映方式来进行控制。放映前的幻灯片设置包括幻灯片放映时间的控制、放映方式的选择及录制旁白等相关内容，本节将进行详细讲解。

19.1.1 设置幻灯片的放映方式

制作演示文稿的目的就是为了演示和放映。在放映幻灯片时，用户可以根据自己的需要设置放映类型，下面介绍如何设置幻灯片放映方式。

原始文件	旅游相册.pptx
结果文件	旅游相册 1.pptx
视频教程	设置幻灯片放映方式.avi

01 打开"旅游相册.pptx"演示文稿，"幻灯片放映"选项卡,在"设置"组中单击"设置幻灯片放映"按钮。

02 打开"设置放映方式"对话框，在"放映类型"选项组中单击"观众自行浏览"单选按钮，在"放映选项"选项组中勾选"循环放映，按 ESC 键终止"复选框，然后单击"确定"按钮。

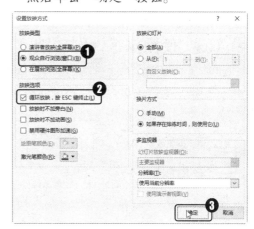

19.1.2 指定幻灯片的播放

有时候根据场合的不同或放映时间的限制，PPT 中所有幻灯片并不能一一放映。此时，为了避免在放映时让观众看到这些没有必要放映的幻灯片，可以通过两种操作方法实现。

1. 限定幻灯片放映页

如果需要播放的幻灯片页连续，可通过限定幻灯片放映的起始页和结束页来指定需要播放的幻灯片，具体操作方法如下。

原始文件	旅游相册.pptx
结果文件	旅游相册 2.pptx
视频教程	限定幻灯片放映页.avi

01 打开"旅游相册.pptx"演示文稿，在"幻灯片放映"选项卡内单击"设置幻灯片放映"按钮。

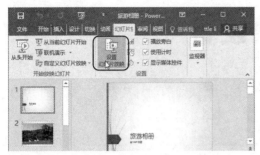

02 在打开的对话框中选中"从……
到……"单选项，并设置幻灯片放映的
范围，然后单击"确定"按钮即可。

2. 隐藏不需要放映的幻灯片

如果只是少数几张幻灯片不播放，或需要播放
的幻灯片不连续时，可以采取将不放映幻灯片隐藏
的方法。

选择需要隐藏的幻灯片，在"幻灯片放映"选
项卡内，单击"隐藏幻灯片"按钮即可。

19.1.3 使用排练计时放映

排练计时就是在正式放映前用手动的方式进行换片，PowerPoint 能够自动把手动换片
的时间记录下来，如果应用这个时间，那么以后便可以按照这个时间自动进行放映观看，
无需人为控制，具体操作方法如下。

原始文件	旅游相册.pptx
结果文件	旅游相册 3.pptx
视频教程	使用排练计时放映.avi

01 打开"旅游相册.pptx"演示文稿，切换
到"幻灯片放映"选项卡，在"设置"
组中单击"排练计时"按钮。

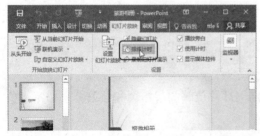

02 单击该按钮后，将会出现幻灯片放映视
图，同时出现"录制"工具栏,当放映时
间达到合适的秒数后，单击鼠标，切换

到下一张幻灯片，重复此操作。

03 到达幻灯片末尾时，出现信息提示框，
单击"是"按钮，以保留排练时间，下
次播放时按照记录的时间自动播放幻
灯片。

19.1.4　录制幻灯片旁白

为了便于观众理解，有时演示者还会在放映的过程中进行讲解。但当演示者不能参加演示文稿放映时，就可以通过 PowerPoint 2016 的录制功能来录制旁白，以解决该问题。

如果用户的电脑已经安装了相关的声音硬件，就可以录制旁白了，方法如下。

原始文件	旅游相册.pptx
结果文件	旅游相册 4.pptx
视频教程	录制幻灯片旁白.avi

01 打开"旅游相册.pptx"演示文稿，在"幻灯片放映"选项卡中"单击"录制幻灯片演示"下拉按钮，在下拉列表中选择录制的起始幻灯片。

02 在弹出"录制幻灯片演示"对话框，选中全部复选框，单击"开始录制"按钮。

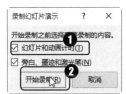

03 进入全屏放映幻灯片状态，同时屏幕上还会打开"预演"工具条进行计时，此时演讲者只需对着麦克风讲话，即可录制旁白，当前幻灯片的旁白录制完成后，可单击"预演"工具条中的"下一项"按钮切换到下一张幻灯片。

04 用同样的方法为其他幻灯片录制旁白，当最后一张幻灯片的旁白录制好后，单击"下一项"按钮结束放映。

05 结束旁白录制后，以"幻灯片浏览"视图模式显示可以看到各幻灯片的播放时间，并在设置了旁白的幻灯片右下角将添加一个声音图标。

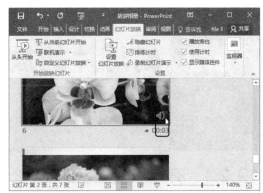

19.1.5　【案例】设置"教学课件"放映方式

结合本节所学的设置幻灯片放映方式等相关知识，练习为"教学课件"演示文稿设置放映方式。

原始文件	教学课件.pptx
结果文件	教学课件 1.pptx
视频教程	设置"教学课件"放映方式.avi

01 打开"教学课件.pptx"演示文稿,在"幻灯片放映"选项卡内单击"设置幻灯片放映"按钮。

02 打开"设置放映方式"对话框,在"放映类型"选项组中单击"演讲者放映"单选按钮,在"换片方式"选项组中单击"手动"单选项,然后单击"确定"按钮。

03 进入"幻灯片浏览"视图模式,选中需要隐藏的幻灯片。单击"设置"组中单击"隐藏幻灯片"按钮即可。

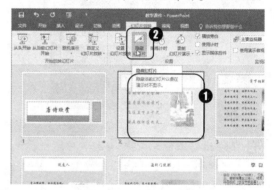

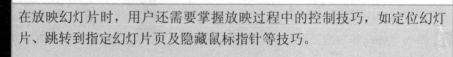

19.2 幻灯片的放映控制

在放映幻灯片时,用户还需要掌握放映过程中的控制技巧,如定位幻灯片、跳转到指定幻灯片页及隐藏鼠标指针等技巧。

19.2.1 开始放映演示文稿

幻灯片的放映方法主要有 4 种,分别是从头开始、从当前幻灯片开始、联机演示和自定义幻灯片放映。

1. 从头开始

如果希望从第 1 张幻灯片开始,依次放映演示文稿中的幻灯片,可通过下面两种方法实现。

- 切换到"幻灯片放映"选项卡，单击"开始放映幻灯片"组中的"从头开始"按钮。
- 按下"F5"键。

2. 从当前开始

如果希望从当前选中的幻灯片开始放映演示文稿，可以通过下面两种方法实现。

- 切换到"幻灯片放映"选项卡，单击"开始放映幻灯片"组中的"从当前开始"按钮。
- 按下"Shift+F5"组合键。

3. 联机演示

PowerPoint 2016 提供了广播放映幻灯片功能，通过该功能演示者可以在任意位置通过 Web 与任何人共享幻灯片放映。而在 PowerPoint 2016 中，此功能更名为"联机演示"，并精简了操作步骤，联机演示幻灯片的方法如下。

原始文件	旅游相册.pptx
结果文件	旅游相册 5.pptx
视频教程	联机演示.avi

01 打开"旅游相册.pptx"演示文稿，在"幻灯片放映"选项卡中单击"开始放映幻灯片"组中的"联机演示"按钮。

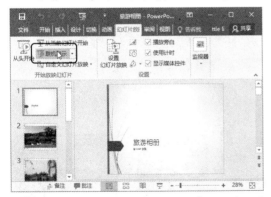

02 弹出"联机演示"对话框，单击"连接"按钮，若电脑已联网，程序将自动连接到 Office 演示文稿服务。

03 在连接完成后，对话框中将显示连接地址，将地址复制下来告知访问群体，单击"启动演示文稿"按钮即可实现联机演示。

 提示

要使用联机演示功能，需要先注册并登录 Office 账户。

4. 自定义幻灯片放映

针对不同场合或观众群，演示文稿的放映顺序或内容也可能会随之不同，因此放映者可以自定义放映顺序及内容，方法如下。

原始文件	旅游相册.pptx
结果文件	旅游相册 6.pptx
视频教程	自定义幻灯片放映.avi

01 打开"旅游相册.pptx"演示文稿，在"幻灯片放映"选项卡中单击"自定义幻灯片放映"按钮，在打开的下拉菜单中单击"自定义放映"按钮。

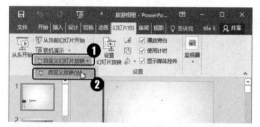

02 弹出"自定义放映"对话框，单击"新建"按钮。

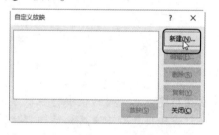

03 弹出"定义自定义放映"对话框，输入该自定义放映的名称，在左侧列表框中选择需要放映的幻灯片，依次单击"添加"→"确定"按钮。

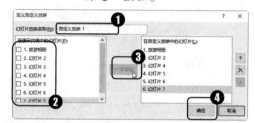

04 返回"自定义放映"对话框，单击"放映"按钮，即可按照刚才的设置放映幻灯片。

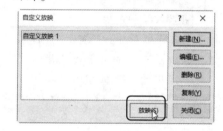

19.2.2 快速定位幻灯片

播放演示文稿时，可能会遇到快速跳转到某一张幻灯片的情况。如果演示文稿中包含几十张幻灯片，采用单击鼠标的方式进行切换就太过繁琐了，此时可以使用快速定位幻灯片功能，方法如下。

在放映幻灯片时使用鼠标右键单击，在弹出的快捷菜单中选择"查看所有幻灯片"命令。此时所有幻灯片将呈缩略图显示，单击对应幻灯片即可进入指定页面。

☺ **提示**

在放映过程中，按下"数字+Enter"组合键就可以直接放映希望的页面；按下"Home"和"Enter"键可以直接跳转到幻灯片的首页和末页。

19.2.3　在幻灯片上勾画重点

在放映幻灯片时，为了配合演讲可能需要标注出某些重点内容，此时可以通过鼠标勾画，其具体操作步骤如下。

原始文件	教学课件.pptx
结果文件	教学课件 2.pptx
视频教程	在幻灯片上勾画重点.avi

01 打开"教学课件.pptx"演示文稿，单击鼠标右键，在弹出的快捷菜单中单击"指针选项"命令，在弹出的子菜单中选择所需的指针，如"笔"。

02 再次单击鼠标右键，在弹出的快捷菜单中单击"指针选项"命令，在弹出的子菜单中依次单击"墨迹颜色"→"深红"选项。

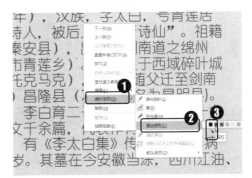

03 此时在需要标注的地方拖动鼠标，鼠标移动的轨迹就有对应的线条，按"Esc"键退出鼠标标注模式。

19.2.4　在放映时隐藏鼠标指针

观看演示文稿放映时，有时候会被移动的鼠标指针所干扰。其实，用户可以在播放时自动隐藏鼠标指针。

方法为：在放映幻灯片时使用鼠标右键单击，在弹出的快捷菜单中展开"指针选项"→"箭头选项"子菜单，单击"永远隐藏"命令即可。

19.2.5　黑/白屏的使用

在 PPT 演示开始之前和演示过程中，若需要观众暂时将目光集中在其他地方时，可以为幻灯片设置显示颜色，让内容暂时消失。

用鼠标右键单击正在放映幻灯片的任意一处，在弹出的快捷菜单中依次单击"屏幕"→"白屏"命令即可。

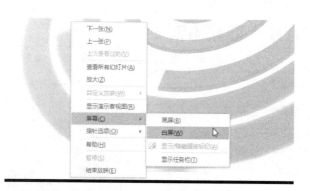

19.2.6 幻灯片演示时显示备注

很多用户会在制作演示文稿时使用"备注"来记录一些自己讲解时需要的要点，但在"幻灯片放映"状态下如果将备注调出来看有点不合适，运用以下方法即可解决这一难题。

01 确认电脑已经与投影仪连接好，切换到"幻灯片放映"选项卡，单击"设置"组中的"设置幻灯片放映"按钮。

02 弹出"设置放映方式"对话框，在"多监视器"栏勾选"使用演示者视图"复选框，在"幻灯片放映监视器"下拉列表中选择投影仪设备，完成后单击"确定"按钮即可。

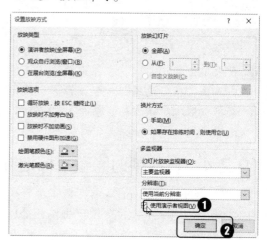

19.3 演示文稿输出

有时候一份 PPT 需要在多台电脑上播放，或者需要传到其他的电脑上放映，这时就需要用到 PowerPoint 的输出功能。

19.3.1 输出为自动放映文件

演示文稿制作完成后，想要发送给别人观看，又担心内容被修改或复制，此时可将演示文稿存储为自动放映文件，具体操作方法如下。

原始文件	教学课件.pptx
结果文件	教学课件 3.pptx
视频教程	输出为自动放映文件.avi

01 打开"教学课件.pptx"演示文稿，单击
"文件"选项卡，在切换的选项内单击
"另存为"按钮，在展开的另存为窗格
中单击"浏览"按钮。

02 打开"另存为"对话框，选择合适的保
存位置、输入文档名称，在"保存类型"
列表框中选择"PowerPoint 放映"类型，
设置完成后单击"保存"按钮。

19.3.2　打包演示文稿

若制作的演示文稿中包含链接的数据、特殊字体、视频或音频文件，当在其他电脑中
播放这个演示文稿时，要想让这些特殊字体正常显示，以及链接的文件正常打开和播放，
则需要使用演示文稿的"打包"功能。

原始文件	教学课件.pptx
结果文件	教学课件 CD 文件夹
视频教程	打包演示文稿.avi

01 打开"教学课件.pptx"演示文稿，切换
到"文件"选项卡，依次单击"导出"
→"将演示文稿打包成 CD"→"打包
成 CD"命令

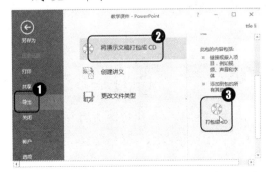

02 弹出"打包成 CD"对话框，单击"复

制到文件夹"按钮。

03 在打开的对话框中，设置文件夹名称及
存储路径，单击"确定"按钮，并弹出
确认对话框，单击"是"按钮。

04 打包完成后将自动打开打包文件夹，可以看到里面包含了演示文稿及其使用的特殊字体和链接文件。

19.3.3　将幻灯片输出为图形文件

根据需要，我们可将演示文稿转换为图形文件，PowerPoint 自身就提供了另存为图片格式的功能，因此其转换方法非常简单。

原始文件	教学课件.pptx
结果文件	教学课件
视频教程	将幻灯片输出为图形文件.avi

01 打开"教学课件.pptx"演示文稿，切换到"文件"选项卡，单击"另存为"命令，在对应的子选项卡中单击"计算机"→"浏览"按钮。

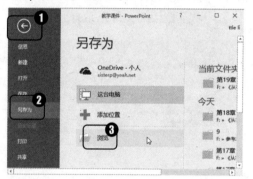

02 弹出"另存为"对话框，设置文件名称和保存路径，选择一种图片格式的保存类型，如"JPEG 文件交换式格式（*.jpg）"，然后单击"保存"按钮。

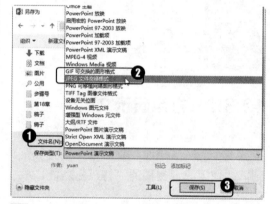

03 弹出提示对话框，根据需要选择要转化的幻灯片，单击相应按钮。

04 在弹出的信息提示框中单击"确定"按钮即可。

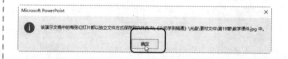

需要注意的是，按照上述方法转化演示文稿为图形文件是一种比较快捷的方式，但是在清晰度上有很大的不足，文字与图片边缘地带往往会出现轻微的马赛克现象，影响其打印效果。如果要实现清晰的转化效果推荐使用截图软件处理，如 HprSnap、Snagit 等。

19.3.4　创建视频

将演示文稿制作成视频文件后，可以使用常用的播放软件进行播放，并能保留演示文稿中的动画、切换效果和多媒体等信息。

原始文件	教学课件.pptx
结果文件	教学课件 5.pptx
视频教程	创建视频.avi

01 打开"教学课件.pptx"演示文稿，切换到"文件"选项卡，依次单击"导出"→"创建视频"命令，在右边页面中，可以对将要发布的视频进行详细设置，包括视频大小、是否使用计时和旁白，以及每页幻灯片的播放时间等，完成后单击"创建视频"按钮。

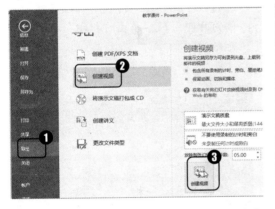

02 弹出"另存为"对话框，默认的文件类型为"MPEG-4 视频"，设置好文件名及

保存类型，单击"保存"按钮。

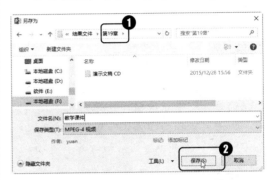

03 程序开始制作视频文件，在文档状态栏中可以看到制作进度，在制作过程中不要关闭演示文稿。

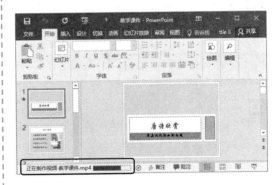

19.3.5　幻灯片打印

在一些非常重要的演讲场合，为了让与会人员了解演讲内容，通常会将 PowerPoint 演示文稿像 Word 一样打印在纸张上，具体操作方法如下。

原始文件	教学课件.pptx
结果文件	无
视频教程	幻灯片打印.avi

01 打开"教学课件.pptx"演示文稿，切换到"文件"选项卡，单击"打印"命令，在"设置"选项组中设置打印范围，这里选择打印全部幻灯片。

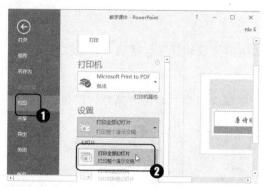

02 在"设置"组中单击默认显示的"整张幻灯片"下拉按钮，在弹出的下拉列表中可以选择打印内容和版式，这里选择"讲义"组中的"2 张幻灯片"选项。

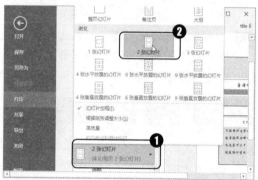

03 在"设置"组中单击默认显示的"颜色"下拉按钮，在弹出的下拉菜单中可以选择打印颜色，分别有"颜色"、"灰度"

和"纯黑白"3 种，这里选择"纯黑白"选项。

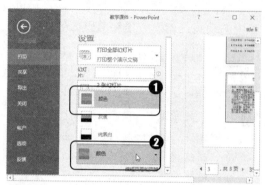

04 设置完成后，可以在右边窗口中看到最终打印效果，然后单击"打印机"下拉按钮，在弹出的下拉菜单中选择当前使用的打印机。在"份数"栏设置演示文稿的打印份数，单击"打印"按钮即可开始打印。

19.4 高手支招

19.4.1 在放映幻灯片时隐藏声音图标

　　问题描述：某用户在编辑演示文稿时，在幻灯片中插入了声音文件，在默认情况下，在放映过程中幻灯片中的声音图标将显示出来，为了实现完美的放映，需要自动隐藏声音图标。

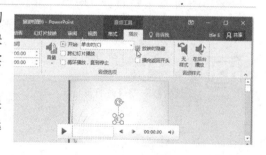

　　解决方法：在幻灯片中选中声音图标，切换到"音频工具/播放"选项卡，然后在"音频选项"组中勾选"放映时隐藏"复选框即可。

19.4.2　压缩演示文稿内文件大小

问题描述：某用户在编辑演示文稿时为文稿中插入了大量图片，此时为了减小文档大小，需要将图片进行压缩处理。

解决方法：切换到"文件"选项卡，单击"另存为"命令，然后单击"浏览"按钮，在弹出的"另存为"对话框中单击下方的"工具"→"压缩图片"命令，弹出"压缩图片"对话框，根据需要选择压缩标准即可。

19.4.3　取消以黑幻灯片结束

问题描述：某用户在放映演示文稿时，每次放映结束后，屏幕总显示为黑屏。若此时继续放映下一组幻灯片，就非常影响观看效果。

解决方法：在"文件"选项卡内单击"选项"命令。弹出"PowerPoint 选项"对话框，切换到"高级"选项卡，在"幻灯片放映"栏单击"以黑幻灯片结束"复选框，取消勾选，完成后单击"确定"按钮即可。

19.5 综合案例——设置与输出"工作报告"

结合本章所学的设置放映方式、控制放映过程、输出幻灯片等相关知识点，练习设置与输出"年度工作报告"演示文稿。

01 打开"年度工作报告.pptx"演示文稿，切换到"幻灯片放映"选项卡，在"设置"组中单击"排练计时"按钮。

02 出现幻灯片放映视图，同时出现"录制"工具栏，当放映时间达到合适的时间后，单击鼠标，切换到下一张幻灯片，重复此操作。

03 单击鼠标右键，在弹出的快捷菜单中单击"指针选项"命令，在弹出的子菜单中依次单击"墨迹颜色"→"深红"选项。

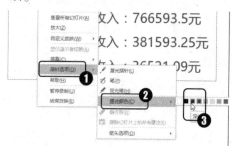

04 此时在需要标注的地方拖动鼠标，鼠标移动的轨迹就有对应的线条，按"Esc"键退出鼠标标注模式。

05 到达幻灯片末尾时，出现信息提示框，单击"保留"按钮，以保留墨迹注释。

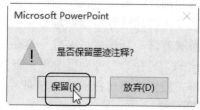

06 单击"文件"选项卡，在切换的选项内单击"另存为"按钮，在展开的另存为窗格中单击"浏览"按钮。

07 打开"另存为"对话框，选择合适的保存位置、输入文档名称，在"保存类型"列表框中选择"PowerPoint 放映"类型，设置完成后单击"保存"按钮即可。

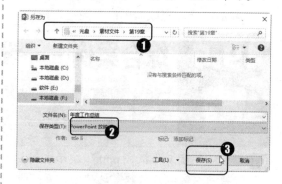